U0271110

“十二五”国家重点出版规划项目
雷达与探测前沿技术丛书

分布孔径雷达

Distributed Aperture Radar

鲁耀兵　高红卫　著

国防工業出版社
·北京·

内 容 简 介

分布孔径雷达是一种新体制雷达，是解决雷达大威力与机动性难题的一种新探索。全书主要介绍分布孔径雷达的发展历程、基本理论、工作原理、关键技术、系统设计、试验情况、技术展望和典型应用。

本书可供从事雷达系统相关工作的工程技术人员参考。

图书在版编目(CIP)数据

分布孔径雷达／鲁耀兵，高红卫著. —北京：国防工业出版社，2017.12
（雷达与探测前沿技术丛书）
ISBN 978-7-118-11387-7

Ⅰ. ①分… Ⅱ. ①鲁… ②高… Ⅲ. ①合成孔径雷达-研究 Ⅳ. ①TN958

中国版本图书馆 CIP 数据核字(2017)第 237454 号

※

国防工業出版社 出版发行
（北京市海淀区紫竹院南路 23 号　邮政编码 100048）
天津嘉恒印务有限公司印刷
新华书店经售

*

开本 710×1000　1/16　**印张** 16¼　**字数** 285 千字
2017 年 12 月第 1 版第 1 次印刷　**印数** 1—3000 册　**定价** 79.00 元

（本书如有印装错误，我社负责调换）

国防书店：(010)88540777　发行邮购：(010)88540776
发行传真：(010)88540755　发行业务：(010)88540717

“雷达与探测前沿技术丛书”
编审委员会

主　　任　左群声

常务副主任　王小谟

副 主 任　吴曼青　陆　军　包养浩　赵伯桥　许西安

顾　　问　贲　德　郝　跃　何　友　黄培康　毛二可
（按姓氏拼音排序）　王　越　吴一戎　张光义　张履谦

委　　员　安　红　曹　晨　陈新亮　代大海　丁建江
（按姓氏拼音排序）　高梅国　高昭昭　葛建军　何子述　洪　一
胡卫东　江　涛　焦李成　金　林　李　明
李清亮　李相如　廖桂生　林幼权　刘　华
刘宏伟　刘泉华　柳晓明　龙　腾　龙伟军
鲁耀兵　马　林　马林潘　马鹏阁　皮亦鸣
史　林　孙　俊　万　群　王　伟　王京涛
王盛利　王文钦　王晓光　卫　军　位寅生
吴洪江　吴晓芳　邢海鹰　徐忠新　许　稼
许荣庆　许小剑　杨建宇　尹志盈　郁　涛
张晓玲　张玉石　张召悦　张中升　赵正平
郑　恒　周成义　周树道　周智敏　朱秀芹

编辑委员会

主　　编　王小谟　左群声

副 主 编　刘　劲　王京涛　王晓光

委　　员　崔　云　冯　晨　牛旭东　田秀岩　熊思华
（按姓氏拼音排序）　张冬晔

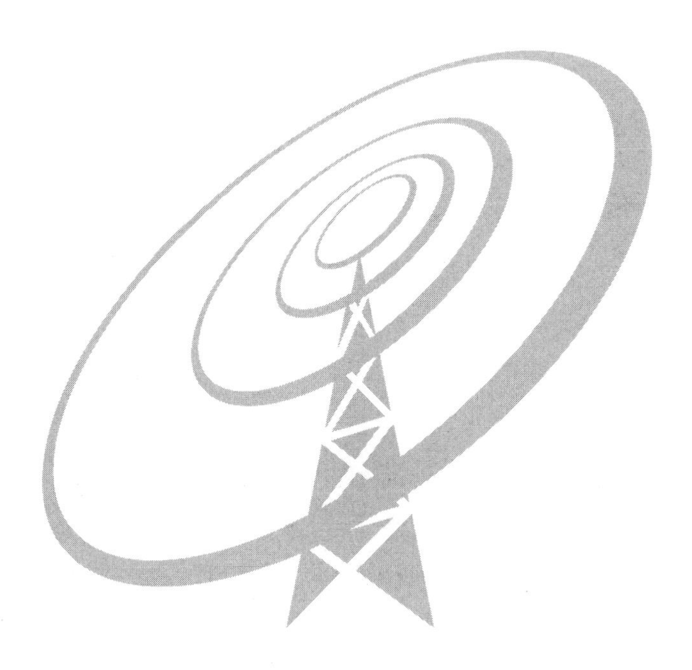

总　序

雷达在第二次世界大战中初露头角。战后，美国麻省理工学院辐射实验室集合各方面的专家，总结战争期间的经验，于 1950 年前后出版了一套雷达丛书，共 28 个分册，对雷达技术做了全面总结，几乎成为当时雷达设计者的必备读物。我国的雷达研制也从那时开始，经过几十年的发展，到 21 世纪初，我国雷达技术在很多方面已进入国际先进行列。为总结这一时期的经验，中国电子科技集团公司曾经组织老一代专家撰著了“雷达技术丛书”，全面总结他们的工作经验，给雷达领域的工程技术人员留下了宝贵的知识财富。

电子技术的迅猛发展，促使雷达在内涵、技术和形态上快速更新，应用不断扩展。为了探索雷达领域前沿技术，我们又组织编写了本套“雷达与探测前沿技术丛书”。与以往雷达相关丛书显著不同的是，本套丛书并不完全是作者成熟的经验总结，大部分是专家根据国内外技术发展，对雷达前沿技术的探索性研究。内容主要依托雷达与探测一线专业技术人员的最新研究成果、发明专利、学术论文等，对现代雷达与探测技术的国内外进展、相关理论、工程应用等进行了广泛深入研究和总结，展示近十年来我国在雷达前沿技术方面的研制成果。本套丛书的出版力求能促进从事雷达与探测相关领域研究的科研人员及相关产品的使用人员更好地进行学术探索和创新实践。

本套丛书保持了每一个分册的相对独立性和完整性，重点是对前沿技术的介绍，读者可选择感兴趣的分册阅读。丛书共 41 个分册，内容包括频率扩展、协同探测、新技术体制、合成孔径雷达、新雷达应用、目标与环境、数字技术、微电子技术八个方面。

(一) 雷达频率迅速扩展是近年来表现出的明显趋势，新频段的开发、带宽的剧增使雷达的应用更加广泛。本套丛书遴选的频率扩展内容的著作共 4 个分册：

(1)《毫米波辐射无源探测技术》分册中没有讨论传统的毫米波雷达技术，而是着重介绍毫米波热辐射效应的无源成像技术。该书特别采用了平方千米阵的技术概念，这一概念在用干涉式阵列基线的测量结果来获得等效大口径阵列效果的孔径综合技术方面具有重要的意义。

(2)《太赫兹雷达》分册是一本较全面介绍太赫兹雷达的著作,主要包括太赫兹雷达系统的基本组成和技术特点、太赫兹雷达目标检测以及微动目标检测技术,同时也讨论了太赫兹雷达成像处理。

(3)《机载远程红外预警雷达系统》分册考虑到红外成像和告警是红外探测的传统应用,但是能否作为全空域远距离的搜索监视雷达,尚有诸多争议。该书主要讨论用监视雷达的概念如何解决红外极窄波束、全空域、远距离和数据率的矛盾,并介绍组成红外监视雷达的工程问题。

(4)《多脉冲激光雷达》分册从实际工程应用角度出发,较详细地阐述了多脉冲激光测距及单光子测距两种体制下的系统组成、工作原理、测距方程、激光目标信号模型、回波信号处理技术及目标探测算法等关键技术,通过对两种远程激光目标探测体制的探讨,力争让读者对基于脉冲测距的激光雷达探测有直观的认识和理解。

(二) 传输带宽的急剧提高,赋予雷达协同探测新的使命。协同探测会导致雷达形态和应用发生巨大的变化,是当前雷达研究的热点。本套丛书遴选出协同探测内容的著作共10个分册:

(1)《雷达组网技术》分册从雷达组网使用的效能出发,重点讨论点迹融合、资源管控、预案设计、闭环控制、参数调整、建模仿真、试验评估等雷达组网新技术的工程化,是把多传感器统一为系统的开始。

(2)《多传感器分布式信号检测理论与方法》分册主要介绍检测级、位置级(点迹和航迹)、属性级、态势评估与威胁估计五个层次中的检测级融合技术,是雷达组网的基础。该书主要给出各类分布式信号检测的最优化理论和算法,介绍考虑到网络和通信质量时的联合分布式信号检测准则和方法,并研究多输入多输出雷达目标检测的若干优化问题。

(3)《分布孔径雷达》分册所描述的雷达实现了多个单元孔径的射频相参合成,获得等效于大孔径天线雷达的探测性能。该书在概述分布孔径雷达基本原理的基础上,分别从系统设计、波形设计与处理、合成参数估计与控制、稀疏孔径布阵与测角、时频相同步等方面做了较为系统和全面的论述。

(4)《MIMO 雷达》分册所介绍的雷达相对于相控阵雷达,可以同时获得波形分集和空域分集,有更加灵活的信号形式,单元间距不受 $\lambda/2$ 的限制,间距拉开后,可组成各类分布式雷达。该书比较系统地描述多输入多输出(MIMO)雷达。详细分析了波形设计、积累补偿、目标检测、参数估计等关键技术。

(5)《MIMO 雷达参数估计技术》分册更加侧重讨论各类 MIMO 雷达的算法。从 MIMO 雷达的基本知识出发,介绍均匀线阵,非圆信号,快速估计,相干目标,分布式目标,基于高阶累计量的、基于张量的、基于阵列误差的、特殊阵列结构的 MIMO 雷达目标参数估计的算法。

(6)《机载分布式相参射频探测系统》分册介绍的是 MIMO 技术的一种工程应用。该书针对分布式孔径采用正交信号接收相参的体制,分析和描述系统处理架构及性能、运动目标回波信号建模技术,并更加深入地分析和描述实现分布式相参雷达杂波抑制、能量积累、布阵等关键技术的解决方法。

(7)《机会阵雷达》分册介绍的是分布式雷达体制在移动平台上的典型应用。机会阵雷达强调根据平台的外形,天线单元共形随遇而布。该书详尽地描述系统设计、天线波束形成方法和算法、传输同步与单元定位等关键技术,分析了美国海军提出的用于弹道导弹防御和反隐身的机会阵雷达的工程应用问题。

(8)《无源探测定位技术》分册探讨的技术是基于现代雷达对抗的需求应运而生,并在实战应用需求越来越大的背景下快速拓展。随着知识层面上认知能力的提升以及技术层面上带宽和传输能力的增加,无源侦察已从单一的测向技术逐步转向多维定位。该书通过充分利用时间、空间、频移、相移等多维度信息,寻求无源定位的解,对雷达向无源发展有着重要的参考价值。

(9)《多波束凝视雷达》分册介绍的是通过多波束技术提高雷达发射信号能量利用效率以及在空、时、频域中减小处理损失,提高雷达探测性能;同时,运用相位中心凝视方法改进杂波中目标检测概率。分册还涉及短基线雷达如何利用多阵面提高发射信号能量利用效率的方法;针对长基线,阐述了多站雷达发射信号可形成凝视探测网格,提高雷达发射信号能量的使用效率;而合成孔径雷达(SAR)系统应用多波束凝视可降低发射功率,缓解宽幅成像与高分辨之间的矛盾。

(10)《外辐射源雷达》分册重点讨论以电视和广播信号为辐射源的无源雷达。详细描述调频广播模拟电视和各种数字电视的信号,减弱直达波的对消和滤波的技术;同时介绍了利用 GPS(全球定位系统)卫星信号和 GSM/CDMA(两种手机制式)移动电话作为辐射源的探测方法。各种外辐射源雷达,要得到定位参数和形成所需的空域,必须多站协同。

（三） 以新技术为牵引，产生出新的雷达系统概念，这对雷达的发展具有里程碑的意义。本套丛书遴选了涉及新技术体制雷达内容的6个分册：

（1）《宽带雷达》分册介绍的雷达打破了经典雷达5MHz带宽的极限，同时雷达分辨力的提高带来了高识别率和低杂波的优点。该书详尽地讨论宽带信号的设计、产生和检测方法。特别是对极窄脉冲检测进行有益的探索，为雷达的进一步发展提供了良好的开端。

（2）《数字阵列雷达》分册介绍的雷达是用数字处理的方法来控制空间波束，并能形成同时多波束，比用移相器灵活多变，已得到了广泛应用。该书全面系统地描述数字阵列雷达的系统和各分系统的组成。对总体设计、波束校准和补偿、收/发模块、信号处理等关键技术都进行了详细描述，是一本工程性较强的著作。

（3）《雷达数字波束形成技术》分册更加深入地描述数字阵列雷达中的波束形成技术，给出数字波束形成的理论基础、方法和实现技术。对灵巧干扰抑制、非均匀杂波抑制、波束保形等进行了深入的讨论，是一本理论性较强的专著。

（4）《电磁矢量传感器阵列信号处理》分册讨论在同一空间位置具有三个磁场和三个电场分量的电磁矢量传感器，比传统只用一个分量的标量阵列处理能获得更多的信息，六分量可完备地表征电磁波的极化特性。该书从几何代数、张量等数学基础到阵列分析、综合、参数估计、波束形成、布阵和校正等问题进行详细讨论，为进一步应用奠定了基础。

（5）《认知雷达导论》分册介绍的雷达可根据环境、目标和任务的感知，选择最优化的参数和处理方法。它使得雷达数据处理及反馈从粗犷到精细，彰显了新体制雷达的智能化。

（6）《量子雷达》分册的作者团队搜集了大量的国外资料，经探索和研究，介绍从基本理论到传输、散射、检测、发射、接收的完整内容。量子雷达探测具有极高的灵敏度，更高的信息维度，在反隐身和抗干扰方面优势明显。经典和非经典的量子雷达，很可能走在各种量子技术应用的前列。

（四） 合成孔径雷达（SAR）技术发展较快，已有大量的著作。本套丛书遴选了有一定特点和前景的5个分册：

（1）《数字阵列合成孔径雷达》分册系统阐述数字阵列技术在SAR中的应用，由于数字阵列天线具有灵活性并能在空间产生同时多波束，雷达采集的同一组回波数据，可处理出不同模式的成像结果，比常规SAR具备更多的新能力。该书着重研究基于数字阵列SAR的高分辨力宽测绘带SAR成像、极化层析SAR三维成像和前视SAR成像技术三种新能力。

(2)《双基合成孔径雷达》分册介绍的雷达配置灵活,具有隐蔽性好、抗干扰能力强、能够实现前视成像等优点,是SAR技术的热点之一。该书较为系统地描述了双基SAR理论方法、回波模型、成像算法、运动补偿、同步技术、试验验证等诸多方面,形成了实现技术和试验验证的研究成果。

(3)《三维合成孔径雷达》分册描述曲线合成孔径雷达、层析合成孔径雷达和线阵合成孔径雷达等三维成像技术。重点讨论各种三维成像处理算法,包括距离多普勒、变尺度、后向投影成像、线阵成像、自聚焦成像等算法。最后介绍三维MIMO-SAR系统。

(4)《雷达图像解译技术》分册介绍的技术是指从大量的SAR图像中提取与挖掘有用的目标信息,实现图像的自动解译。该书描述高分辨SAR和极化SAR的成像机理及相应的相干斑抑制、噪声抑制、地物分割与分类等技术,并介绍舰船、飞机等目标的SAR图像检测方法。

(5)《极化合成孔径雷达图像解译技术》分册对极化合成孔径雷达图像统计建模和参数估计方法及其在目标检测中的应用进行了深入研究。该书研究内容为统计建模和参数估计及其国防科技应用三大部分。

(五) 雷达的应用也在扩展和变化,不同的领域对雷达有不同的要求,本套丛书在雷达前沿应用方面遴选了6个分册:

(1)《天基预警雷达》分册介绍的雷达不同于星载SAR,它主要观测陆海空天中的各种运动目标,获取这些目标的位置信息和运动趋势,是难度更大、更为复杂的天基雷达。该书介绍天基预警雷达的星星、星空、MIMO、卫星编队等双/多基地体制。重点描述了轨道覆盖、杂波与目标特性、系统设计、天线设计、接收处理、信号处理技术。

(2)《战略预警雷达信号处理新技术》分册系统地阐述相关信号处理技术的理论和算法,并有仿真和试验数据验证。主要包括反导和飞机目标的分类识别、低截获波形、高速高机动和低速慢机动小目标检测、检测识别一体化、机动目标成像、反投影成像、分布式和多波段雷达的联合检测等新技术。

(3)《空间目标监视和测量雷达技术》分册论述雷达探测空间轨道目标的特色技术。首先涉及空间编目批量目标监视探测技术,包括空间目标监视相控阵雷达技术及空间目标监视伪码连续波雷达信号处理技术。其次涉及空间目标精密测量、增程信号处理和成像技术,包括空间目标雷达精密测量技术、中高轨目标雷达探测技术、空间目标雷达成像技术等。

(4)《平流层预警探测飞艇》分册讲述在海拔约20km的平流层，由于相对风速低、风向稳定，从而适合大型飞艇的长期驻空，定点飞行，并进行空中预警探测，可对半径500km区域内的地面目标进行长时间凝视观察。该书主要介绍预警飞艇的空间环境、总体设计、空气动力、飞行载荷、载荷强度、动力推进、能源与配电以及飞艇雷达等技术，特别介绍了几种飞艇结构载荷一体化的形式。

(5)《现代气象雷达》分册分析了非均匀大气对电磁波的折射、散射、吸收和衰减等气象雷达的基础，重点介绍了常规天气雷达、多普勒天气雷达、双偏振全相参多普勒天气雷达、高空气象探测雷达、风廓线雷达等现代气象雷达，同时还介绍了气象雷达新技术、相控阵天气雷达、双/多基地天气雷达、声波雷达、中频探测雷达、毫米波测云雷达、激光测风雷达。

(6)《空管监视技术》分册阐述了一次雷达、二次雷达、应答机编码分配、S模式、多雷达监视的原理。重点讨论广播式自动相关监视(ADS-B)数据链技术、飞机通信寻址报告系统(ACARS)、多点定位技术(MLAT)、先进场面监视设备(A-SMGCS)、空管多源协同监视技术、低空空域监视技术、空管技术。介绍空管监视技术的发展趋势和民航大国的前瞻性规划。

(六) 目标和环境特性，是雷达设计的基础。该方向的研究对雷达匹配目标和环境的智能设计有重要的参考价值。本套丛书对此专题遴选了4个分册：

(1)《雷达目标散射特性测量与处理新技术》分册全面介绍有关雷达散射截面积(RCS)测量的各个方面，包括RCS的基本概念、测试场地与雷达、低散射目标支架、目标RCS定标、背景提取与抵消、高分辨力RCS诊断成像与图像理解、极化测量与校准、RCS数据的处理等技术，对其他微波测量也具有参考价值。

(2)《雷达地海杂波测量与建模》分册首先介绍国内外地海面环境的分类和特征，给出地海杂波的基本理论，然后介绍测量、定标和建库的方法。该书用较大的篇幅，重点阐述地海杂波特性与建模。杂波是雷达的重要环境，随着地形、地貌、海况、风力等条件而不同。雷达的杂波抑制，正根据实时的变化，从粗犷走向精细的匹配，该书是现代雷达设计师的重要参考文献。

(3)《雷达目标识别理论》分册是一本理论性较强的专著。以特征、规律及知识的识别认知为指引，奠定该书的知识体系。首先介绍雷达目标识别的物理与数学基础，较为详细地阐述雷达目标特征提取与分类识别、知识辅助的雷达目标识别、基于压缩感知的目标识别等技术。

(4)《雷达目标识别原理与实验技术》分册是一本工程性较强的专著。该书主要针对目标特征提取与分类识别的模式,从工程上阐述了目标识别的方法。重点讨论特征提取技术、空中目标识别技术、地面目标识别技术、舰船目标识别及弹道导弹识别技术。

(七) 数字技术的发展,使雷达的设计和评估更加方便,该技术涉及雷达系统设计和使用等。本套丛书遴选了3个分册:

(1)《雷达系统建模与仿真》分册所介绍的是现代雷达设计不可缺少的工具和方法。随着雷达的复杂度增加,用数字仿真的方法来检验设计的效果,可收到事半功倍的效果。该书首先介绍最基本的随机数的产生、统计实验、抽样技术等与雷达仿真有关的基本概念和方法,然后给出雷达目标与杂波模型、雷达系统仿真模型和仿真对系统的性能评价。

(2)《雷达标校技术》分册所介绍的内容是实现雷达精度指标的基础。该书重点介绍常规标校、微光电视角度标校、球载BD/GPS(BD为北斗导航简称)标校、射电星角度标校、基于民航机的雷达精度标校、卫星标校、三角交会标校、雷达自动化标校等技术。

(3)《雷达电子战系统建模与仿真》分册以工程实践为取材背景,介绍雷达电子战系统建模的主要方法、仿真模型设计、仿真系统设计和典型仿真应用实例。该书从雷达电子战系统数学建模和仿真系统设计的实用性出发,着重论述雷达电子战系统基于信号/数据流处理的细粒度建模仿真的核心思想和技术实现途径。

(八) 微电子的发展使得现代雷达的接收、发射和处理都发生了巨大的变化。本套丛书遴选出涉及微电子技术与雷达关联最紧密的3个分册:

(1)《雷达信号处理芯片技术》分册主要讲述一款自主架构的数字信号处理(DSP)器件,详细介绍该款雷达信号处理器的架构、存储器、寄存器、指令系统、I/O资源以及相应的开发工具、硬件设计,给雷达设计师使用该处理器提供有益的参考。

(2)《雷达收发组件芯片技术》分册以雷达收发组件用芯片套片的形式,系统介绍发射芯片、接收芯片、幅相控制芯片、波速控制驱动器芯片、电源管理芯片的设计和测试技术及与之相关的平台技术、实验技术和应用技术。

(3)《宽禁带半导体高频及微波功率器件与电路》分册的背景是,宽禁带材料可使微波毫米波功率器件的功率密度比Si和GaAs等同类产品高10倍,可产生开关频率更高、关断电压更高的新一代电力电子器件,将对雷达产生更新换代的影响。分册首先介绍第三代半导体的应用和基本知识,然后详细介绍两大类各种器件的原理、类别特征、进展和应用：SiC 器件有功率二极管、MOSFET、JFET、BJT、IBJT、GTO 等；GaN 器件有 HEMT、MMIC、E 模 HEMT、N 极化 HEMT、功率开关器件与微功率变换等。最后展望固态太赫兹、金刚石等新兴材料器件。

本套丛书是国内众多相关研究领域的大专院校、科研院所专家集体智慧的结晶。具体参与单位包括中国电子科技集团公司、中国航天科工集团公司、中国电子科学研究院、南京电子技术研究所、华东电子工程研究所、北京无线电测量研究所、电子科技大学、西安电子科技大学、国防科技大学、北京理工大学、北京航空航天大学、哈尔滨工业大学、西北工业大学等近 30 家。在此对参与编写及审校工作的各单位专家和领导的大力支持表示衷心感谢。

王小谟

2017 年 9 月

前 言

近年来，随着国民经济和国防事业的不断发展，对雷达系统提出了越来越高的要求，要求雷达同时实现探测距离远、测量精度高、机动能力强和可扩展性好，常规的技术途径已难以满足，必须寻求新的方法。分布孔径雷达采用中心控制处理系统实现多个单元孔径的空间射频相参合成，从而获得等效于大孔径天线雷达的探测性能。相比于传统大孔径雷达，系统的灵活性、适应性、制造性和使用性等性能得到了明显改善，分布孔径雷达已经成为现代雷达发展的重要方向和研究热点之一。

分布孔径雷达除涉及常规的宽窄带雷达技术之外，还涉及许多由孔径分散与相参合成相结合而产生的新的理论、技术和工程问题。本书试图从雷达系统总体的角度研究和探讨这些问题，撰写过程中注重对分布孔径雷达系统概念、基本理论、关键技术与发展趋势的描述，并融入了作者研究工作中的最新进展，以帮助读者在深入了解相关技术的同时，较好地把握对这一新体制雷达发展方向和应用前景的判断。

全书共分9章。第1章绪论，由分布孔径雷达的起源和主要研究领域，引出分布孔径雷达的定义、工作原理、特点、研究进程及发展展望，并列出本书的内容概要。第2章介绍分布孔径雷达基本理论，包括其雷达方程、测量精度等，提出分布孔径雷达的相参性能评估方法。第3章介绍分布孔径雷达波形设计与处理方法，对常用正交波形与宽带正交波形的设计及处理进行了研究。第4章从参数估计精度对相参合成性能影响的分析入手，介绍几种参数估计算法，并提出合成参数控制的原理与方法。第5章介绍分布孔径雷达基线选择准则与测角方法，并对测角方法进行了仿真验证。第6章从单元孔径间的时间、频率、相位误差对相参合成性能影响的分析入手，分别介绍时间同步、频率同步和相位同步的实现方法，并给出试验验证结果。第7章介绍分布孔径雷达系统设计要求，包括频段选择、系统拓扑结构、相参合成流程设计、一致性标校方法和资源调度等总体设计要求，并介绍系统组成设计与试验设计。第8章对分布孔径雷达的新技术进行展望，介绍复杂平台分布孔径相参技术、多频多视角分布孔径相参技术、长基线分布孔径相参技术以及分布孔径雷达支撑技术。第9章介绍分布孔径雷达的典型应用，包括弹道导弹防御、空间目标监视、深空探测等。

在本书撰写过程中，北京无线电测量研究所黄槐研究员、秦忠宇研究员、史仁杰研究员对本书内容结构提出了宝贵建议。周宝亮工程师、李钢博士、金镇博士和陈文晟博士分别为第 2 章、第 3 章、第 4 章和第 5 章提供了有价值的资料，柳树林博士、刘俊博士、张建恩博士、殷丕磊博士、周东明工程师、王德伍工程师和郭相雷高工为书稿完成做出较大贡献，王武庆高工和马丽工程师为本书编写出版做了大量工作。本书的出版得到了北京无线电测量研究所领导及科技委专家的关心和支持，以及国防工业出版社领导和编辑的信任与帮助。在此一并表示衷心感谢！

分布孔径雷达技术正处在发展之中，尚未形成比较完整的理论和技术体系。限于作者水平，书中不足之处在所难免，恳请读者批评指正。

作 者

2017 年 5 月

目录

第1章 绪论

1.1 分布孔径雷达的起源

雷达产生于20世纪20年代，受限于当时技术水平，雷达多采用收发分置的形式，即早期的双基地雷达。之后几十年，由于雷达技术的发展与器件水平的进步，发射和接收共用天线的单基地雷达逐渐成为雷达发展的主流并广泛应用。由于探测需求的不断发展对雷达性能的要求越来越高，分布式雷达重新成为研究热点。分布式雷达的发展过程可分为以下四个阶段：

1. 双(多)基地雷达

1922年，美国海军飞机实验室利用架设在河流两岸收发分置的无线电传播设备，成功探测到河中航行的木船，随后该实验室又进行了一系列探测试验，并申请了专利，这是有关双基地雷达试验的最早记录。此后，法国、苏联、德国、意大利、日本等国家也建造了各自的双基地雷达，其中英国建造的沿海岸线的双基地警戒雷达网——“本土链(Chain Home)”[1]最为著名(图1.1)。在20世纪五六十年代后，随着雷达探测新需求的出现，双(多)基地雷达又重新焕发生机，并且几十年来始终是雷达领域重要研究方向之一。

2. 自聚焦阵列雷达

1964年，Eberle在*IEEE Transactions on Antennas and Propagation*上发表论文[2]，介绍了分布式孔径的深空探测雷达系统，系统由四个独立的30英尺①抛物面天线组成(图1.2)，利用分布式孔径来增加系统灵敏度和减少大气扰动影响，以支持人造卫星进行深空通信和遥测。深空探测雷达通过自适应相位处理，可获得N倍的接收合成增益(N为单元孔径数目)，得到与同口径大天线相同的性能。美国著名雷达专家Skolnik指出，该自聚焦处理天线由于消除了目标距离的影响，实现了多天线系统的相参合成处理，可认为是最早的接收相参合成系统。

① 1英尺=0.3048m。

(a)

(b)

图 1.1　英国“本土链”双基地雷达

(a)发射塔；(b)发射机。

图 1.2　四单元 30 英尺抛物面天线阵列

3. MIMO 雷达

2003 年，林肯实验室发表论文正式提出多输入 - 多输出(MIMO)雷达概念[3]，与传统采用波束形成技术的相控阵雷达不同，MIMO 雷达发射端的信号彼此正交，从而保证发射信号通道的相互独立，避免发射通道间的功率合成，在接收端实现各路正交信号的分离，并进行接收信号的相参合成。但 MIMO 雷达的出现要比其概念提出更早，1986 年法国国家航空航天研究院建造了综合脉冲孔径雷达(SIAR)[4](图 1.3)，具有 MIMO 雷达的特点，因此被认为是 MIMO 雷达的雏形。

图 1.3 法国 SIAR

4. 分布孔径相参雷达

美国在发展反导大型 X 波段相控阵雷达(GBR-P、SBX 等)的过程中认识到大孔径雷达受诸多制衡,如生存能力弱、效费比低、灵活性差等。2003 年,林肯实验室提出分布孔径相参雷达的概念[5],用于下一代弹道导弹防御雷达。分布孔径相参雷达由若干小孔径雷达和一个中心系统组成(图 1.4),采用发射、接收全相参体制。林肯实验室进行了大量研究,开展了验证试验并取得成功。著名雷达专家 Brookner 将其列为令人惊奇的“相控阵和雷达突破”之一[6]。

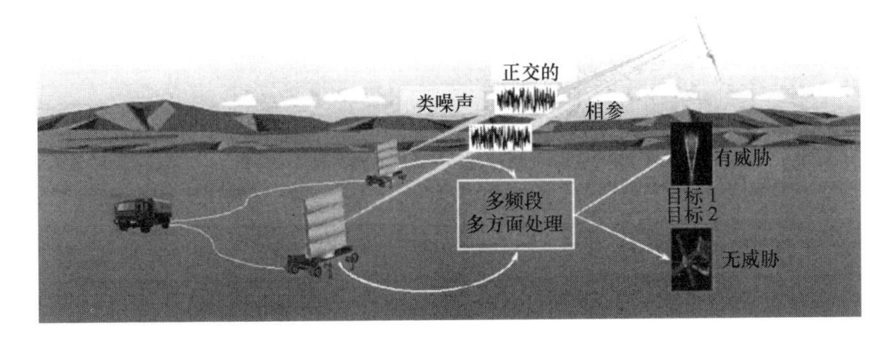

图 1.4 分布孔径相参雷达示意图

1.2 分布孔径雷达的主要研究领域

20 世纪 70 年代以来,雷达电子战发展到了一个新阶段,电子干扰、反辐射导弹、超低空突防和隐身武器已成为雷达面临的“四大威胁”。分布式雷达具有应对现代电子战的潜在优势，其诸内容已成为雷达技术领域的重要研究方向。

1. 双(多)基地雷达

双(多)基地雷达是分布式雷达一个活跃的研究领域，经过几十年发展，已由地面双(多)基地体制衍生出空地双基、空空双基、空天双基等多样化体制，并且信号处理方法由早期的非相参处理发展为相参处理，信号处理增益由$\sqrt{N}$增加为N(N为单元孔径数目)。美国国防高级研究计划局(DARPA)提出"圣堂"防空双基地雷达系统[7]，该系统为空地双基地雷达，采用机载发射机发射宽扫描波束，地面接收机利用窄接收波束接收，可隐蔽地发现跟踪目标。分布式合成孔径雷达(SAR)是近年来发展迅速的双(多)基地合成孔径雷达，电子科技大学在国内首次进行机载双基地 SAR 成像试验[8]，并获得了移不变模式机载双基地 SAR 图像。德国宇航中心(DLR)设计了星载干涉 SAR 系统 TanDEM - X[9]，利用两个彼此靠近飞行的 TerraSAR - X 雷达卫星提供全球的数字高程模型(DEM)，分辨率超过以往系统的指标。为了提高双(多)基地雷达的生存能力，解决发射机的隐蔽性和抗摧毁能力，利用外辐射源作为发射信号的双(多)基地雷达系统得到发展，武汉大学电波传播实验室研制了基于 DRM(世界数字广播组织)的无源双基地地波雷达(PBSWR)[10]，该系统工作在高频段，兼具双(多)基地雷达和高频雷达的特点，是新型无源探测手段。

2. 自聚焦阵列雷达

自聚焦阵列雷达的典型代表为深空探测雷达，其主要实现对深空探测器的跟踪、遥测、指令控制和数据传输等功能，航天大国均建立了自己的深空探测雷达体系。深空探测雷达一般由多部地面天线设备组成，采用相参接收处理，实现N倍信号处理增益。比较著名的深空探测雷达有射电综合孔径天线阵、"阿塔卡玛"大型毫米波/亚毫米波天线阵、"平方公里"阵列(SKA)等。射电综合孔径天线阵由剑桥大学于 1971 年建成，代表了当时最先进的设计水平。它由 8 面口径为 13m 的抛物面天线组成，排列在长 5km 的东西基线上。射电综合孔径天线阵将观测范围从大约 10 亿 l. y. 扩大到 100 ~ 200 亿 l. y. ，几乎达到宇宙的边界，或追溯到宇宙的初始时期。"阿塔卡玛"大型毫米波/亚毫米波天线阵目前正在建设和试验测试阶段，建成后将是世界上最强大的陆基天文观测平台。该阵列由 66 个天线组成，最大的天线口径为 12m，其探测到的图像数据可与一部口径 14km 的射电天线效果相媲美。通过该平台科学家可以观测到宇宙中最遥远、最古老的星系，并探索年轻恒星周围的行星形成之谜。"平方公里"阵列由数千个较小的碟形天线构成，碟形天线口径大约为 15m，它们的构造较为简单。"平方公里"阵列的灵敏度将达到目前地球上任何射电望远镜阵列的 50 倍，解析度则将达到 100 倍。迄今为止，来自 20 个国家的参与者已经投入这一项目的研究。

3. MIMO 雷达

作为一种新体制雷达,MIMO 雷达与传统相控阵的不同之处在于,MIMO 雷达发射正交波形,通过接收相参处理实现 N^2 信号处理增益。MIMO 雷达研究领域包括 MIMO 雷达天线阵列优化、MIMO 雷达信号处理、正交波形设计、MIMO 雷达系统性能评估技术等。MIMO 雷达波束方向图为实孔径的收发双程方向图,故其等效接收阵列由实孔径的物理阵元和收发阵元相位中心位置的虚拟阵元组成[11]。在远场情况下,采用等效相位中心方法[12]可以将收发分置的天线问题转化为相对简单的收发共置的天线问题,使许多相控阵雷达成熟技术可以直接应用。MIMO 雷达发射天线是全向的,发射能量分散,要达到与相控阵雷达相同探测距离,需要"时间换能量",长时间积累技术是其工程应用关键技术。MIMO 雷达刚被提出时,假设 MIMO 雷达每个天线发射的信号均是完全正交的,这样可以避免发射信号的相互干扰。编码信号的设计一直是研究的重点之一,常用的 MIMO 雷达正交信号有正交相位编码信号[13]、频分线性调频信号(FDLFM)[14-16]、离散频率编码(FSK)信号[17]、多载波高斯脉冲串信号[18]等。为了验证 MIMO 雷达技术对雷达性能的改进,林肯实验室建立了 MIMO 雷达演示系统[19],在两接收单元相参处理情况下得到 6dB 信噪比改善。

4. 分布孔径相参雷达

分布孔径相参雷达相对于 MIMO 雷达的最大优势在于其稳定工作状态是发射-接收全相参状态,该状态下可以实现 N^3 的信号处理增益。分布孔径相参雷达的研究领域有分布孔径雷达总体设计、正交波形设计与处理、参数估计方法,以及为实现单元雷达发射、接收全相参而必需的延时与相移同步技术。孔径布局优化、系统工作流程设计、系统资源调度管理与控制等是分布孔径雷达系统总体设计的重要研究内容。分布孔径雷达的正交波形设计与处理技术和 MIMO 雷达是相通的,但其发射正交波形是为了进行参数估计,以实现收发全相参状态。林肯实验室提出分布式雷达宽带孔径相参处理方法,并进行了空馈试验,由两个单元雷达对导弹回波进行接收相参处理,得到 6dB 信噪比改善[6]。北京理工大学雷达技术研究所针对分布式雷达时间与相位同步技术进行了研究,提出了相位差跟踪技术[20],以实现发射信号相位调整,达到发射相参目的。北京无线电测量研究所设计了两单元分布孔径雷达试验系统,并开展了相关试验验证工作,进行了室内线馈试验和室外空馈试验。在接收相参处理情况下得到 5.7dB 的信噪比改善(理论值为 6dB),在收发全相参处理情况下得到 8.5dB 的信噪比改善(理论值为 9dB),取得了原理试验验证的重大突破[21,22]。

1.3 分布孔径雷达的基本概念

1.3.1 分布孔径雷达的定义

分布孔径雷达又称为分布式孔径(或阵列)相参合成雷达(DACR),是指一个通过中心控制处理系统指引多个孔径实现空间相参合成的雷达系统。各单元孔径按一定的基线准则与布阵理论进行阵列布局,由中心控制处理系统统一调配,波束指向相同区域,并通过中心控制处理系统进行收发相参工作,实现收发信号全相参,相参合成后的探测威力与一部具有相同功率孔径积的大型雷达等效,实现对目标的远距离搜索和高精度跟踪。

1.3.2 分布孔径雷达的工作原理

分布孔径雷达有接收相参模式和收发全相参模式两种工作模式,下面分别给出处理模型。

1. 接收相参模式

在接收相参模式下,分布孔径雷达发射正交波形(单元孔径的发射波形相互正交,详见第3章),每部单元雷达除接收自己发射信号产生的目标回波之外,还接收其他单元雷达发射信号产生的回波(图1.5)。如果有 N 部单元雷达,就有 N^2 个信道。

假设每个信道目标的雷达散射截面积均为 σ,这里只考虑各信道间由于距离不同引起的电磁波传播时间延迟和相位延迟的差异(忽略目标闪烁和大气传播在各信道间的差异等非理因素),用 ω_0 表示载频,θ_i^{T} 表示第 i 个单元雷达发射机初相,θ_j^{R} 表示第 j 个单元雷达接收本振初相,T_i 表示第 i 个单元雷达到目标的电磁波单程延时,$T_{ij}=T_i+T_j$ 表示第 i 单元发射第 j 单元接收信道的延时,雷达方程中相关因子记为 A。

第 i 个单元雷达的发射信号 $s_i(t)=a_i(t)\mathrm{e}^{-\mathrm{j}\omega_0 t+\mathrm{j}\theta_i^{\mathrm{T}}}$,经目标反射并被第 j 个雷达接收天线接收信号 $s_{ij}(t)=\sigma A s_i(t-T_{ij})$,经下变频后为 $\sigma A a_i(t-T_{ij})\cdot\mathrm{e}^{-\mathrm{j}\omega_0(T_i+T_j)+\mathrm{j}\theta_i^{\mathrm{T}}+\mathrm{j}\theta_j^{\mathrm{R}}}$。该信号经匹配滤波处理,输出为

$$y_{ij}(t)=w_{ij}\alpha_{ij}(t-T_{ij})\mathrm{e}^{\mathrm{j}\omega_0(T_i+T_j)+\mathrm{j}\theta_i^{\mathrm{T}}+\mathrm{j}\theta_j^{\mathrm{R}}}+n_{ij}(t) \tag{1.1}$$

式中:w_{ij}为匹配滤波器输出幅度;$\alpha_{ij}(t)$为匹配滤波器输出波形;$n_{ij}(t)$为信道噪声。

理想情况下,各信道输出幅度、波形相同,不同的是延时、相位和噪声。

假设各单元雷达的发射信号严格正交,即不考虑信道间的串扰,对各信道匹

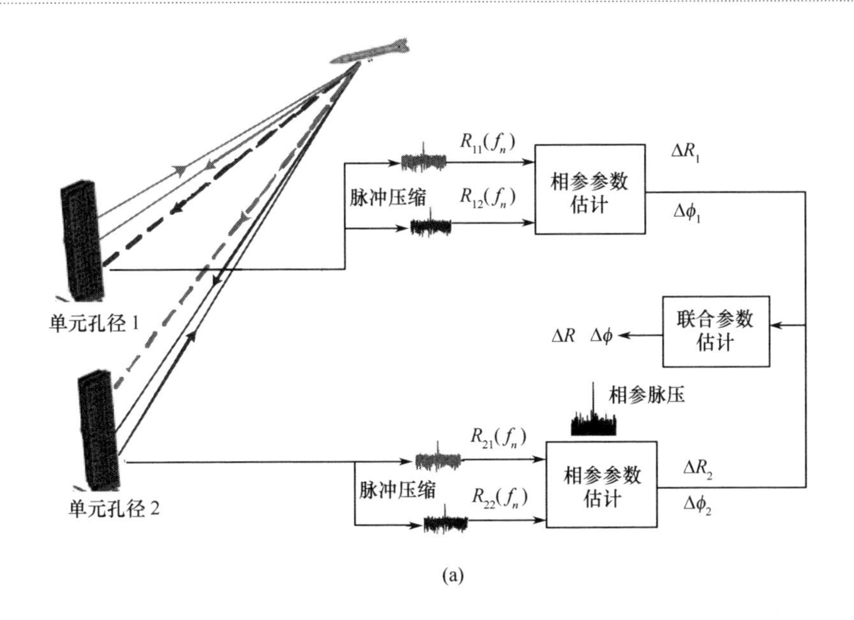

(a)

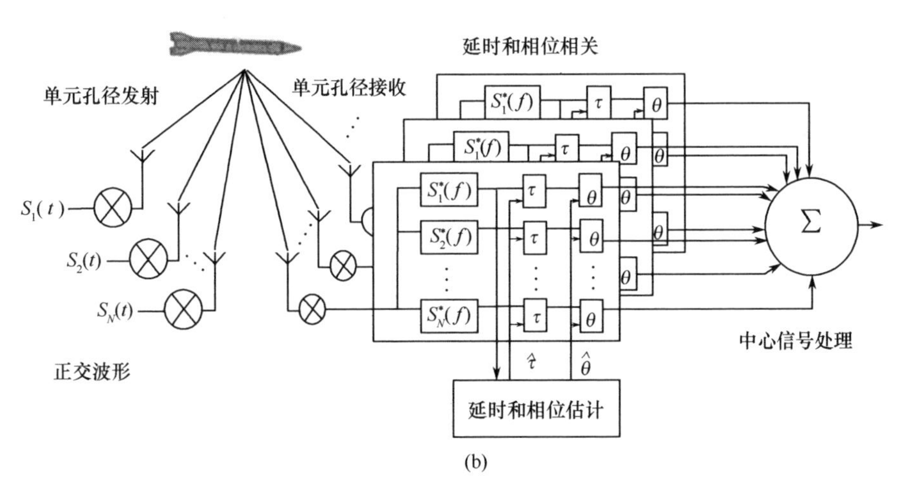

(b)

图1.5 接收相参模式原理示意图(见彩图)

(a)正交波形收发;(b)接收相参处理。

配滤波器输出经过时间对齐和相位补偿后,所有信道的信号就可相参叠加。

记$\psi_i^{\mathrm{T}}=\theta_i^{\mathrm{T}}+\omega_0 T_i$,$\psi_j^{\mathrm{R}}=\theta_j^{\mathrm{R}}+\omega_0 T_j$分别表示第$i$发射支路和第$j$接收支路的相位延迟,$\hat{T}_{ij}=\hat{T}_i+\hat{T}_j$和$\hat{\psi}_i^{\mathrm{T}}=\hat{\theta}_i^{\mathrm{T}}+\omega_0\hat{T}_i$,$\hat{\psi}_j^{\mathrm{R}}=\hat{\theta}_j^{\mathrm{R}}+\omega_0\hat{T}_j$分别表示时间延迟和相位延迟(发射、接收)估计值,$\hat{\psi}_{ij}=\hat{\psi}_i^{\mathrm{T}}+\hat{\psi}_j^{\mathrm{R}}$,则经时间对齐和相位补偿后第$ij$信道输出为

$$y_{ij}(t+\hat{T}_{ij})\mathrm{e}^{-\mathrm{j}\hat{\psi}_{ij}}=w\alpha(t-T_{ij}+\hat{T}_{ij})\mathrm{e}^{\mathrm{j}\omega_0(T_{ij}-\hat{T}_{ij})+\mathrm{j}(\theta_i^{\mathrm{T}}-\hat{\theta}_i^{\mathrm{T}})+\mathrm{j}(\theta_j^{\mathrm{R}}-\hat{\theta}_j^{\mathrm{R}})}+n_{ij}(t) \quad (1.2)$$

第 j 单元雷达接收机输出记为 $y_j(t) = \sum_{i=1}^{N} y_{ij}(t+\hat{T}_{ij})\mathrm{e}^{-\mathrm{j}\hat{\psi}_{ij}}$，则有

$$y_j(t) = \sum_{i=1}^{N}\left[w\alpha(t - T_{ij} + \hat{T}_{ij})\mathrm{e}^{\mathrm{j}\omega_0(T_{ij}-\hat{T}_{ij})+\mathrm{j}(\theta_i^{\mathrm{T}}-\hat{\theta}_i^{\mathrm{T}})+\mathrm{j}(\theta_j^{\mathrm{R}}-\hat{\theta}_j^{\mathrm{R}})} + n_{ij}(t)\right] \tag{1.3}$$

各单元雷达接收信号的相参合成输出记为 $y(t) = \sum_{j=1}^{N} y_j(t)$，则有

$$y(t) = \sum_{j=1}^{N}\sum_{i=1}^{N}\left[w\alpha(t - T_{ij} + \hat{T}_{ij})\mathrm{e}^{\mathrm{j}\omega_0(T_{ij}-\hat{T}_{ij})+\mathrm{j}(\theta_i^{\mathrm{T}}-\hat{\theta}_i^{\mathrm{T}})+\mathrm{j}(\theta_j^{\mathrm{R}}-\hat{\theta}_j^{\mathrm{R}})} + n_{ij}(t)\right] \tag{1.4}$$

记 $\Delta T_{ij} = T_{ij} - \hat{T}_{ij}, \Delta\phi_{ij} = \psi_i^{\mathrm{T}} - \hat{\psi}_i^{\mathrm{T}} + \psi_j^{\mathrm{R}} - \hat{\psi}_j^{\mathrm{R}}$，则有

$$y(t) = \sum_{j=1}^{N}\sum_{i=1}^{N}\left[w\alpha(t - \Delta T_{ij})\mathrm{e}^{\mathrm{j}\Delta\varphi_{ij}} + n_{ij}(t)\right] \tag{1.5}$$

2. 收发全相参模式

如果延时和相位稳定，通过接收相参模式就能获得估计值 $\hat{T}_i$、$\hat{\psi}_i^{\mathrm{T}}$、$\hat{\psi}_j^{\mathrm{R}}$，然后转入收发全相参模式。在收发全相参模式下，各单元雷达发射完全相同的波形，通过精确的发射时间和相位控制，各单元雷达的发射信号在目标处同时同相相加，即发射全相参，这个相参合成的发射信号经目标反射后，由各单元雷达接收，再经过精确的接收延时和相位控制，进行接收相参合成处理（图 1.6）。

此时，所有单元雷达发射机产生相同基带波形 $s(t)$，并对信号进行延时 $\hat{T}_i$ 和相移 $\hat{\psi}_i^{\mathrm{T}}$ 处理，得到 $a(t+\hat{T}_i)\mathrm{e}^{-\mathrm{j}\hat{\theta}_i^{\mathrm{T}}}\mathrm{e}^{-\mathrm{j}\omega_0\hat{T}_i}(i=1,\cdots,N)$，再与发射本振 $\mathrm{e}^{-\mathrm{j}\omega_0 t+\mathrm{j}\theta_i^{\mathrm{T}}}$ 混频，得到 $a(t+\hat{T}_i)\mathrm{e}^{-\mathrm{j}\omega_0 t-\mathrm{j}\omega_0\hat{T}_i+\mathrm{j}(\theta_i^{\mathrm{T}}-\hat{\theta}_i^{\mathrm{T}})}$，信号经目标反射，由各单元雷达接收机接收，空间延时 $T_i + T_j$。第 j 单元雷达接收天线综合接收各单元雷达的发射波形，则有

$$c_j(t) = \sum_{i=1}^{N}\sigma A a(t+\hat{T}_i - T_i - T_j)\mathrm{e}^{-\mathrm{j}\omega_0(t-T_i-T_j)}\mathrm{e}^{-\mathrm{j}\omega_0\hat{T}_i}\mathrm{e}^{\mathrm{j}(\theta_i^{\mathrm{T}}-\hat{\theta}_i^{\mathrm{T}})} \tag{1.6}$$

该信号与接收本振 $\mathrm{e}^{-\mathrm{j}\omega_0 t-\mathrm{j}\theta_j^{\mathrm{R}}}$ 混频和匹配滤波后，可得

$$c_j(t)\mathrm{e}^{\mathrm{j}\omega_0 t+\mathrm{j}\theta_j^{\mathrm{R}}} = \left(\sum_{i=1}^{N} w\alpha(t+\hat{T}_i - T_i - T_j)\mathrm{e}^{\mathrm{j}\omega_0(T_i+T_j)}\mathrm{e}^{-\mathrm{j}\omega_0\hat{T}_i}\mathrm{e}^{\mathrm{j}(\theta_i^{\mathrm{T}}-\hat{\theta}_i^{\mathrm{T}})}\mathrm{e}^{\mathrm{j}\theta_j^{\mathrm{R}}}\right) + n_j(t) \tag{1.7}$$

利用接收模式估计的参数，对接收信号进行延时 $\hat{T}_j$ 和相移 $\hat{\psi}_j^{\mathrm{R}}$ 处理，可得

$$y_j(t) = \left(\sum_{i=1}^{N} w\alpha(t+\hat{T}_{ij} - T_{ij})\mathrm{e}^{\mathrm{j}\omega_0(T_i+T_j)}\mathrm{e}^{-\mathrm{j}\omega_0(\hat{T}_i+\hat{T}_j)}\mathrm{e}^{\mathrm{j}(\theta_i^{\mathrm{T}}-\hat{\theta}_i^{\mathrm{T}})}\mathrm{e}^{\mathrm{j}(\theta_j^{\mathrm{R}}-\hat{\theta}_j^{\mathrm{R}})}\right) + n_j(t) \tag{1.8}$$

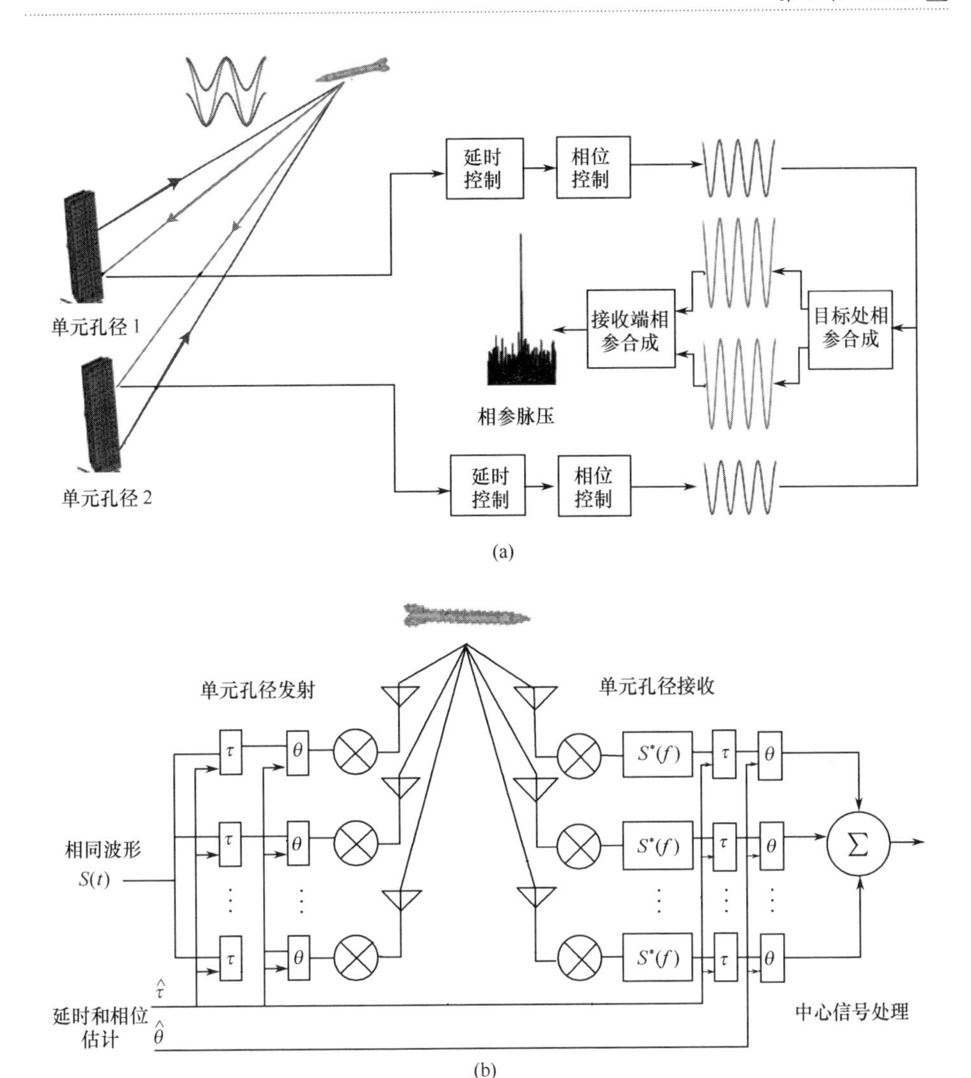

图1.6 收发全相参模式原理示意图(见彩图)
(a)相同波形收发;(b)收发相参处理。

或

$$y_j(t) = \left(\sum_{i=1}^{N} w\alpha(t-\Delta T_{ij})e^{j\Delta\phi_{ij}}\right) + n_j(t) \tag{1.9}$$

N部单元雷达的信号累加输出为

$$y(t) = \sum_{j=1}^{N}\left[\left(\sum_{i=1}^{N} w\alpha(t-\Delta T_{ij})e^{j\Delta\phi_{ij}}\right) + n_j(t)\right] \tag{1.10}$$

比较式(1.5)和式(1.10)可知,接收模式和收发全相参模式的信号相同,都

为 $w\sum_{j=1}^{N}\sum_{i=1}^{N}\alpha(t-\Delta T_{ij})\mathrm{e}^{\mathrm{j}\Delta\phi_{ij}}$，但噪声不同，噪声功率分别为 $N^2\sigma_{\mathrm{n}}^2$ 和 $N\sigma_{\mathrm{n}}^2$（σ_{n}^2 为单部雷达噪声功率）。在各单元雷达延时和相位完全补偿（$\Delta T_{ij}=0,\Delta\phi_{ij}=0$）的条件下，信号功率都为 $N^4(w|\alpha|)^2$，因此信噪比分别为 $N^2(w|\alpha|)^2/\sigma_{\mathrm{n}}^2$ 和 $N^3(w\cdot|\alpha|)^2/\sigma_{\mathrm{n}}^2$，其中 $(w|\alpha|)^2/\sigma_{\mathrm{n}}^2$ 是单部雷达独自工作时的信噪比。因此，理想条件下，分布孔径雷达接收相参模式和收发全相参模式信噪比分别提高 N^2 和 N^3 倍。

1.3.3 分布孔径雷达的特点

1. 探测威力大

大的功率孔径积是实现远距离大威力探测的基础，分布孔径雷达一个显著特点是具有将各单元雷达发射信号进行空间功率合成的能力，该功能使得雷达系统具有更大的发射功率，相对于单元雷达发射功率增加了 N 倍（其中 N 为单元孔径数目）。此外，多个单元雷达同时接收回波信号，接收孔径增加了 N 倍。因此，分布孔径雷达能够有效提高系统的功率孔径积。经计算，分布孔径雷达最高可实现单元雷达探测威力 $N^{3/4}$ 倍的拓展，实现远距离目标探测。

2. 角分辨率高

分布孔径雷达通过阵列稀布形成虚拟孔径，等效孔径大于各个单元雷达孔径之和，合成波束变窄，从而提高了雷达的角度分辨率。基于稀疏孔径的高精度测角有利于实现高精度测轨，从而提升目标运动特征识别能力。由于分布式合成波束变窄，可提高系统分辨率，降低伴飞主瓣有源干扰影响，提升抗干扰能力。分布孔径合成窄波束使得在主瓣进行自适应零陷成为可能，有利于对大气层外无源突防干扰进行抑制，从而减轻伴飞团目标影响，提升系统跟踪能力。

3. 扩展性好

根据探测需求的不同，分布孔径雷达系统能够很容易实现功能扩展和威力扩展。例如，通过增加孔径数目可以提高系统探测威力，每个孔径独立工作可实现全方位防空以及对抗饱和攻击，多个孔径联合工作可实现远程反隐身防空反导。

4. 适应性强

分布孔径雷达是“化整为零”朴素思想的结晶，相对于地基大孔径雷达，该雷达可实现快速移动或机动，及时变换阵地，生存能力强，既能要地部署也可前沿部署，作战形式灵活多样，能实现试战结合与应急作战。此外，可有效适应复杂平台共形探测，解决大天线阵面难以安装的问题，支撑实现传感器平台。

5. 实现性好

分布孔径雷达的单元雷达天线孔径规模小，技术成熟，工程实现性好（如实现工艺简单、形变要求低等），研制过程易于实现量产化，能够有效降低成本，工程易实现。

1.3.4　分布孔径雷达与MIMO雷达的区别

分布孔径雷达与MIMO雷达的本质区别在于:分布孔径雷达稳定工作状态时,各单元孔径发射相同波形的信号,通过全相参处理(发射相参和接收相参)可改善回波信噪比(SNR)达到N^3倍(N为单元孔径数目);而MIMO雷达工作时发射正交波形信号,在稳定工作时通过接收信号的相参处理实现回波SNR改善N^2倍[23]。因此,相对于MIMO雷达,分布孔径雷达具有更高回波SNR处理增益。另外,分布孔径雷达是在MIMO雷达基础上发展的一种新体制雷达,在某些情况下可以实现MIMO雷达的性能,达到N^2回波SNR的增益,但是MIMO雷达无法实现分布孔径雷达的性能。

1.4　分布孔径雷达的国内外发展现状

早在20世纪50年代末期60年代初期,为解决人造卫星深空通信问题,需要提高地面设备灵敏度、降低大气干扰影响,美国就已经对分布式孔径相参合成技术开展了研究。

1964年3月,IEEE天线与传播联合会对利用多个相参接收单元实现智能自适应天线的技术进行专题讨论,该技术关键是锁相环电路,通过此电路可使分布式孔径阵列实现相位自聚焦[24]。

1964年的专题会认识到分布式孔径具有许多我们今天期望的优点,主要包括:小孔径天线单位面积的制造成本远小于单一的大孔径的单位面积成本;小孔径的制造公差不需要像大孔径那么严格。由于分布式孔径阵列由许多相对较小的具有较宽波束的孔径构成,它们不需要等效大孔径天线的跟踪和指向精度,所以对雷达天线指向的精度要求较低。另外,与等效大孔径系统相比,分布式孔径系统具有更简单的机械与电气特性等。

美国中段反导X波段识别雷达SBX立项后,美国导弹防御局(MDA)于2003年发起了一项研究,来自包括林肯实验室在内的多家研究实验室、工业部门和政府军方机构的众多研究者参与了这项工作,旨在研究能应对未来弹道导弹威胁的高级雷达传感器概念。通过这项研究提出的建议之一就是开发下一代雷达(NGR),其关键能力要求包括:具有较高的灵敏度,用于远距离搜索、跟踪和识别,同时要保持机动运输能力。林肯实验室提出了将分布孔径雷达作为美国下一代或新一代弹道导弹防御雷达的发展建议[25](图1.7)。

针对宽频带分布式空间射频相参系统,林肯实验室进行了相关的机理研究,并指出了该技术的关键是对参数的精确估计以及控制,尤其是在目标运动的情况下,这都将是实现分布式相参合成的基础。为了验证相参参数估计算法用于

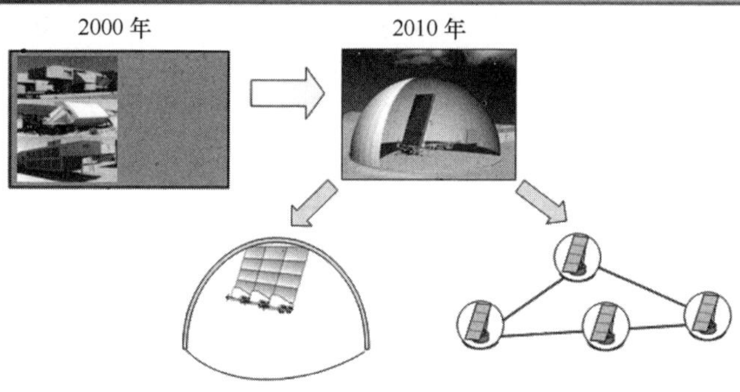

图 1.7　分布孔径雷达发展示意图

复杂目标的性能，林肯实验室对一定比例的再入飞行器进行静态距离测量，相参合成后的雷达宽带图像比单雷达图像的 SNR 提高了大约 6dB，在某些难以测量目标大小、形状、长度的视角状态，这种 SNR 的提高是非常重要的。

为了评估分布式雷达系统的性能，林肯实验室通过暗室和外场试验完成了分布孔径雷达机理与相关技术的演示验证。图 1.8 为美国研制的演示试验系统，分别对暗室动目标、室外水塔、导弹和飞机目标（图 1.9）进行了试验，结果表明自适应地调整单元雷达的相对相位和发射时间可使不同雷达的发射脉冲同时、同相到达目标，从而获得 N^3 倍合成增益。

(a)

(b)

图 1.8　林肯实验室分布式孔径相参合成试验系统

此外，林肯实验室利用 Kwajalein 靶场的 2 部 AN/MPS－36 雷达（图 1.10）进行空间相参合成的外场试验，和美军方以及洛克希德·马丁公司签订了有关雷达改造升级和外场试验的合同，该试验取得很大成功。出于技术保密或军事敏感原因，美国对试验细节及具体成果并未披露，只有雷达专家 IEEE 终身会

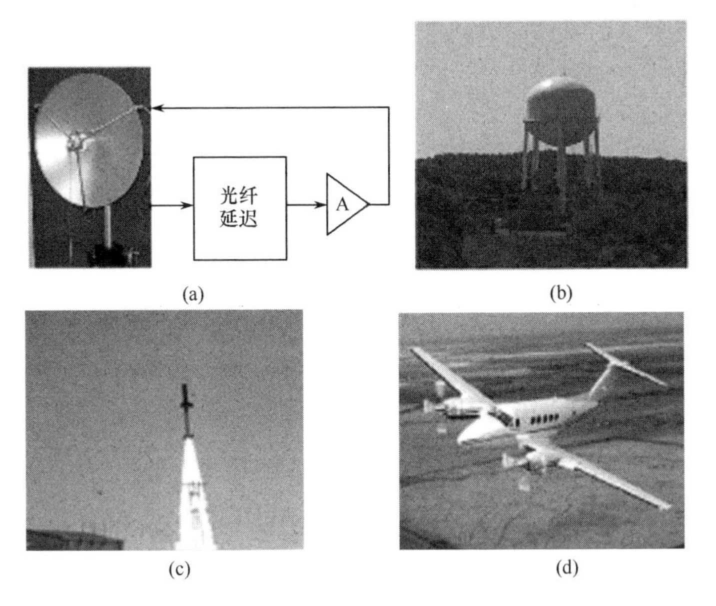

图 1.9 林肯实验室分布式试验中的观测目标
(a)动目标模拟器；(b)水塔；(c)导弹；(d)飞机。

图 1.10 用于分布孔径相参试验的 AN/MPS－36 雷达系统

员 Dr. Eli Brookner 分别在 2007 年和 2008 年撰写的《相控阵与雷达突破》(Phased－arrey and radar breakthroughs)的文章中两次提到“两单元雷达相参合成实现了 9dB 信噪比改善的效果”，即实现了 N^3 最大增益(空间射频合成)，成功验证了分布孔径雷达的技术可行性。

目前国内对分布孔径雷达也开展了相应研究。北京理工大学给出了分布式时间和相位的同步方案，提出了相参参数跟踪估计方法及频率步进宽带全相参技术[20,26－29]。清华大学在发射波形方面做出了相关研究，提出了正交波形的设计方法,分析了相参参数估计性能及系统相参性能[30,31]。西安电子科技大学在Swerling Ⅰ和Swerling Ⅱ目标模型下,分析了目标回波之间的相关性[32]。北京无线电测量研究所在合成参数估计、信号合成、测角技术等方面进行了研究,搭建了分布式孔径相参合成原理试验平台,完成了分布孔径雷达的基本原理验证[21,22,33,34]。

综上所述,分布孔径雷达已成为国内外雷达领域的研究热点,是一种新体制雷达,具有广阔的应用前景。

1.5 分布孔径雷达的发展展望

为了充分拓展分布孔径雷达的应用范围,将来可在以下几方面进行研究:

(1) 复杂平台的分布式孔径相参合成技术。本书重点研究的分布孔径雷达均是基于地面平台,后期可扩展雷达载体平台,针对舰艇、飞机、飞艇、卫星等运动平台,开展"同一平台、不同部位"或者"不同平台"的分布式孔径相参合成技术研究。

(2) 多频多视角的分布式孔径相参合成技术。增加雷达信号带宽和观测角度,可以分别提高目标距离分辨率及空间频率分辨率。然而,受工程技术的限制,利用单部雷达获取超大带宽是非常困难的,而且雷达在宽带宽角扫描情况下,瞬时信号带宽受孔径渡越时间限制。基于带宽外推技术和带宽内插技术,可以将分布式系统中各单元雷达的多个频段数据合成,从而得到大带宽数据,将分布孔径雷达中的单元雷达布置在不同的位置,以形成对被观测对象的多视角探测,从而获得被观测对象不同视角的回波信息,通过将不同视角下的目标回波信息进行融合处理,可以将多个单元雷达的小视角回波合成大视角回波,从而提高分布孔径雷达对隐身目标等低可探测类目标的探测性能。

(3) 长基线分布式孔径相参合成技术。为了实现位于不同站址距离较远的多部雷达的孔径相参合成,需研究长基线分布孔径雷达技术,此时,通过高速数据传输系统将各个单元雷达互连,在中心站的统一调配下,收集各单元雷达的目标回波信号,通过相参处理后形成综合情报信息,从而完成整个雷达网覆盖范围内的探测、定位和跟踪等任务。

另外,为了充分挖掘分布式孔径相参雷达的优势,在未来的技术发展中,在信号处理层面可对大规模高速实时信号处理技术开展研究:在分布孔径雷达中,信号处理系统除了完成常规的雷达信号处理任务之外,还需要实时完成相参合成参数估计与信号相参合成处理的功能,整个信号处理算法复杂度高、数据量大、实时性要求高,必须采用大规模高速实时信号处理技术来实现。在单元雷达层面可对平面集成数字阵列天线技术开展研究:分布孔径雷达的基本组成元素是单元孔径,充分挖掘单元孔径的潜力,可使分布孔径雷达提升到一个新的台阶。平面集成数字阵列天线将天线前后端通过垂直互连方式一体集成,省去了传统地面雷达固态相控阵天线各部分之间单独的结构封装、连接电缆及接插件，极大地减小了天线系统的质量。整个阵面采用全光控网络，布线简洁，电磁兼容性良好，能够提升单元孔径的性能，从而进一步提升分布孔径雷达的性能。

1.6　本书内容概要

本书在概述分布孔径雷达基本原理的基础上，以阐述关键技术问题为重点，分别从波形设计与处理、合成参数估计与控制、稀疏孔径布阵与测角、时频相同步等方面做了较为系统和全面的论述。本书的主要内容体系结构如图 1.11 所示。

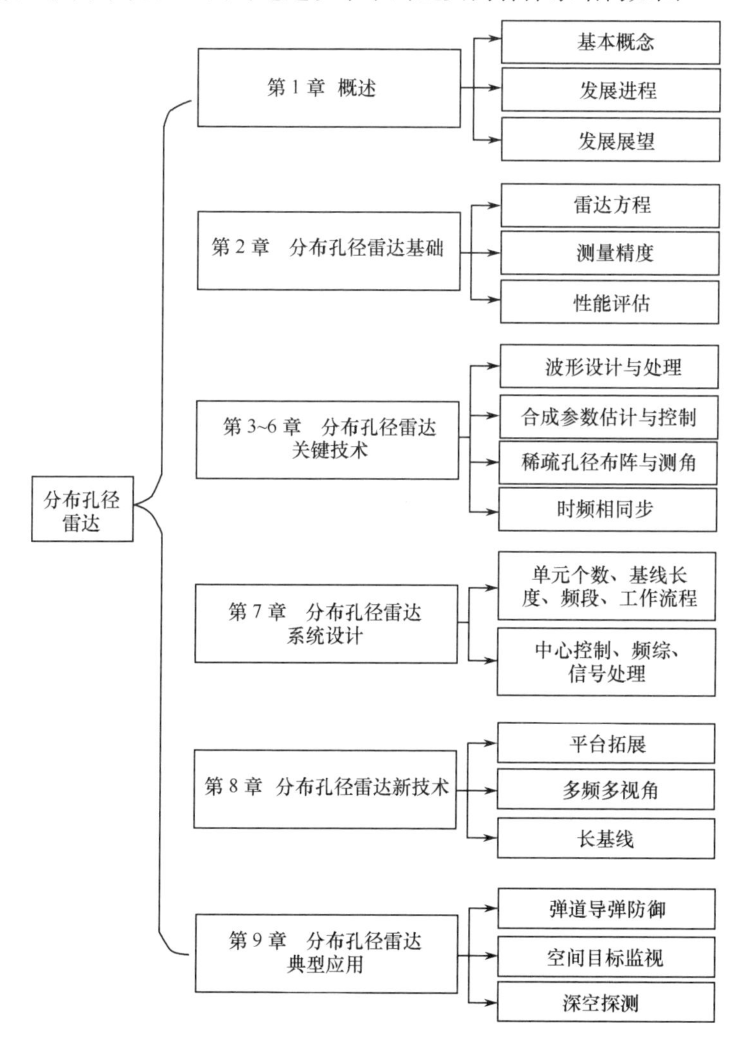

图 1.11　本书的主要内容体系结构

本书共分9章,具体章节内容安排如下:

第1章介绍分布式雷达的起源和主要研究领域,引出分布孔径雷达的定义、工作原理和特点,介绍分布孔径雷达的发展,并列出本书的章节安排。

第2章介绍分布孔径雷达的基本理论,包括其雷达方程(接收相参、收发相参)、测量精度(测距、测速、测角)等,提出分布孔径雷达的性能评估方法。

第3章主要介绍分布孔径雷达的波形选择,对几种常用的分离波形进行比较,针对正交相位编码和正交频率编码进行优化设计,提出正交波形处理方法,并特别针对宽带正交波形的设计与处理进行研究。

第4章从参数估计精度对相参合成影响的分析入手,对常见的参数估计算法进行仿真研究与仿真验证,提出合成参数控制的原理与方法,并进行仿真验证。

第5章主要介绍稀疏孔径布阵与测角,提出基线选择准则,研究一维和二维稀疏阵列的方向图,提出稀疏阵列的栅瓣抑制方法,提出分布式孔径合成阵列的测角方法并进行仿真验证。

第6章从时频相同步误差对相参合成的影响分析入手,分别介绍时间同步、频率同步和相位同步的方法,并进行仿真验证。

第7章介绍分布孔径雷达的系统设计要求,包括频段选择、系统拓扑结构、相参合成流程设计、一致性标校方法和资源调度的总体设计要求,以及中心控制与处理系统、频综系统、信号处理系统等其他系统的设计要求。

第8章介绍分布孔径雷达未来的发展趋势,包括复杂平台上的分布式孔径相参技术、多频多视角分布式孔径相参技术、长基线分布式孔径相参技术、分布式孔径相参合成支撑技术、大规模高速实时信号处理和平面集成数字阵列技术等。

第9章介绍分布孔径雷达的典型应用,包括弹道导弹防御、空间目标监视、深空探测中的拓展应用。

参考文献

[1] http://en.wikipedia.org/wiki/Chain_home.

[2] Eberle J. An adaptively phased, four-element array of thirty-foot parabolic reflectors for passive (Echo) communication systems[J]. IEEE Transactions on Antennas and Propagation, 1964, 12(2): 169-176.

[3] Bliss D, Forsythe K. Multiple-input multiple-output (MIMO) radar and imaging: degrees of freedom and resolution[C]. The Thirty-Seventh Asilomar Conference on Signals, Systems and Computers, Pacific Grove, CA, 2003: 54-59.

[4] Marc L. Some application of MIMO in radar[C]. IEEE International Radar Conference,

Chengdu, China, 2011.

[5] Robey F, Pulsone N. Wideband aperture coherence processing for next generation radar, ADA430577[R]. Lexington: Massachusetts Inst. of Tech, Lexington Lincoln Lab, 2004.

[6] Brookner E. Phased-array and radar breakthroughs[C]. Proceedings of the IEEE Radar Conference. Boston: IEEE Press, 2007: 37 – 42.

[7] Fleming F, Willis N. Sanctuary radar [C]. Proc. Military Microwaves '80 Conf., London, 1980: 103 – 108.

[8] 张晓玲. 一种消除三维合成孔径雷达图像栅瓣的方法:200910059548.2[P]. 2009 – 06 – 10.

[9] Gerhard K, Albert M. TanDEM-X: A Satellite Formation for High-Resolution SAR Interferometry [J]. IEEE Transactions on Geoscience and Remote Sensing, 2007, 45(11):3317 – 3341.

[10] 万显荣, 邵启红. 基于数字调幅广播的无源双基地地波雷达[J]. 雷达科学与技术, 2009, 7(6): 401 – 405.

[11] 粟毅, 朱宇涛. 多通道雷达天线阵列的设计理论与算法[G]. 空天防御雷达探测技术文集(一), 2010: 42 – 51.

[12] 王力宝, 许稼. MIMO-SAR 等效相位中心误差分析与补偿[J]. 电子学报, 2009, 37(12): 2687 – 2693.

[13] 陈金立. 相位编码 MIMO 雷达信号处理技术研究[D]. 南京:南京理工大学, 2010.

[14] 刘红明. 双基地 MIMO 雷达系统原理与性能研究[D]. 成都:电子科技大学, 2011.

[15] 赵永波, 水鹏朗. 基于线性调频信号的综合脉与冲孔径雷达波形设计方法[J]. 电子学报, 2010, 38(1): 2076 – 2082.

[16] 秦国栋, 陈伯孝. 一种多载频 MIMO 雷达高速运动目标多维参数估计方法[J]. 电子学报, 2010, 38(12): 2763 – 2768.

[17] 武其松, 井伟. MIMO-SAR 大测绘带成像[J]. 电子与信息学报, 2009, 31(4): 772 – 775.

[18] Haleem M A, Haimovich A. Range and speed resolution in coherent distributed MIMO radar with Gaussian pulse trains [C]. The 43rd Annual Conference on Information Science and Systems, 2009: 114 – 117.

[19] Robey C, Scott C. MIMO radar theory and experimental results [C]. The Thirty-Eighth Asilomar Conference on Signals, Systems and Computers, Pacific Grove, CA, 2004:300 – 304.

[20] 殷丕磊, 杨小鹏, 曾涛. 分布式全相参雷达的相位差跟踪技术[J]. 信号处理, 2013, 29(3):313 – 318.

[21] 鲁耀兵, 张履谦, 周荫清, 等. 分布式阵列相参合成雷达技术研究[J]. 系统工程与电子技术, 2013, 35(8):1657 – 1662.

[22] 曹哲, 柴振海. 分布式阵列相参合成雷达技术研究与实验[J]. 现代防御技术, 2012, 40(4):1 – 11.

[23] Daum F, Huang J. MIMO radar: Snake oil or good idea[J]. IEEE Aerospace and Electronic Systems Magazine, 2009, 24(5): 8 – 12.

[24] Coutts S, Cuomo K, McHarg J. Distributed coherent aperture measurements for next generation BMD radar[C]. Radar Confercence, 2006:390 – 393.

[25] Cuomo K M, Coutts S D, McHarg J C, et al. Wideband aperture coherence processing for next generation radar(NexGen)[R]. Tehnical Report ESC-TR200087, MIT Lincoln Laboratory, Jul., 2004.

[26] 曾涛，殷丕磊，杨小鹏．分布式全相参雷达系统时间与相位同步方案研究[J]．雷达学报，2013，2(1):105 – 110.

[27] Yin Pilei, Yang Xiaopeng, Zeng Tao. Robust time synchronization method based on step frequency signal for wideband distributed coherent aperture radar[C]. IEEE Symposium on Phased Array System&Technology. Boston, USA, 2013:383 – 388.

[28] Zeng Tao, Yin Pilei, Liu Quanhua. Wideband distributed coherent aperture radar based on stepped frequency signal: theory and experimental results[J]. IET Radar Sonar & Navigation, 2016, 10(4):672 – 688.

[29] 殷丕磊．地基宽带分布式全相参雷达技术研究[D]．北京:北京理工大学，2016.

[30] 汤俊．分布式孔径技术报告[R]．清华大学电子工程系，2012.

[31] Sun Peilin. Cramer-Rao bound of parameters estimation and coherence performance for next generation radar. [J]. IET Radar Sonar & Navigation, 2013, 7(5): 553 – 567.

[32] 金明，廖桂生，李军．分布式发射阵列下目标回波相关性分析[J]．中国科学：信息科学，2010，40(7)：968 – 975.

[33] 郭跃宇，鲁耀兵，高红卫．分布式 MIMO 雷达相位编码信号设计[J]．航天雷达，2012，29(3):17 – 21.

[34] 高红卫，曹哲，鲁耀兵．分布式阵列相参合成雷达基本研究与原理验证[C]．第十二届全国雷达学术年会论文集，2012:129 – 134.

第2章 分布孔径雷达基本理论

基本雷达方程将回波信号的能量与雷达、传播路径和目标参数联系起来，理想条件下，这一关系表示为雷达接收机输出端的信号功率与噪声功率之比，即信噪比。通过信噪比可估算出雷达作为探测装置的预期性能[1-5]。分布孔径雷达将多单元孔径发射能量相参合成，提高接收信噪比，从而可增大探测距离。信噪比也对雷达测量精度产生影响，本章给出有关分布孔径雷达测量精度的一些结论。作为一种新体制雷达，如何评估该雷达性能，本章通过对分布孔径雷达输出信噪比的分析，重点讨论了该体制雷达对回波信噪比增益的改善。

本章讨论的前提是假设单元孔径的时、频、相严格同步，单元孔径发射功率、接收机增益相同，各单元孔径接收机噪声为独立同分布平稳高斯白噪声，天线布局为短基线，即目标后向散射相对各单元孔径相同。

2.1 分布孔径雷达的雷达方程

2.1.1 接收相参

分布孔径雷达由 N 个单元孔径组成，单元孔径发射功率为 P_t，由天线各向同性辐射。接收相参模式下，各单元孔径发射正交波形，总功率仍为 $P_t=NP$。由于波形正交性在空间并不相参合成，因而没有发射增益，只有接收增益，相当于几个单发多收系统的结合。

接收相参模式下，分布孔径雷达最大作用距离为

$$R_{\max}=\left[\gamma\cdot N^2\cdot\frac{P_t\tau G_t G_r\sigma\lambda^2F_tF_r}{(4\pi)^3kT_sC_B\mathrm{SNR}_{\min}L}\right]^{1/4}\tag{2.1}$$

式中：γ 为增益系数；τ 为脉冲宽度；G_t 为天线发射增益；G_r 为天线接收增益；σ 为雷达散射截面（RCS）；λ 为信号波长；F_t 为发射方向图传播因子；F_r 为接收方向图传播因子；T_s 为系统输入噪声温度；k 为玻耳兹曼常数，$k=1.38\times10^{-23}$ J/K；

C_B 为带宽修正因子;L 为系统损耗;SNR_{min} 为最小可检测信噪比。

2.1.2 收发全相参

分布孔径雷达由 N 部单元孔径组成,收发全相参模式下各单元孔径发射相参波形。

分布孔径雷达的天线增益[6]为

$$G_D = \frac{4\pi P(\theta,\phi)_{max}}{\iint P(\theta,\phi)\sin\theta d\theta d\phi} = \gamma \cdot N \cdot G_t \tag{2.2}$$

式中:$P(\theta,\phi)$ 为天线在 (θ,ϕ) 方向的辐射强度;$P(\theta,\phi)_{max}$ 为天线在 (θ,ϕ) 方向的最大辐射强度;G_t 为单元孔径天线增益;γ 为增益系数,当单元孔径间距等于半波长整数倍时,$\gamma=1$,分布孔径雷达的单元孔径间距一般达几十倍波长以上,在此条件下,γ 的取值随距离变化在 1 上下振荡,且随距离增大逐渐趋近于 1。

单元孔径发射功率为 P_t,由天线各向同性辐射,分布孔径雷达总功率为 $P=NP_t$。距雷达半径为 R 球体的表面积为 $4\pi R^2$,则沿波束轴方向功率密度为

$$I_t = \frac{PG_D}{4\pi R^2} \tag{2.3}$$

波束轴上距离为 R、雷达散射截面为 σ 的目标拦截部分发射信号并各向同性辐射,则雷达处功率密度为

$$I_r = \frac{PG_D}{(4\pi R^2)^2}\sigma \tag{2.4}$$

若分布孔径雷达有效接收面积为 A_r,则雷达接收回波功率为

$$S = \frac{PG_D}{(4\pi R^2)^2}\sigma A_r \tag{2.5}$$

由天线理论可知,收发共置的天线接收增益等于发射增益,天线增益和有效面积之间关系为

$$G_D = \frac{4\pi A_r}{\lambda^2} \tag{2.6}$$

则雷达接收回波功率为

$$S = \frac{PG_D^2\sigma\lambda^2}{(4\pi)^3R^4} = \gamma^2 \cdot N^3 \cdot \frac{P_tG_tG_r\sigma\lambda^2}{(4\pi)^3R^4} = \gamma^2 \cdot N^3 \cdot S_1 \tag{2.7}$$

式中:G_r 为单元孔径天线接收增益,同样由天线理论知,收发共用天线的 $G_r = G_t$;S_1 为单元孔径单独工作时的接收功率,且有

$$S_1 = \frac{P_t G_t G_r \sigma \lambda^2}{(4\pi)^3 R^4} \tag{2.8}$$

分布孔径雷达接收机输出噪声功率为[3]

$$N_0 = kT_s B_n \tag{2.9}$$

式中:B_n 为接收机带宽;T_s 为总噪声温度,可分为三个主要分量[7],即天线温度 $T_a = \frac{(1-G_a)(T'_a - T_0)}{L_a} + T_0$($T'_a$为天空视在温度,$L_a$ 为天线内耗散损耗,T_0 为基准温度,$T_0 = 290\text{K}$),接收馈线温度 $T_r = T_{tr}(L_r - 1)$(T_{tr}为接收馈线物理温度,L_r 为双工器损耗),接收机温度 $T_e = T_0(F_n - 1)$(F_n 为接收机噪声系数),则有 $T_s = T_a + T_r + L_r T_e$。

当接收机实际输出信噪比 S/N_0 等于能可靠检测的最小输出信噪比 $\text{SNR}_{\min}$,即 $S/N_0 = \text{SNR}_{\min}$时,可得分布孔径雷达最大作用距离为

$$R_{\max} = \left[\gamma^2 \cdot N^3 \cdot \frac{P_t \tau G_t G_r \sigma \lambda^2}{(4\pi)^3 k T_s \text{SNR}_{\min}}\right]^{1/4} \tag{2.10}$$

式中:τ 为脉冲宽度,$\tau = 1/B_n$。

考虑实际传播路径与系统损耗影响,分布孔径雷达最大作用距离为[8]

$$R_{\max} = \left[\gamma^2 \cdot N^3 \cdot \frac{P_t \tau G_t G_r \sigma \lambda^2 F_t F_r}{(4\pi)^3 k T_s C_B \text{SNR}_{\min} L}\right]^{1/4} \tag{2.11}$$

当单元雷达间距为 $\lambda/2$ 整数倍时,式(2.11)可改写为

$$R_{\max} = \left[\frac{(N \cdot P_t)\tau(N \cdot G_t)(N \cdot G_r)\sigma \lambda^2 F_t F_r}{(4\pi)^3 k T_s C_B \text{SNR}_{\min} L}\right]^{1/4} \tag{2.12}$$

即收发相参模式下,分布孔径雷达威力等效于一个相同功率孔径积的大阵面雷达的威力。

2.2　分布孔径雷达的测量精度

根据雷达测量理论,测量精度主要与回波信噪比和雷达系统的“灵敏度”有关。分布孔径雷达通过发射、接收全相参处理改善回波信噪比,进而提高测量精度。此外,联合孔径波束宽度较单元孔径波束宽度窄(与单元孔径个数和布阵间距有关),提高了目标测角精度。本节给出了分布孔径雷达距离、角度和速度的测量精度公式。

测距精度为[9]

$$\sigma_R \geqslant \frac{1}{B(2 \cdot N_g \cdot \text{SNR})^{1/2}} \tag{2.13}$$

式中:B 为信号带宽;SNR 为单元孔径回波信号的信噪比;N_g 为相参合成后增益,接收相参合成 $N_g=\gamma N^2$(N 为单元孔径个数,γ 为增益系数),收发相参合成 $N_g=\gamma^2 N^3$。

测速精度为[9]

$$\sigma_v \geqslant \frac{1}{T_r(2\cdot N_g\cdot \mathrm{SNR})^{1/2}} \tag{2.14}$$

式中:T_r 为速度测量时间。

测角精度为[9]

$$\sigma_\theta \geqslant \frac{\theta_B}{(2\cdot N_g\cdot \mathrm{SNR})^{1/2}} \tag{2.15}$$

式中:θ_B 为联合孔径波束宽度。

2.3 分布孔径雷达的相参性能评估方法

分布孔径雷达由多部单元孔径组成,单元孔径在中心处理系统控制下实现发射、接收全相参工作,对其相参合成性能可以通过幅度合成增益、信噪比合成增益和相参合成效率三个指标衡量。现有的相参合成性能评估方法一般是信噪比改善评估方法,该评估方法通过比较相参合成前后信噪比改善情况来确定相参合成性能的优劣。信噪比改善评估方法主要应用于传统雷达脉冲积累性能评估,评估指标单一。分布孔径雷达分为两个工作阶段,即接收相参阶段和收发相参阶段,需要分别对这两个阶段相参合成性能进行评估。但信噪比改善评估方法不能全面对分布孔径雷达相参合成性能进行评估。本节将提出一种多阵列信号空间积累性能综合评估方法,以解决分布孔径雷达合成效果评估问题。

2.3.1 接收相参性能评估方法

在接收相参阶段,单元孔径发射多种正交波形,并接收所有孔径照射目标产生的回波信号,同时对这些回波分别进行匹配滤波处理。若要对接收相参合成性能进行评估,首先需获取单元孔径的目标回波信号幅度和噪声方差,计算出各类正交波形回波信号的信噪比,然后对信号进行相参合成,通过比较单元孔径与联合幅度合成增益、信噪比合成增益,并计算相参合成效率来对接收相参合成性能进行评估。具体评估方法如下:

设单元孔径个数为 N,单元孔径回波信号幅度分别为 $\{A_1, A_2, \cdots, A_N\}$,噪声功率分别为 $\{N_{01}, N_{02}, \cdots, N_{0N}\}$。

取平均后单元孔径回波信号幅度为

$$\overline{A} = \frac{A_1 + A_2 + \cdots + A_N}{N} \tag{2.16}$$

取平均后单元孔径噪声功率为

$$\overline{N_0} = \frac{N_{01} + N_{02} + \cdots + N_{0N}}{N} \tag{2.17}$$

则单元孔径平均信噪比为

$$\text{SNR} = \frac{\overline{A}^2}{\overline{N_0}} \tag{2.18}$$

接收相参阶段单元孔径之间发射正交波形,每个单元孔径在接收本孔径照射目标产生的回波信号的同时,还接收其他孔径照射产生的回波,且对所有接收到的回波信号进行匹配滤波。所有单元孔径得到回波信号的幅度为$\{A_{11}, A_{12}, \cdots, A_{1N}; A_{21}, A_{22}, \cdots, A_{2N}; \cdots; A_{N1}, A_{N2}, \cdots, A_{NN}\}$,每路回波信号对应噪声功率分别为$\{N_{0_{11}}, N_{0_{12}}, \cdots, N_{0_{1N}}; N_{0_{21}}, N_{0_{22}}, \cdots, N_{0_{2N}}; \cdots; N_{0_{N1}}, N_{0_{N2}}, \cdots, N_{0_{NN}}\}$,则完成接收相参合成后,信号幅度为

$$A_r = A_{11} + A_{12} + \cdots + A_{1N} + A_{21} + A_{22} + \cdots + A_{2N} + \cdots + A_{N1} + A_{N2} + \cdots + A_{NN} \tag{2.19}$$

噪声功率为

$$N_{0\text{r}} = N_{0_{11}} + N_{0_{12}} + \cdots + N_{0_{1N}} + N_{0_{21}} + N_{0_{22}} + \cdots + N_{0_{2N}} + \cdots + N_{0_{N1}} + N_{0_{N2}} + \cdots + N_{0_{NN}} \tag{2.20}$$

接收相参合成后信噪比为

$$\text{SNR}_\text{r} = \frac{A_\text{r}^2}{N_{0\text{r}}} \tag{2.21}$$

接收相参合成效果评价准则一:以合成前后信号幅度改善为评价标准,具体表达式为

$$\rho_{\text{rA}} = 20\lg \frac{A_\text{r}}{\overline{A}} \tag{2.22}$$

式中:ρ_{rA}为幅度改善 dB 值,理想条件下$\rho_{\text{rA}} = 20\lg N^2$,其中 N 为单元孔径数目。

合成效率为实际合成增益改善与理论增益改善的比值,以百分比形式表示,适用于幅度和信噪比改善评价。幅度改善合成效率为

$$\eta_{\text{rA}} = \frac{A_\text{r}/\overline{A}}{N^2} \times 100\% \tag{2.23}$$

接收相参合成效果评价准则二:以合成前后信噪比改善为评价标准,具体表

达式为

$$\rho_{\mathrm{rS}} = 10\lg \frac{\mathrm{SNR_r}}{\mathrm{SNR}} \tag{2.24}$$

其中：ρ_{rS}为信噪比改善 dB 值，理想条件下 $\rho_{\mathrm{rS}} = 10\lg N^2$。

合成效率为

$$\eta_{\mathrm{rS}} = \frac{\mathrm{SNR_r}/\mathrm{SNR}}{N^2} \times 100\% \tag{2.25}$$

上述两种评价准则能够对接收相参阶段相参合成性能进行全面具体的评估。

2.3.2 收发全相参性能评估方法

收发全相参合成分为发射相参阶段和接收相参阶段。首先分别计算出发射相参与接收相参的幅度合成增益和信噪比合成增益，然后对两者进行合成，最后得到收发相参阶段总的幅度合成增益和信噪比合成增益，并计算出收发阶段相参合成效率。具体评估方法如下：

发射相参阶段单元孔径之间发射相同波形，在目标处完成发射相参，回波信号幅度增强。单元孔径接收回波信号幅度分别为$\{A_{\mathrm{t1}}, A_{\mathrm{t2}}, \cdots, A_{\mathrm{t}N}\}$，噪声功率分别为$\{N_{01}, N_{02}, \cdots, N_{0N}\}$。

取平均后单元孔径回波信号幅度为

$$\overline{A}_{\mathrm{t}} = \frac{A_{\mathrm{t1}} + A_{\mathrm{t2}} + \cdots + A_{\mathrm{t}N}}{N} \tag{2.26}$$

取平均后单元孔径噪声功率为

$$\overline{N_0} = \frac{N_{01} + N_{02} + \cdots + N_{0N}}{N} \tag{2.27}$$

则单元孔径信噪比为

$$\mathrm{SNR_t} = \frac{\overline{A}_{\mathrm{t}}^2}{\overline{N_0}} \tag{2.28}$$

发射相参合成效果评价准则一：以合成前后信号幅度改善为评价标准，具体表达式为

$$\rho_{\mathrm{ttA}} = 20\lg \frac{\overline{A}_{\mathrm{t}}}{\overline{A}} \tag{2.29}$$

式中：ρ_{ttA}为幅度改善 dB 值，理想条件下 $\rho_{\mathrm{ttA}} = 20\lg N$。

合成效率为

$$\eta_{\mathrm{ttA}} = \frac{\overline{A}_{\mathrm{t}}/\overline{A}}{N} \times 100\% \tag{2.30}$$

发射相参合成效果评价准则二：以合成前后信噪比改善为评价标准，具体表达式为

$$\rho_{\mathrm{ttS}}=10\lg\frac{\mathrm{SNR}_{\mathrm{tt}}}{\mathrm{SNR}_{\mathrm{t}}}\tag{2.31}$$

式中：ρ_{ttS}为信噪比改善 dB 值，理想条件下 $\rho_{\mathrm{ttS}}=10\lg N^2$。

合成效率为

$$\eta_{\mathrm{ttS}}=\frac{\mathrm{SNR}_{\mathrm{tt}}/\mathrm{SNR}_{\mathrm{t}}}{N}\times 100\%\tag{2.32}$$

接收相参阶段对回波信号进行相参合成，实现信号能量积累。接收相参合成后信号幅度为

$$A_{\mathrm{tr}}=A_{\mathrm{t1}}+A_{\mathrm{t2}}+\cdots+A_{\mathrm{t}N}\tag{2.33}$$

噪声方差为

$$N_{\mathrm{0tr}}=N_{01}+N_{02}+\cdots+N_{0N}\tag{2.34}$$

接收相参合成后信噪比为

$$\mathrm{SNR}_{\mathrm{tr}}=\frac{A_{\mathrm{tr}}^2}{N_{\mathrm{0tr}}}\tag{2.35}$$

接收相参合成效果评价准则一：以合成前后信号幅度改善为评价标准，具体表达式为

$$\rho_{\mathrm{trA}}=20\lg\frac{A_{\mathrm{tr}}}{\overline{A_{\mathrm{t}}}}\tag{2.36}$$

式中：ρ_{trA}为幅度改善 dB 值，理想条件下 $\rho_{\mathrm{trA}}=20\lg N$。

合成效率为

$$\eta_{\mathrm{trA}}=\frac{A_{\mathrm{tr}}/\overline{A_{\mathrm{t}}}}{N}\times 100\%\tag{2.37}$$

接收相参合成效果评价准则二：以合成前后信噪比改善为评价标准，具体表达式为

$$\rho_{\mathrm{trS}}=10\lg\frac{\mathrm{SNR}_{\mathrm{tr}}}{\mathrm{SNR}_{\mathrm{t}}}\tag{2.38}$$

式中：ρ_{trS}为信噪比改善 dB 值，理想条件下 $\rho_{\mathrm{trS}}=10\lg N$。

合成效率为

$$\eta_{\mathrm{trS}}=\frac{\mathrm{SNR}_{\mathrm{tr}}/\mathrm{SNR}_{\mathrm{t}}}{N}\times 100\%\tag{2.39}$$

上述两种评价准则能够对收发相参阶段接收相参合成性能进行全面具体的评估。

完成发射相参和接收相参合成性能评估后，对收发全相参整体合成性能进行评估，评价准则如下：

收发全相参合成效果评价准则一：以合成前后信号幅度改善为评价标准，具体表达式为

$$\rho_{\mathrm{tA}} = 20\lg \frac{A_{\mathrm{tr}}}{\overline{A}} \tag{2.40}$$

式中：ρ_{tA}为幅度改善 dB 值，理想条件下，$A_{\mathrm{tr}} = N\overline{A}_{\mathrm{t}} = N^2\overline{A}$，$\rho_{\mathrm{tA}} = 20\lg N^2$。

合成效率为

$$\eta_{\mathrm{tA}} = \frac{A_{\mathrm{tr}}/\overline{A}}{N^2} \times 100\% \tag{2.41}$$

收发全相参合成效果评价准则二：合成前后信噪比改善为评价标准，具体表达式为

$$\rho_{\mathrm{tS}} = 10\lg \frac{\mathrm{SNR}_{\mathrm{tr}}}{\mathrm{SNR}} \tag{2.42}$$

式中：ρ_{tS}为信噪比改善 dB 值，理想条件下 $\rho_{\mathrm{tS}} = 10\lg N^3$。

合成效率为

$$\eta_{\mathrm{tS}} = \frac{\mathrm{SNR}_{\mathrm{tr}}/\mathrm{SNR}}{N^3} \times 100\% \tag{2.43}$$

收发相参合成效果评价准则三：发射相参与接收相参改善之和为评价标准，具体表达式为

$$\rho_{\mathrm{tA}} = \rho_{\mathrm{ttA}} + \rho_{\mathrm{trA}} \tag{2.44}$$

$$\rho_{\mathrm{tS}} = \rho_{\mathrm{ttS}} + \rho_{\mathrm{trS}} \tag{2.45}$$

理想条件下，有

$$\rho_{\mathrm{tA}} = 20\lg N + 20\lg N = 20\lg N^2, \rho_{\mathrm{tS}} = 20\lg N + 10\lg N = 10\lg N^3$$

合成效率分别为

$$\eta_{\mathrm{tA}} = \frac{\overline{A}_{\mathrm{t}}/\overline{A} \cdot A_{\mathrm{tr}}/\overline{A}_{\mathrm{t}}}{N^2} \times 100\% \tag{2.46}$$

$$\eta_{\mathrm{tS}} = \frac{(\overline{A}_{\mathrm{t}}/\overline{A})^2 \cdot \mathrm{SNR}_{\mathrm{tr}}/\mathrm{SNR}_{\mathrm{t}}}{N^3} \times 100\% \tag{2.47}$$

上述三种评价准则能够对收发相参阶段整体相参合成性能进行全面具体的评估。

至此,完成了分布孔径雷达相参合成性能评估指标计算。

参考文献

[1] 王军, 林强, 米慈中, 等. 雷达手册[M]. 北京: 电子工业出版社, 2003.

[2] Skolnik M I. Introduction to Radar Systems, Third Edition[M]. New York: McGraw - Hill, 2002.

[3] Skolnik M I. 雷达系统导论[M]. 左群生,等译. 北京: 电子工业出版社, 2007.

[4] 丁鹭飞, 耿富录, 陈建春. 雷达原理[M]. 北京: 电子工业出版社, 2009.

[5] 向敬成, 张明友. 雷达系统[M]. 北京: 电子工业出版社, 2001.

[6] 薛正辉,李伟明,任武. 阵列天线分析与综合[M]. 北京:北京航空航天大学出版社, 2011.

[7] Barton D K. 雷达系统分析与建模[M]. 北京: 电子工业出版社, 2007.

[8] Barton D K. Radar evaluation handbook[M]. Boston: Artech House, 1991.

[9] Barton D K. Handbook of radar measurement[M]. Boston: Artech House, 1984.

第3章 分布孔径雷达波形设计与处理

根据分布孔径雷达的基本原理可知，在接收相参处理阶段，各个单元孔径之间发射相互正交的波形。利用波形之间的正交性，可以在一个单元孔径的接收端计算出该单元孔径相对于其他单元孔径的延时和相位，由此通过补偿单元孔径间的延时和相位差，可使分布孔径雷达转入具有 N^3 合成增益的发射接收全相参处理阶段。正交波形性能的优劣直接影响单元孔径之间延时和相位差的估计精度，因此，设计具有良好正交性的正交波形是分布孔径雷达的重要研究内容之一。本章以短基线分布孔径雷达为例，研究上述正交波形的设计和处理方法。

3.1 分布孔径雷达波形设计

信号 $s_m(t)$ 和 $s_n(t)$ 满足理想正交的条件为

$$\int_0^{T_p} s_m(t)s_n^*(t-\tau)\mathrm{d}t = \delta(m-n)\delta(\tau) \tag{3.1}$$

式中

$$\delta(t)=\begin{cases}1 & (t=0)\\ 0 & (t\neq 0)\end{cases}$$

然而，实际中理想的正交波形是不存在的，通常要求正交信号满足

$$\int_0^{T_p} s_m(t)s_n^*(t)\mathrm{d}t = \begin{cases}1 & (m=n)\\ 0 & (m\neq n)\end{cases} \tag{3.2}$$

一般来说，大部分文献都以逼近理想正交波形为基本设计思路。在满足式(3.2)的条件下，应使正交波形的自相关旁瓣峰值(ASP)和互相关峰值(CP)尽可能低，也常用自相关旁瓣能量和互相关能量的加权和作为目标函数[1-6]。目前，在分布孔径雷达中研究较多的典型正交波形有步进频分线性调频波形、正交多相码波形、离散频率编码波形以及宽带正交波形等。

3.1.1 步进频分线性调频波形

3.1.1.1 信号模型

使用步进频分线性调频信号时,不考虑载波,则第 m 个单元的发射信号复包络可表示为

$$s_m(t)=u(t)\exp(\mathrm{j}2\pi(m-1)\Delta ft)\quad(m=1,2,\cdots,M)\tag{3.3}$$

式中:Δf 为相邻通道频率间隔;M 为正交信号数量;$u(t)$ 可表示为

$$u(t)=\frac{1}{\sqrt{T_\mathrm{p}}}\mathrm{rect}\left(\frac{t}{T_\mathrm{p}}\right)\exp(\mathrm{j}\pi\mu t^2)\tag{3.4}$$

其中:T_p 为发射脉宽;μ 为调频斜率;$\mathrm{rect}(t)$ 为矩形函数,且有

$$\mathrm{rect}(t)=\begin{cases}1 & (0\leqslant t\leqslant 1)\\ 0 & (t<0,t>1)\end{cases}$$

单个线性调频信号的频谱宽度 $B=\mu T_\mathrm{p}$,则发射信号的总带宽为

$$B_\Sigma=\mu T_\mathrm{p}+(M-1)\Delta f\tag{3.5}$$

另外,为满足式(3.2)定义的正交性条件,容易得到

$$\int_0^{T_\mathrm{p}}s_m(t)s_n^*(t)\,\mathrm{d}t=\frac{\sin(\pi(m-n)\Delta fT_\mathrm{p})}{\pi(m-n)\Delta fT_\mathrm{p}}\exp(\mathrm{j}\pi(m-n)\Delta fT_\mathrm{p})\tag{3.6}$$

式(3.6)和式(3.2)等效的条件为

$$\Delta fT_\mathrm{p}=N_0\tag{3.7}$$

式中:N_0 为某个给定的正整数。

3.1.1.2 模糊函数及其分析

1) 模糊函数的推导

雷达模糊函数是分析雷达波形的距离分辨率、径向速度分辨率和模糊特性的有力工具。窄带条件下,模糊函数的定义为

$$\chi(\tau,f_\mathrm{d})=\int s(t)s^*(t-\tau)\exp(\mathrm{j}2\pi f_\mathrm{d}t)\,\mathrm{d}t\tag{3.8}$$

那么,步进频分线性调频信号的互模糊函数为

$$\begin{aligned}\chi_{mn}(\tau,f_\mathrm{d})&=\int s_m(t)s_n^*(t-\tau)\exp(\mathrm{j}2\pi f_\mathrm{d}t)\,\mathrm{d}t\\&=\frac{1}{T_\mathrm{p}}\int\mathrm{rect}\left(\frac{t}{T_\mathrm{p}}\right)\mathrm{rect}\left(\frac{t-\tau}{T_\mathrm{p}}\right)\exp\left(\mathrm{j}2\pi\left[m\Delta ft+\frac{1}{2}\mu t^2\right]\right)\end{aligned}$$

$$\exp\left(-\mathrm{j}2\pi\left[n\Delta f(t-\tau)+\frac{1}{2}\mu(t-\tau)^2\right]\right)\exp(\mathrm{j}2\pi f_{\mathrm{d}}t\mathrm{d}t)$$

$$=\frac{1}{T_{\mathrm{p}}}\exp(\mathrm{j}\pi(2n\Delta f\tau-\mu\tau^2))\int\mathrm{rect}\left(\frac{t}{T_{\mathrm{p}}}\right)\mathrm{rect}\left(\frac{t-\tau}{T_{\mathrm{p}}}\right)$$

$$\exp(\mathrm{j}2\pi[(m-n)\Delta f+\mu\tau+f_{\mathrm{d}}]t)\mathrm{d}t$$

$$=\exp(\mathrm{j}\varphi_{mn}(\tau))\left(1-\frac{|\tau|}{T_{\mathrm{p}}}\right)\mathrm{sinc}([(m-n)\Delta f+\mu\tau+f_{\mathrm{d}}]$$

$$(T_{\mathrm{p}}-|\tau|))(|\tau|\leqslant T_{\mathrm{p}}) \tag{3.9}$$

式中

$$\varphi_{mn}(\tau)=\pi\{2n\Delta f\tau-\mu\tau^2+[(m-n)\Delta f+\mu\tau+f_{\mathrm{d}}](T_{\mathrm{p}}+\tau)\}$$

$$\mathrm{sinc}(x)=\frac{\sin x}{x}$$

对式(3.9)求模可得

$$|\chi_{mn}(\tau,f_{\mathrm{d}})|=\left(1-\frac{|\tau|}{T_{\mathrm{p}}}\right)\cdot|\mathrm{sinc}([(m-n)\Delta f+\mu\tau+f_{\mathrm{d}}](T_{\mathrm{p}}-|\tau|))|$$

$$(|\tau|\leqslant T_{\mathrm{p}}) \tag{3.10}$$

在式(3.10)中,令 $m=n$,则得到步进频分线性调频信号的自模糊函数为

$$|\chi_{nn}(\tau,f_{\mathrm{d}})|=\left(1-\frac{|\tau|}{T_{\mathrm{p}}}\right)\cdot|\mathrm{sinc}((\mu\tau+f_{\mathrm{d}})(T_{\mathrm{p}}-|\tau|))|(|\tau|\leqslant T_{\mathrm{p}}) \tag{3.11}$$

实际上,式(3.11)就是线性调频(LFM)信号的模糊函数。

2）多普勒容限分析

式(3.11)给出的 LFM 信号的模糊图为刀刃形,其在 $f_{\mathrm{d}}=-\mu\tau$ 的直线上取得极大值,此时有

$$|\chi_{nn}(\tau,f_{\mathrm{d}})|\big|_{f_{\mathrm{d}}=-\mu\tau}=1-\frac{|\tau|}{T_{\mathrm{p}}} \tag{3.12}$$

式(3.12)的最大值为1,当且仅当 $\tau=0$ 时取得,此时有 $f_{\mathrm{d}}=-\mu\tau=0$。当式(3.12)的值下降为 $1/\sqrt{2}$ 时,模糊函数在 f_{d} 方向上的最大宽度为信号的多普勒容限,其宽度为 $2\delta_{3\mathrm{dB}}$。可以计算得到此时 $|\tau|=(1-1/\sqrt{2})T_{\mathrm{p}}$,则 $|f_{\mathrm{d}}|=\mu|\tau|=(1-1/\sqrt{2})B$。因此,根据多普勒容限的定义可得

$$2\delta_{3\mathrm{dB}}=2\cdot\frac{2v}{c}=2\cdot\frac{f_{\mathrm{d}}}{f_0}=(2-\sqrt{2})\frac{B}{f_0}\approx0.59\frac{B}{f_0} \tag{3.13}$$

最大允许速度为

$$v \approx 0.15 \frac{B}{f_0} c \tag{3.14}$$

由此可知，在窄带条件下，LFM 信号的多普勒容限与信号的带宽成正比。需注意的是，式(3.14)与宽带条件下的速度容限的表达式不同。

3.1.1.3 相关性分析

在式(3.9)中，令 $f_d = 0$，容易得到步进频分线性调频信号的相关函数为

$$R(m,n,\tau) = \left(1 - \frac{|\tau|}{T_p}\right) \mathrm{sinc}\left(\left[(m-n)\Delta f + \mu\tau\right](T_p - |\tau|)\right) \exp(-\mathrm{j}\varphi(m,n,\tau)) \tag{3.15}$$

式中

$$\varphi(m,n,\tau) = \pi(2n\Delta f\tau - \mu\tau^2 + \left[(m-n)\Delta f + \mu\tau\right](T_p + \tau))$$

对式(3.15)取模可得

$$|R(m,n,\tau)| = \left(1 - \frac{|\tau|}{T_p}\right) \cdot \left|\mathrm{sinc}\left(T_p\left[(m-n)\Delta f + \mu\tau\right]\left(1 - \frac{|\tau|}{T_p}\right)\right)\right| \quad (|\tau| \leqslant T_p) \tag{3.16}$$

当 $m = n$ 时，式(3.16)化为自相关函数，则有

$$|R(\tau)| = \left(1 - \frac{|\tau|}{T_p}\right) \cdot \left|\mathrm{sinc}\left(T_p\mu\tau\left(1 - \frac{|\tau|}{T_p}\right)\right)\right| \quad (|\tau| \leqslant T_p) \tag{3.17}$$

显然，直接求自相关函数的旁瓣峰值是十分困难的，但可以将自相关函数看成是 sinc 函数与三角形函数的乘积，通过研究 sinc 函数的旁瓣峰值位置来定性地分析互相关函数的旁瓣水平。

令 $y = \mathrm{sinc}(\pi x)$，则其极值点满足 $y' = [\pi x\cos(\pi x) - \sin(\pi x)]/(\pi x^2) = 0$。其解为 $x_k \in \{x \mid \pi x = \tan(\pi x), x \in \mathbf{R}\}$。

由对称性，考虑 $\tau \geqslant 0$ 的情况。令 $T_p\mu\tau(1 - \tau/T_p) = x_k$，则此时必须 $x_k > 0$。由此得到 $\tau^2 - T_p\tau + x_k/(\pi\mu) = 0$。该方程有实数解的条件为 $BT_p \geqslant 4x_k/\pi$，其解为

$$\tau_{1,2} = \frac{T_p}{2}\left(1 \pm \sqrt{1 - \frac{4x_k}{\pi BT_p}}\right) \tag{3.18}$$

将式(3.18)代入式(3.17)可得

$$|R(\tau_{1,2})| = \frac{1}{2}\left(1 \mp \sqrt{1 - \frac{4x_k}{\pi BT_p}}\right) \cdot |\mathrm{sinc}(x_k)| \tag{3.19}$$

式(3.19)的第二大值为

$$|R(\tau_{1,2})| = \frac{1}{2}\left(1 + \sqrt{1 - \frac{4x_1}{\pi BT_p}}\right) \cdot |\mathrm{sinc}(x_1)| \tag{3.20}$$

式中

$$x_1 = \min(\{x | \pi x = \tan(\pi x), x > 0\}) \approx 1.43$$

由此可知,其值与时宽带宽积成正比。虽然自相关函数旁瓣水平不严格等于式(3.20),但与其十分接近,即可近似认为

$$\mathrm{SLL} \approx 0.108 \times \left(1 + \sqrt{1 - \frac{1.82}{BT_p}}\right) \tag{3.21}$$

在实际雷达系统中,线性调频波形的时宽带宽积满足 $BT_p \gg 1$,此时式(3.21)给出的自相关函数的旁瓣水平基本不变,即 $\mathrm{SLL} \approx 0.108 \times 2 = 0.216$,约为 $-13.3\mathrm{dB}$。也就是说,实际雷达中无法通过选择 LFM 信号带宽来降低旁瓣,这也是实际中常用加窗处理降低旁瓣的原因。

当 $m \neq n$ 时,令 $p = m - n$,称为失配阶数,将其代入式(3.16)可得

$$|R(p,\tau)| = \left(1 - \frac{|\tau|}{T_p}\right) \cdot \left|\mathrm{sinc}\left(T_p(p\Delta f + \mu\tau)\left(1 - \frac{|\tau|}{T_p}\right)\right)\right| \quad (|\tau| \leqslant T_p) \tag{3.22}$$

令 $T_p(p\Delta f + \mu\tau)(1 - |\tau|/T_p) = 0$,由此可得 $\tau_0 = -p\Delta f/\mu$ 或 $\tau_0 = \pm T_p$。显然,当 $|\tau_0| = |p\Delta f/\mu| < T_p$ 时,互相关峰值为

$$\mathrm{CP} \approx |R(p,\tau_0)| = \left(1 - \frac{|\tau_0|}{T_p}\right) = 1 - |p|\frac{\Delta f}{B} \quad \left(|p| \leqslant \frac{B}{\Delta f}\right) \tag{3.23}$$

从式(3.23)可以看出,当 $\Delta f/B$ 一定时,失配阶数的模越大,互相关峰值越小;当失配阶数一定时,$\Delta f/B$ 越大,互相关峰值越小。此外,当 $|p| > \Delta f/B$,也有 $\Delta f/B$ 越大,互相关峰值越小。

综合以上分析,设计步进频分线性调频信号必须合理选择脉冲时宽 T_p、信号带宽 B 和步进带宽 Δf,根据实际系统设计需求进行选择和权衡。总体来看应使 $\Delta f/B$ 尽可能大。但是,即使选择好的信号参数,自相关函数旁瓣水平仍然会较高,通常利用加窗的方法来降低旁瓣,当然由此导致的后果是主瓣展宽。

3.1.1.4 仿真结果及其分析[7]

取 $T_p = 40\mu\mathrm{s}$,$M = 3$,分别仿真了不同信号带宽 B 和步进带宽 Δf 的情况,其自相关和互相关图形分别如图 3.1 所示。从图 3.1(a)~(c)的对比可以看出仿真结果与理论分析一致。需注意的是,在相邻两个信号频谱之间有交叠时,虽然

两个信号满足正交性条件，但其互相关峰值较大，如图 3.1(c)所示，这将影响信号的检测。

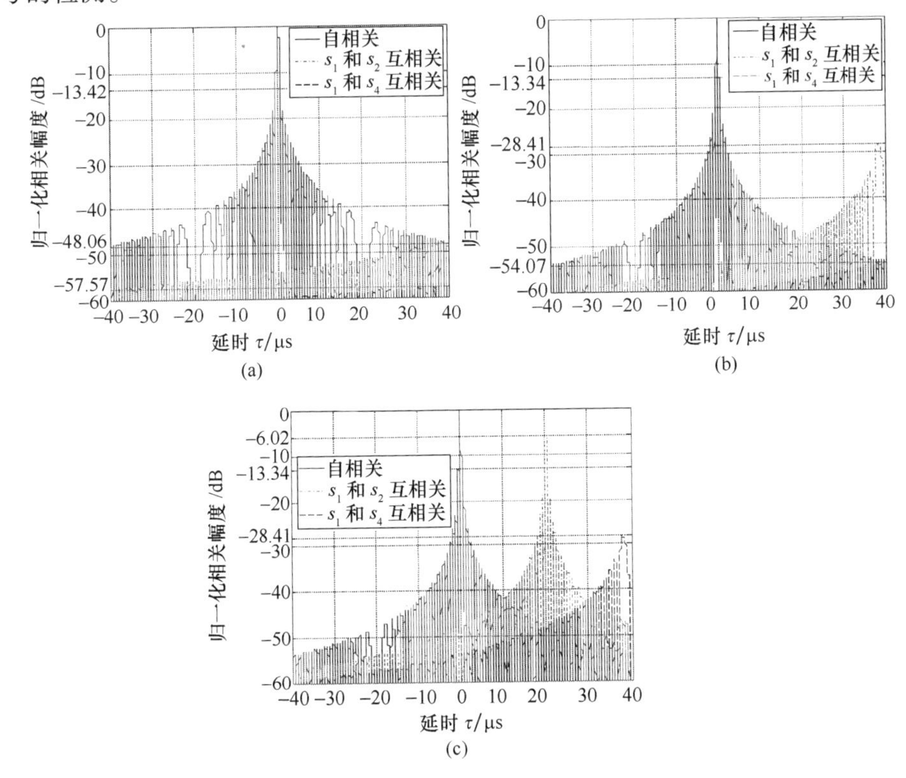

图 3.1　步进频率线性调频信号自相关和互相关函数(见彩图)

(a) $B=2\text{MHz}, \Delta f=4\text{MHz}$；(b) $B=4\text{MHz}, \Delta f=4\text{MHz}$；(c) $B=4\text{MHz}, \Delta f=2\text{MHz}$。

3.1.1.5　多普勒－延时联合分析

考虑某个接收单元匹配滤波器组的第 n 个通道的模糊输出，并考虑多普勒和延时效应。其输出表达式为

$$
\begin{aligned}
s_{\text{out}}(\tau, f_{\text{d}}, n) &= \sum_{m=0}^{M-1} \chi_{mn}(\tau - \tau_{mn}, f_{\text{d}}) \\
&= \sum_{m=0}^{M-1} \exp(\mathrm{j}\varphi_{mn}(\tau - \tau_{mn}))\left(1 - \frac{|(\tau - \tau_{mn})|}{T_{\text{p}}}\right) \\
&\quad \operatorname{sinc}([(m-n)\Delta f + \mu(\tau - \tau_{mn}) + f_{\text{d}}](T_{\text{p}} - |(\tau - \tau_{mn})|))
\end{aligned}
\tag{3.24}
$$

式中：τ_{mn} 为第 m 个发射单元的发射信号与第 n 个发射单元信号到接收单元的延

时差,该延时差与发射单元的位置及目标角度有关。

一般来说,$\tau_{mn}<1\mu s$,在窄带情况下可忽略其对式(3.24)模糊输出各个分量的包络造成的移动,则有

$$s_{\text{out}}(\tau,f_{\text{d}},n)\approx\sum_{m=0}^{M-1}\exp(\text{j}\varphi_{mn}(\tau-\tau_{mn}))\left(1-\frac{|\tau|}{T_{\text{p}}}\right)$$
$$\text{sinc}([(m-n)\Delta f+\mu\tau+f_{\text{d}}](T_{\text{p}}-|\tau|))\qquad(3.25)$$

若不考虑相位的影响,式(3.25)实际上是在单个LFM信号模糊函数的基础上,沿多普勒频率轴以$(m-n)\Delta f$大小平移后再叠加到一起的结果,如图3.2所示。

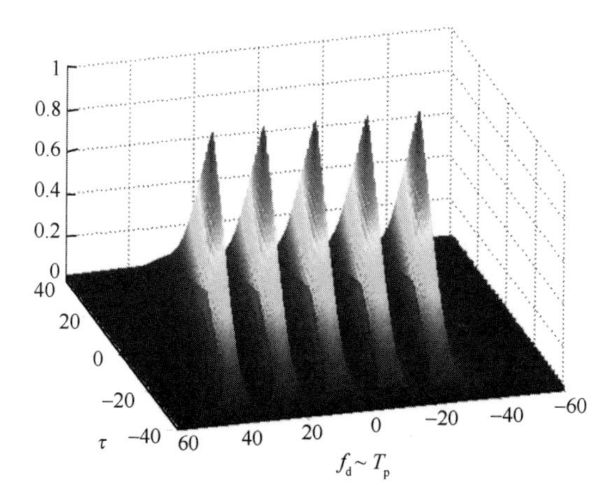

图3.2 步进频率线性调频信号自相关和互相关函数

从图3.2中可以看到,当多普勒频率很大时,这个通道的匹配输出仍然存在峰值。实际上,在$f_{\text{d}}\neq0$处的峰值是互模糊函数的峰值,其位置为$f_{\text{d}}=-(m-n)\Delta f|_{\tau=0}$或$f_{\text{d}}T_{\text{p}}=-(m-n)\Delta fT_{\text{p}}|_{\tau=0}$。从理论上说,这种现象对于目标的搜索来说是一种优势,相当于增加了信号的多普勒容限。不过,对实际雷达系统来说,这种现象没有太大的意义。例如,设信号载频为10GHz,$\Delta f=0.4\text{MHz}$,那么互模糊峰值出现在$f_{\text{d}}=\pm\Delta f=\pm0.4\text{MHz}$处,对应的目标速度$v=\pm12\text{km/s}$,这对大部分实际目标来说都是一个很难达到的速度。因此,实际系统中,这种现象基本不会出现。

3.1.2 正交多相码波形

3.1.2.1 信号模型

设一个正交多相码信号集合中共有N个正交信号,每一信号由L个子码构成,其数学表达式为

$$s_n(t) = \frac{1}{\sqrt{Lt_b}}\sum_{l=1}^{L} s_n(l)\text{rect}\left[\frac{t-(l-1)t_b}{t_b}\right] \tag{3.26}$$

式中:$\text{rect}(t)$为矩形函数;t_b为每个子码的脉冲宽度;$s_n(l)$为第n个信号的第l个子码编码,其表达式为

$$s_n(l) = \exp(\text{j}\varphi_n(l)) \quad (n=1,2,3,\cdots,N;l=1,2,3,\cdots,L) \tag{3.27}$$

其中:$\varphi_n(l)$为子码相位,且$0\leqslant\varphi_n(l)<2\pi$,对于正交$M$相编码信号,其相位$\varphi_n(l)$的取值范围为

$$\varphi_n(l)\in\left\{0,\frac{1}{M}\cdot 2\pi,\frac{2}{M}\cdot 2\pi,\cdots,\frac{M-1}{M}\cdot 2\pi\right\} \tag{3.28}$$

根据正交性,相位编码信号的自相关和互相关函数应满足下面限制条件:

$$A(s_n,k) = \begin{cases} \dfrac{1}{L}\displaystyle\sum_{l=1}^{L-k} s_n(l)s_n^*(l+k) = 0 & (0<k<N) \\ \dfrac{1}{L}\displaystyle\sum_{l=-k+1}^{L} s_n(l)s_n^*(l+k) = 0 & (-N<k<0) \end{cases} \quad n=1,2,\cdots,N \tag{3.29}$$

$$C(s_m,s_n,k) = \begin{cases} \dfrac{1}{L}\displaystyle\sum_{l=1}^{L-k} s_m(l)s_n^*(l+k) = 0 & (0\leqslant k<N) \\ \dfrac{1}{L}\displaystyle\sum_{l=-k+1}^{L} s_m(l)s_n^*(l+k) = 0 & (-N<k<0) \end{cases}$$

$$m,n=1,2,\cdots,N;m\neq n \tag{3.30}$$

式中:$A(s_n,k)$、$C(s_m,s_n,k)$分别为非周期的自相关和互相关函数;“$*$”表示复共轭。

根据式(3.27),可将式(3.29)和式(3.30)分别改写为

$$A(s_n,k) = \begin{cases} \dfrac{1}{L}\displaystyle\sum_{l=1}^{L-k} \exp(\text{j}[\varphi_n(l)-\varphi_n(l+k)]) = 0 & (0<k<N) \\ \dfrac{1}{L}\displaystyle\sum_{l=-k+1}^{L} \exp(\text{j}[\varphi_n(l)-\varphi_n(l+k)]) = 0 & (-N<k<0) \end{cases}$$

$$n=1,2,\cdots,N \tag{3.31}$$

$$C(s_m,s_n,k) = \begin{cases} \dfrac{1}{L}\displaystyle\sum_{l=1}^{L-k} \exp(\text{j}[\varphi_m(l)-\varphi_n(l+k)]) = 0 & (0\leqslant k<N) \\ \dfrac{1}{L}\displaystyle\sum_{l=-k+1}^{L} \exp(\text{j}[\varphi_m(l)-\varphi_n(l+k)]) = 0 & (-N<k<0) \end{cases}$$

$$m,n=1,2,\cdots,N;m\neq n \tag{3.32}$$

因此,正交相位编码设计相当于设计一个相位矩阵,即

$$
\boldsymbol{S}(N,L,M)=\begin{bmatrix}\varphi_1(1) & \varphi_1(2) & \varphi_1(3) & \cdots & \varphi_1(L)\\ \varphi_2(1) & \varphi_2(2) & \varphi_2(3) & \cdots & \varphi_2(L)\\ \varphi_3(1) & \varphi_3(2) & \varphi_3(3) & \cdots & \varphi_3(L)\\ \vdots & \vdots & \vdots & & \vdots\\ \varphi_N(1) & \varphi_N(2) & \varphi_N(3) & \cdots & \varphi_N(L)\end{bmatrix} \tag{3.33}
$$

使其满足式(3.31)和式(3.32)。

用代数方法求解这个优化问题十分困难,但用数值搜索算法可以较好地解决这个问题。绝对正交的多相编码信号是不存在的,因此希望相位编码信号具有尽可能低的自相关旁瓣峰值水平和互相关峰值水平。可选择如下代价函数:

$$
E=\sum_{n=1}^{N}\max_{k\neq 0}|A(s_n,k)|+\eta\sum_{m=1}^{N-1}\sum_{n=m+1}^{N}\max_{k}|C(s_m,s_n,k)| \tag{3.34}
$$

式中:η 为加权系数。

这样,优化问题可以等效为设计相位矩阵(式(3.33))来最小化式(3.34)。此外,还有一种常用的代价函数则是考虑信号的能量,即

$$
E=\sum_{n=1}^{N}\sum_{k=1}^{L-1}\max_{k\neq 0}|A(s_n,k)|^2+\eta\sum_{m=1}^{N-1}\sum_{n=m+1}^{N}\sum_{k=-L+1}^{L-1}\max_{k}|C(s_m,s_n,k)|^2 \tag{3.35}
$$

也可以将式(3.34)和式(3.35)同时考虑。

3.1.2.2 正交多相码波形的优化设计

常用的数值搜索算法有遗传算法、差分进化算法、模拟退火算法等。

遗传算法是模拟达尔文的遗传选择和进化选择的计算模型,其优化的目标函数无需连续、可微等苛刻的条件,并且其本身具有较强的鲁棒性和适应性,在很多领域已经得到了广泛应用。

模拟退火算法是模拟金属退火的随机算法,它是通过适当控制温度的变化过程来实现大的粗略搜索与局部的精细搜索相结合的搜索策略。

差分进化算法是一种新的进化计算技术,是基于群体进化的算法,具有记忆个体最优解和种群内信息共享的特点,即通过种群内个体间的合作与竞争来优化问题的解。

以上几种算法均可以用于正交多相码的优化设计。由于正交多相码具有相位离散特性,这与遗传算法使用离散编码十分契合,因此,本节主要给出遗传算

法的应用结果。

1）遗传算法

遗传算法是通过模拟自然界生物进化过程与机制来求解最优解的进化类算法，其本质上是一种鲁棒性较强的自适应概率随机搜索算法。遗传算法通过使用群体搜索对当前群体施加选择、交叉、变异等一系列遗传操作，产生新一代的群体，进而以“适者生存”“优胜劣汰”和“遗传变异”的演化方式进行优化，并逐步使群体进化到包含或接近最优解的状态。基本遗传算法流程图如图 3.3 所示。

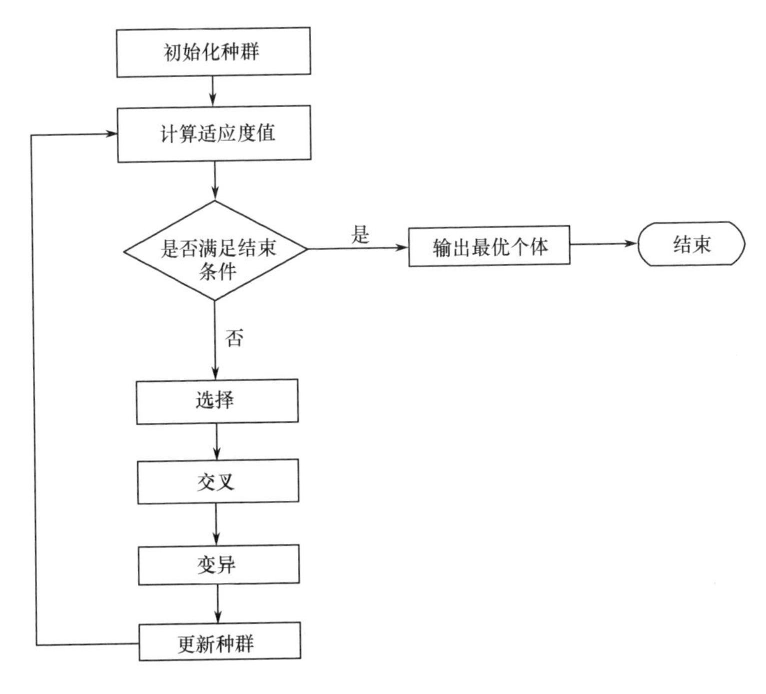

图 3.3 基本遗传算法流程图

本章中采用最优保存策略，以增强基本遗传算法的收敛性，同时由于相位取值是离散的，故采用二进制编码。具体算法如下：

(1) 给定编码数 M，码长 L 以及正交波形个数 N，初始化种群。

(2) 计算种群中每个个体（每组正交波形）的适应度值（代价函数值的倒数），如果满足结束条件，则输出最优个体，结束程序；否则，执行下一步。

(3) 选择操作：采用轮盘赌方法进行选择。

(4) 交叉操作：采用单点交叉，交叉概率 $P_c=0.8$。

(5) 变异操作：采用单点取反变异，变异概率 $P_m=0.1$。

(6) 根据最优保存策略更新种群，并转至步骤(2)。

2）迭代搜索算法

迭代搜索算法是一种贪婪搜索算法，在本章的优化算法中，它以遗传算法的优化结果作为初始值进行二次优化。其基本思想是对相位矩阵中的每一个相位值，用其他 $M-1$ 个相位值来代替，如果新相位值使得代价函数变小，则接受相位替换，否则不作替换。这种替换一直执行到相位矩阵中没有相位可被替换为止。图 3.4 给出了迭代搜索算法流程图。

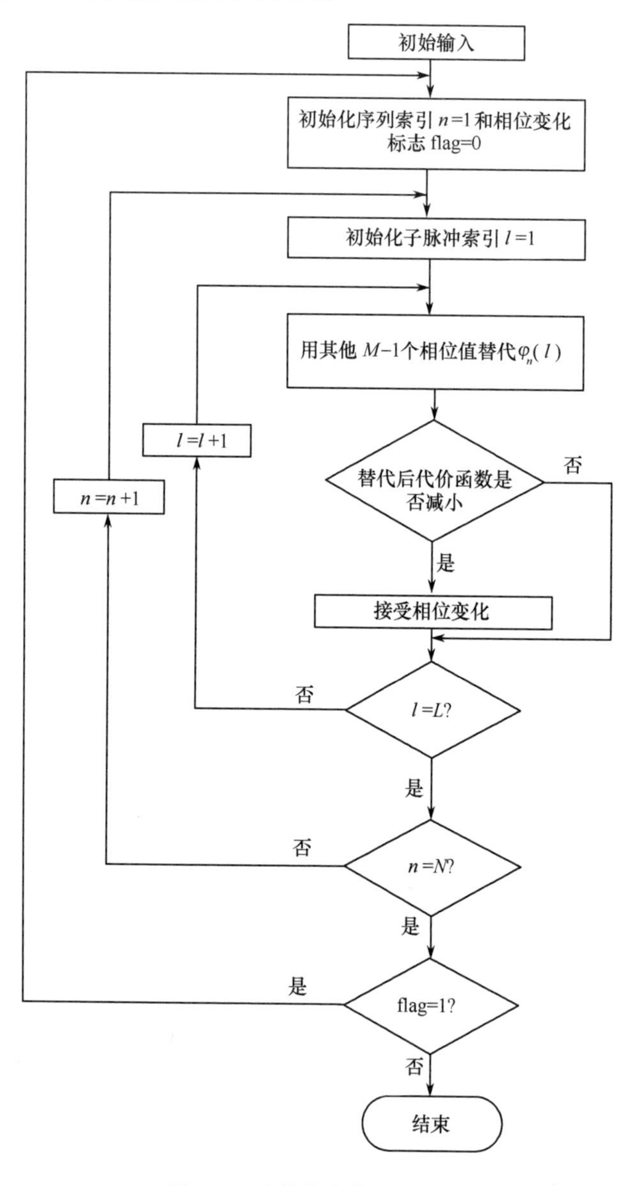

图 3.4　迭代搜索算法流程图

3.1.2.3 正交信号数量与相关特性的关系

本小节将通过仿真研究正交信号数量对四相码波形相关特性的影响。图 3.5和图 3.6 分别给出了 $M=4,L=40$ 和 $M=4,L=128$ 两种情况下自相关旁瓣峰值水平与互相关峰值水平随着正交信号数量的变化关系。从图中可以看到,正交信号的数量对自相关旁瓣峰值水平和互相关峰值水平有较大影响。要得到数量较多且自相关和互相关特性良好的正交四相码信号,必须增加信号码长。

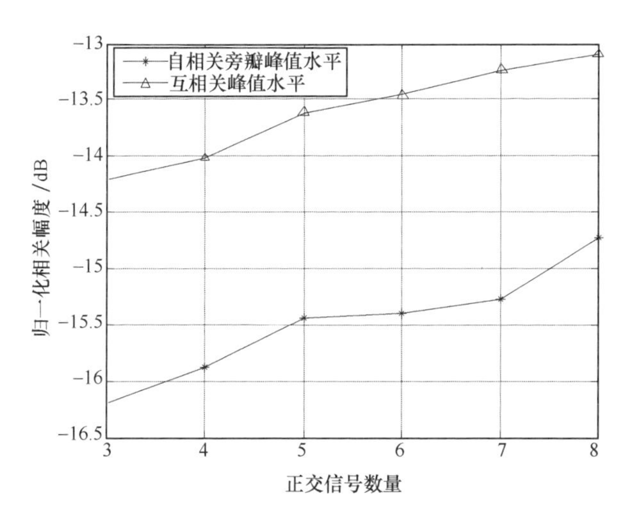

图 3.5　正交信号数量与平均自相关旁瓣峰值和互相关峰值的关系($M=4,L=40$)

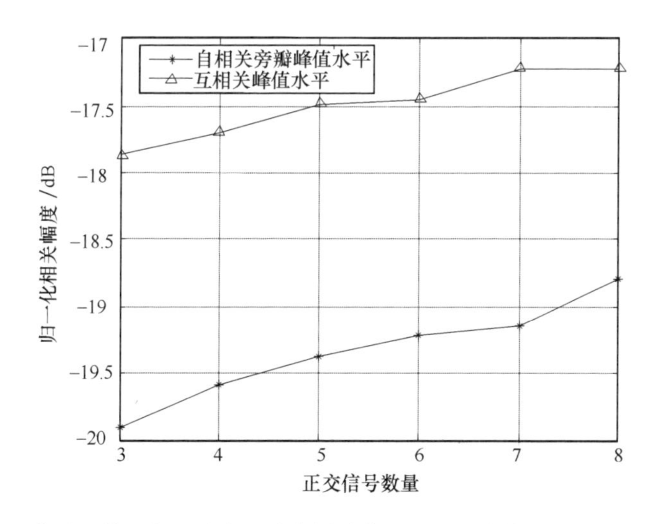

图 3.6　正交信号的数量与平均自相关旁瓣峰值和互相关峰值的关系($M=4,L=128$)

3.1.3 离散频率编码波形

3.1.3.1 信号模型

离散频率编码也可称为科斯塔斯(Costas)编码,由 L 个等宽的子码合成。不同于相位编码信号,离散频率编码不同子码对应不同的频率,即离散频率编码信号每个子码内的相位不再恒定而是连续变化的。正交离散频率编码信号可表示为[8]

$$s_n(t) = \frac{1}{\sqrt{Lt_b}}\sum_{l=0}^{L-1}\exp(j2\pi f_l^n(t-(l-1)t_b))\mathrm{rect}\left[\frac{t-lt_b}{t_b}\right] \quad (n=1,2,\cdots,N) \tag{3.36}$$

式中:L 为离散频率编码信号子码的个数;t_b 为子码宽度;f_l^n 为子码 l 的频率;N 为正交信号数量。

f_l^n 的取值集合为 $\{c_1\Delta f, c_2\Delta f, \cdots, c_L\Delta f\}$,$\{c_1, c_2, \cdots, c_L\}$ 为 $\{1,2,\cdots,L\}$ 中的一个排列,通常取 $\Delta f=1/t_b$。可以发现,离散频率编码信号形式完全取决于子码的频率编码形式。

此外,信号需满足式(3.2)定义的正交性,将式(3.36)代入式(3.2)可得

$$\begin{aligned}
R &= \int_0^{Lt_b}\frac{1}{\sqrt{Lt_b}}\sum_{l=0}^{L-1}\mathrm{rect}\left[\frac{t-lt_b}{t_b}\right]\exp(j2\pi f_l^m(t-lt_b))\cdot \\
&\quad \frac{1}{\sqrt{Lt_b}}\sum_{k=0}^{L-1}\mathrm{rect}\left[\frac{t-kt_b}{t_b}\right]\exp(-j2\pi f_k^n(t-kt_b))\mathrm{d}t \\
&= \frac{1}{Lt_b}\sum_{l=0}^{L-1}\sum_{k=0}^{L-1}\exp(-j2\pi(lf_l^m-kf_k^n)t_b)\int_0^{Lt_b}\mathrm{rect}\left[\frac{t-lt_b}{t_b}\right]\cdot \\
&\quad \mathrm{rect}\left[\frac{t-kt_b}{t_b}\right]\exp(j2\pi(f_l^m-f_k^n)t)\mathrm{d}t \\
&= \frac{1}{L}\sum_{l=0}^{L-1}\frac{\sin(\pi(f_l^m-f_l^n)t_b)}{\pi(f_l^m-f_l^n)t_b}\exp(j\pi(f_l^m-f_l^n)t_b)
\end{aligned} \tag{3.37}$$

显然:当 $m=n$ 时,$R=1$;当 $m\neq n$ 时,欲使 $R=0$,则要求 $(f_l^m-f_l^n)t_b=N_l$,其中 N_l 为非零整数,即要满足

$$f_l^m-f_l^n=N_l\Delta f \tag{3.38}$$

这相当于说,任意两个信号相同子码位置子码频率差必须为 Δf 的非零整数倍,也说明对应子码位置上的频率不能相同。

3.1.3.2 模糊函数及其分析

1)模糊函数的推导

离散频率编码信号的模糊函数为

$$\chi_{mn}(\tau,f_d) = \int s_m(t)s_n^*(t-\tau)\exp(j2\pi f_d t)\,dt$$

$$= \frac{1}{Lt_b}\int\sum_{l=0}^{L-1}\text{rect}\left[\frac{t-lt_b}{t_b}\right]\exp(j2\pi f_l^m(t-lt_b))$$

$$\cdot\sum_{k=0}^{L-1}\text{rect}\left[\frac{t-\tau-kt_b}{t_b}\right]\exp(-j2\pi f_k^n(t-\tau-kt_b))\exp(j2\pi f_d t)\,dt$$

$$= \frac{1}{Lt_b}\sum_{l=0}^{L-1}\sum_{k}^{L-1}\int\text{rect}\left[\frac{t-lt_b}{t_b}\right]\cdot\text{rect}\left[\frac{t-\tau-kt_b}{t_b}\right]$$

$$\exp(j2\pi f_l^m(t-lt_b))\exp(-j2\pi f_k^n(t-\tau-kt_b))\exp(j2\pi f_d t)\,dt$$

$$= \frac{1}{Lt_b}\sum_{l=0}^{L-1}\sum_{k}^{L-1}\exp(-j2\pi(lf_l^m-kf_k^n)t_b)\exp(j2\pi f_k^n\tau)\int\text{rect}\left[\frac{t-lt_b}{t_b}\right]$$

$$\cdot\text{rect}\left[\frac{t-\tau-kt_b}{t_b}\right]\exp(j2\pi(f_l^m-f_k^n+f_d)t)\,dt \tag{3.39}$$

由于$(lf_l^m-kf_k^n)t_b$为整数,故$\exp(-j2\pi(lf_l^m-kf_k^n)t_b)=1$。
令

$$\alpha = f_l^m - f_k^n + f_d,\ \Phi_{lk}^{mn}(\tau,f_d)$$
$$= \exp(j2\pi f_k^n\tau)\int\text{rect}\left[\frac{t-lt_b}{t_b}\right]\cdot\text{rect}\left[\frac{t-\tau-kt_b}{t_b}\right]\exp(j2\pi\alpha t)\,dt$$

当$(l-k)t_b\leqslant\tau\leqslant(l-k+1)t_b$时,有

$$\Phi_{lk}^{mn}(\tau,f_d) = \exp(j2\pi f_k^n\tau)\int_{(l-k)t_b}^{(l-k+1)t_b}\exp(j2\pi\alpha t)\,dt$$

$$= \exp(j2\pi f_k^n\tau)\exp(j\pi\alpha[(l+k+1)t_b+\tau])\frac{\sin(\pi\alpha[(l+1-k)t_b-\tau])}{\pi\alpha}$$

$$= \exp(j2\pi f_k^n[\tau-(l-k)t_b])\exp(j\pi\alpha[t_b+\tau-(l-k)t_b])$$

$$\exp(j2\pi lf_d t_b)\frac{\sin(\pi\alpha[t_b-(\tau-(l-k)t_b)])}{\pi\alpha} \tag{3.40}$$

同理,当$(l-k-1)t_b\leqslant\tau\leqslant(l-k)t_b$时,易得

$$\Phi_{lk}^{mn}(\tau,f_d) = \exp(j2\pi f_k^n[\tau-(l-k)t_b])\exp(j\pi\alpha[t_b+\tau-(l-k)t_b])$$

$$\exp(j2\pi lf_d t_b)\frac{\sin(\pi\alpha[t_b+\tau-(l-k)t_b])}{\pi\alpha} \tag{3.41}$$

令

$$\varphi_{lk}^{mn}(\tau,f_{\mathrm{d}})=\begin{cases}\exp(\mathrm{j}2\pi lf_{\mathrm{d}}t_{\mathrm{b}})\exp(\mathrm{j}2\pi f_{k}^{n}\tau)\exp(\mathrm{j}\pi\alpha(t_{\mathrm{b}}+\tau))\left(1-\dfrac{|\tau|}{t_{\mathrm{b}}}\right)\dfrac{\sin(\pi\alpha(t_{\mathrm{b}}-|\tau|))}{\pi\alpha(t_{\mathrm{b}}-|\tau|)} & (|\tau|\leqslant t_{\mathrm{b}})\\ 0 & (\text{其他})\end{cases}$$

则有

$$\chi_{mn}(\tau,f_{\mathrm{d}})=\frac{1}{Lt_{\mathrm{b}}}\sum_{l=0}^{L-1}\sum_{k=0}^{L-1}\Phi_{lk}^{mn}(\tau,f_{\mathrm{d}})=\frac{1}{L}\sum_{l=0}^{L-1}\sum_{k=0}^{L-1}\varphi_{lk}^{mn}(\tau-(l-k)t_{\mathrm{b}},f_{\mathrm{d}})\tag{3.42}$$

图3.7给出了一个典型的Costas码({4 7 1 6 5 2 3})的模糊函数图。可以看到,该模糊图近似图钉形。

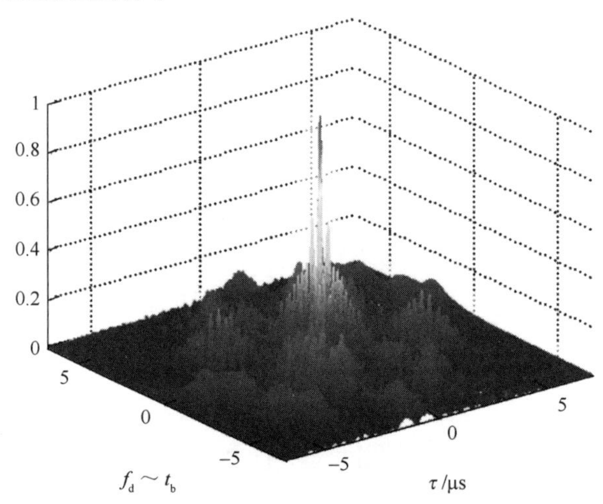

图3.7　典型Costas码的模糊函数图

2)多普勒分析

式(3.42)中,令$m=n,\tau=0$,则得到模糊函数的多普勒维切片,即

$$\begin{aligned}\chi_{nn}(0,f_{\mathrm{d}})&=\frac{1}{L}\sum_{l=0}^{L-1}\sum_{k=0}^{L-1}\varphi_{lk}^{nn}(-(l-k)t_{\mathrm{b}},f_{\mathrm{d}})\\&=\frac{1}{L}\sum_{l=0}^{L-1}\exp(\mathrm{j}2\pi lf_{\mathrm{d}}t_{\mathrm{b}})\exp(\mathrm{j}\pi f_{\mathrm{d}}t_{\mathrm{b}})\frac{\sin(\pi f_{\mathrm{d}}t_{\mathrm{b}})}{\pi f_{\mathrm{d}}t_{\mathrm{b}}}\\&=\frac{1}{L}\exp(\mathrm{j}\pi f_{\mathrm{d}}t_{\mathrm{b}})\frac{\sin(\pi f_{\mathrm{d}}t_{\mathrm{b}})}{\pi f_{\mathrm{d}}t_{\mathrm{b}}}\cdot\frac{1-\exp(\mathrm{j}2\pi Lf_{\mathrm{d}}t_{\mathrm{b}})}{1-\exp(\mathrm{j}2\pi f_{\mathrm{d}}t_{\mathrm{b}})}\\&=\frac{\sin(L\pi f_{\mathrm{d}}t_{\mathrm{b}})}{L\pi f_{\mathrm{d}}t_{\mathrm{b}}}\exp(\mathrm{j}\pi Lf_{\mathrm{d}}t_{\mathrm{b}})\end{aligned}\tag{3.43}$$

从式(3.43)中可以看到,离散频率编码信号的多普勒分辨率与频率编码无关,而与$1/(Lt_{\mathrm{b}})$成正比。

3）相关特性分析

式(3.42)中，令 $f_d=0$，则得到模糊函数的延时维切片为

$$\chi_{mn}(\tau,0)=\frac{1}{L}\sum_{l=0}^{L-1}\sum_{k=0}^{L-1}\varphi_{lk}^{mn}(\tau-(l-k)t_b,0) \tag{3.44}$$

式中

$$\varphi_{lk}^{mn}(\tau,0)=\begin{cases}\exp(j2\pi f_k^n\tau)\exp(j\pi(f_l^m-f_k^n)(t_b+\tau))\left(1-\frac{|\tau|}{t_b}\right)\frac{\sin(\pi(f_l^m-f_k^n)(t_b-|\tau|))}{\pi(f_l^m-f_k^n)(t_b-|\tau|)} & (|\tau|\leqslant t_b)\\ 0 & (\text{其他})\end{cases}$$

式(3.44)中，令 $m=n$，则得到信号的自相关函数。

图 3.8 给出了不同的 l、k 取值下式 $\varphi_{lk}^{nn}(\tau,0)$ 给出的子码相关结果。

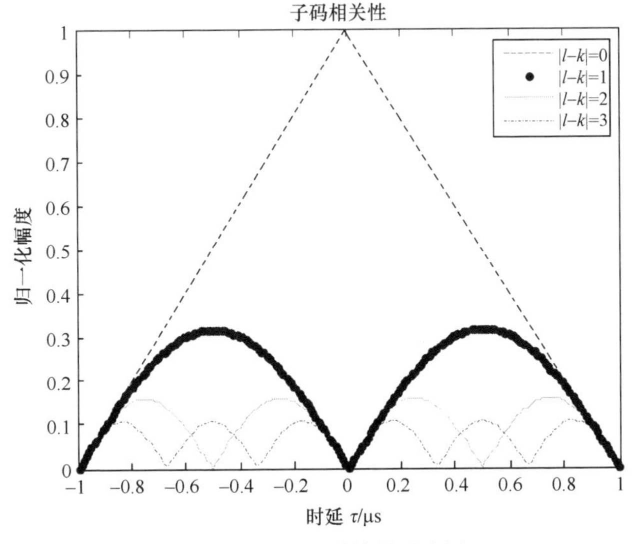

图 3.8　子码相关特性示意图

容易看出，自相关函数主要由 $\varphi_{ll}^{nn}(\tau,0)$ 决定，忽略其他项，可得

$$\begin{aligned}\chi_{nn}(\tau,0)&\approx\frac{1}{L}\sum_{l=0}^{L-1}\varphi_{ll}^{nn}(\tau,0)\\&=\left(1-\frac{|\tau|}{t_b}\right)\exp(-j\pi(L-1)\tau/t_b)\frac{\sin(L\pi\tau/t_b)}{L\sin(\pi\tau/t_b)}\quad(|\tau|\leqslant t_b)\end{aligned} \tag{3.45}$$

当 $|\tau|\ll t_b$ 时，有

$$|\chi_{nn}(\tau,0)|\approx\left|\frac{\sin(L\pi\tau/t_b)}{L\pi\tau/t_b}\right|=|\operatorname{sinc}(L\pi\tau/t_b)|\quad(|\tau|\leqslant t_b) \tag{3.46}$$

因此，其自相关函数的旁瓣峰值在 0.21 附近，约为 −14dB。这也说明编码形式对自相关函数旁瓣峰值没有太大影响，或者说通过优化编码形式不能对自

相关旁瓣有太大的改善。

当 $m\neq n$ 时，式(3.44)给出的是信号的互相关函数。此时，由于和编码形式有关，比较复杂，不能给出简洁的表达式，对其直接进行分析也比较困难。

3.1.3.3 正交离散频率编码波形优化设计

1）优化准则

与步进频分线性调频信号、正交四相码信号一样，优化准则为最小化自相关旁瓣峰值和互相关峰值，即代价函数为

$$E=\sum_{n=1}^{N}\max_{\tau\notin\Omega_{\text{mainlobe}}}|\chi_{nn}(\tau,0)|+\eta\sum_{m=n+1}^{N-1}\sum_{n=1}^{N}\max|\chi_{mn}(\tau,0)| \tag{3.47}$$

式中：η 为加权系数；Ω_{mainlobe} 为自相关函数主瓣区域。

2）优化算法

显然，这个优化问题也是非线性优化问题。考虑到优化变量是离散的，与正交四相码优化类似，采用遗传算法与迭代搜索算法相结合的混合算法对频率码进行优化设计。

优化算法首先利用遗传算法进行第一次优化。由于遗传算法中存在交叉、变异操作，如果对频率码直接用二进制进行编码，就会使得频率码产生重复子码或超出频率码范围等。目前，解决这个问题的办法是采用 Grefenstette 编码方法对频率编码进行编码，该编码曾用于解决旅行商问题。这种编码方法用频率码的各子码在参考码中的位置作为该子码的编码。以频率编码{4 7 1 6 5 2 3}为例，具体编码过程（表 3.1）：第 1 步，离散频率编码第一位子码是 4，它在参考码中的位置为 4，从而其 Grefenstette 码为 4；第 2 步，参考码中剔除上一次已编码过子码，离散频率编码的第二位子码是 7，其在参考码中的位置为 6，故其 Grefenstette 码为 6；以此类推，可以得到最终的 Grefenstette 编码为{4 6 1 4 3 1 1}。

表 3.1 Grefenstette 编码过程

离散频率编码	参考码	Grefenstette 编码
[4] 7 1 6 5 2 3	1 2 3 [4] 5 6 7	4
4 [7] 1 6 5 2 3	1 2 3 5 6 [7]	4 6
4 7 [1] 6 5 2 3	[1] 2 3 5 6	4 6 1
4 7 1 [6] 5 2 3	2 3 5 [6]	4 6 1 4
4 7 1 6 [5] 2 3	2 3 [5]	4 6 1 4 3
4 7 1 6 5 [2] 3	[2] 3	4 6 1 4 3 1
4 7 1 6 5 2 [3]	[3]	4 6 1 4 3 1 1

根据编码过程,很容易得出其解码过程。此外,还可以知道,Grefenstette 编码有以下特点:第 k 位子码 c_k 需满足 $c_k \leqslant L-k+1$,L 为码长。因此,在遗传算法进行变异操作时必须注意该限制条件,以免造成无法解码。

正交离散频率编码遗传优化算法与正交四相码的优化算法流程基本相同,只是编解码方式不同。另外,变异操作上也略有不同。其流程图如图 3.9 所示。

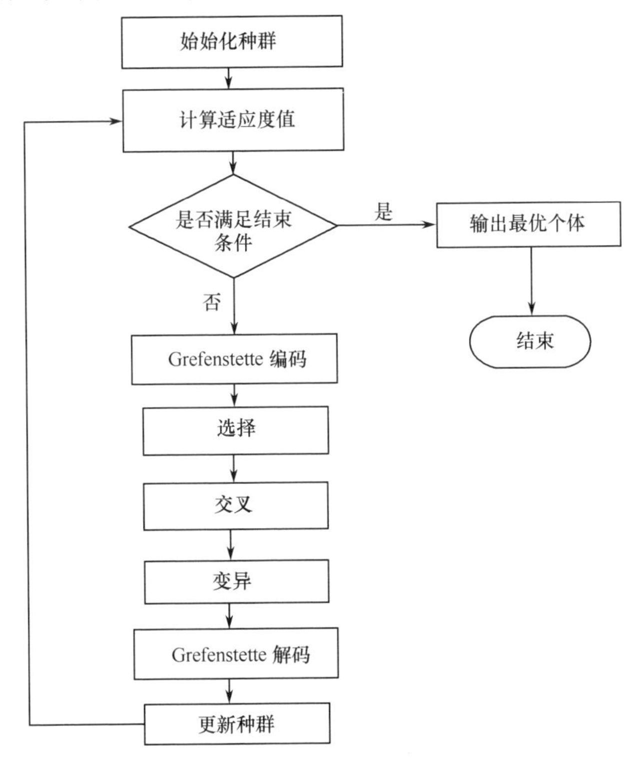

图 3.9　正交离散频率编码遗传算法优化流程图

遗传算法采用最优保存策略,以增强基本遗传算法的收敛性。遗传算法具体的算法步骤如下:

(1) 给定码长 L 以及正交波形数 N,初始化种群。

(2) 计算种群中每个个体(每组正交波形)的适应度值(代价函数值),如果满足结束条件,则输出最优个体,结束程序;否则,执行下一步。

(3) 对离散频率码进行 Grefenstette 编码。

(4) 选择操作:采用轮盘赌方法进行选择。

(5) 交叉操作:采用单点交叉,交叉概率 $P_c = 0.8$。

(6) 变异操作:采用单点变异,该位子码变异为不同于本身的任意可取子码,变异概率 $P_m = 0.1$。

（7）对 Grefenstette 码进行解码，转换为离散频率编码。

（8）根据最优保存策略更新种群，并转至步骤(2)。

与正交四相码的优化过程类似，也使用迭代搜索算法对遗传算法优化结果进行二次优化。其基本思想是对每一编码序列中的每个码元，分别与该序列中的其他码元进行交换。如果交换之后使得代价函数变小，则接受该交换；否则，不做交换。这种交换一直执行到没有码元可与其他任意码元交换为止。图3.10给出了迭代搜索算法流程图。

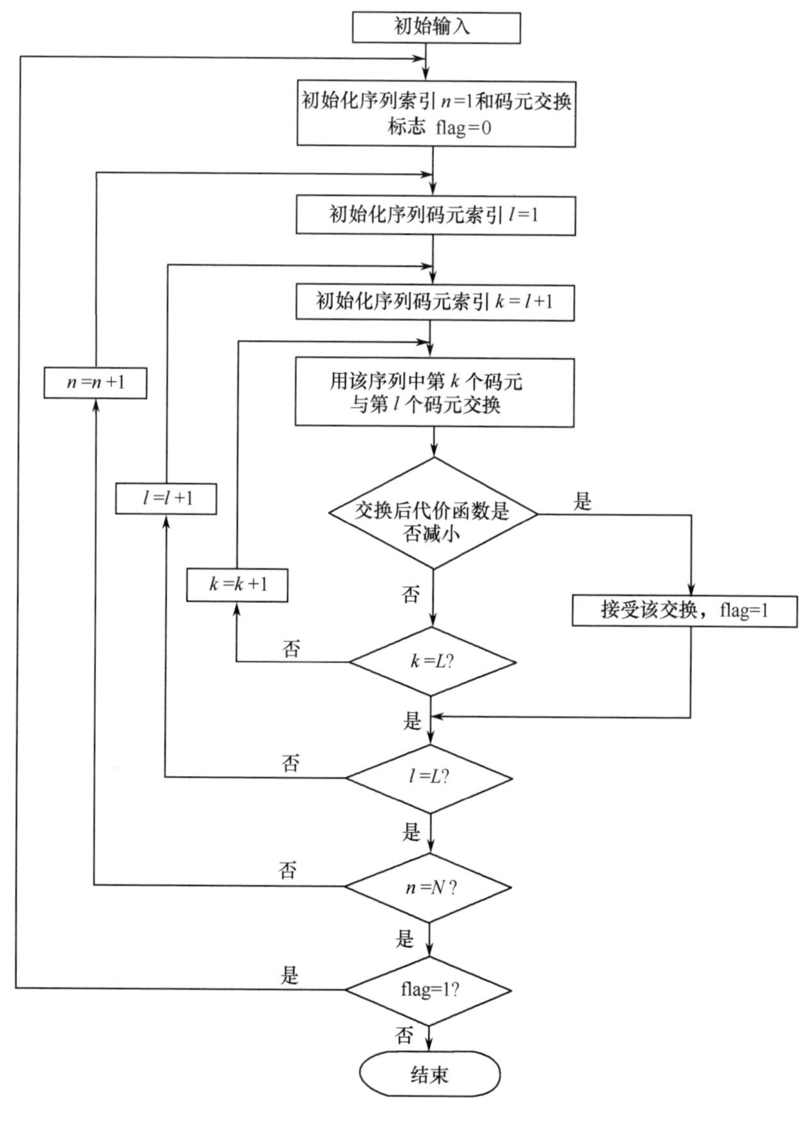

图3.10　迭代搜索算法流程图

3.1.3.4 正交信号数量与平均自相关旁瓣峰值水平和互相关峰值水平的关系

本小节将通过仿真研究正交信号数量对离散频率编码波形相关特性的影响。图 3.11 给出了码长 $L=32$，正交信号数量 $N=3\sim8$ 时的平均自相关旁瓣峰值水平和互相关峰值水平的关系。从图中可以看出，随着正交信号数量的增加，平均自相关旁瓣峰值和互相关峰值均有所增大，但改变量并不大。

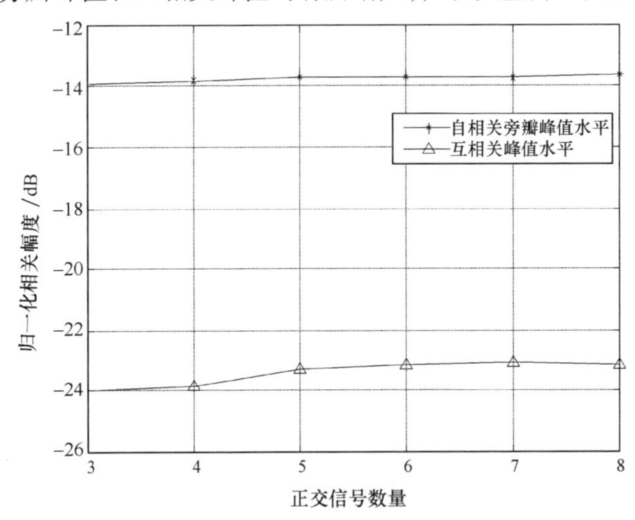

图 3.11 正交信号数量与平均自相关旁瓣峰值水平和互相关峰值水平的关系（$L=32$）

3.1.4 宽带正交波形

在分布孔径雷达体制中使用步进频合成宽带的方法具有降低系统指标要求、易于工程实现、参数估计精度高且适合于低信噪比条件下的参数估计等优点。与常规信号调制方式一样，步进频发射信号包络可以是线性调频信号也可以是相位编码信号，信号调制形式灵活多样。

如图 3.12 为分布孔径雷达步进频波形设计示意图，接收相参阶段 M 个单元孔径发射同频率相互正交的波形。

为更加清楚地表述设计思路，设单元孔径 m 发射第 n 个脉冲为 St_{mn}，表达式为

$$\mathrm{St}_{mn}(t)=u_m(t-n\cdot T_r)\cdot\exp(\mathrm{j}2\pi f_n(t-n\cdot T_r))\quad\begin{pmatrix}m=0,1,\cdots,M-1;\\ n=0,1,\cdots,N-1\end{pmatrix}\tag{3.48}$$

式中：f_n 为发射信号载频，$f_n=f_0+n\cdot\Delta f$（f_0 为发射信号初始频率，Δf 为频率步

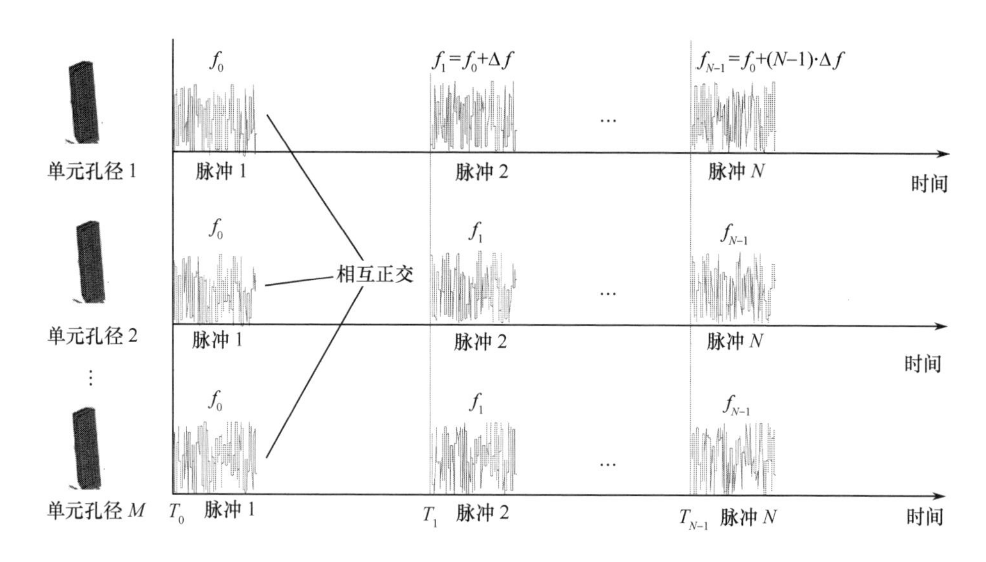

图 3.12　分布孔径雷达步进频波形设计示意图

进量)，T_r 为脉冲周期；$u_m(t)$ 为发射信号复包络，复包络信号调制方式既可以是调频也可以是调相。

在第 n 个发射驻留周期内，雷达发射信号矩阵为

$$\begin{bmatrix} u_0(t-n\cdot T_r)\cdot\exp\{j2\pi f_n(t-n\cdot T_r)\} \\ u_1(t-n\cdot T_r)\cdot\exp\{j2\pi f_n(t-n\cdot T_r)\} \\ \vdots \\ u_{M-1}(t-n\cdot T_r)\cdot\exp\{j2\pi f_n(t-n\cdot T_r)\} \end{bmatrix} \tag{3.49}$$

发射信号包络 $[u_0(t-n\cdot T_r)\quad u_1(t-n\cdot T_r)\quad\cdots\quad u_{M-1}(t-n\cdot T_r)]^T$ 相互正交，载频 f_n 相同。

在第 1 到第 N 个发射驻留周期，第 m 个单元孔径发射信号矩阵为

$$\begin{bmatrix} u_m(t)\cdot\exp\{j2\pi f_0(t)\} \\ u_m(t-T_r)\cdot\exp\{j2\pi f_1(t-T_r)\} \\ \vdots \\ u_m(t-(N-1)\cdot T_r)\cdot\exp\{j2\pi f_{N-1}(t-(N-1)\cdot T_r)\} \end{bmatrix} \tag{3.50}$$

发射信号包络调制方式一致，载频按一定的频率间隔步进。

3.2　分布孔径雷达波形处理

3.2.1　目标回波模型

分布孔径雷达发射接收示意图如图 3.13 所示,各个单元孔径的发射机具有相同的中心频率。将第 n 个单元孔径接收到的来自第 q 个散射单元的基带雷达回波记为 $r_{q,n}(t)$,则有

$$r_{q,n}(t) = \sum_{m=1}^{M} \xi_{q,mn} u_m(t - \tau_{q,mn}) \exp(\mathrm{j}2\pi f_{\mathrm{d},qmn} t) \tag{3.51}$$

式中:$\xi_{q,mn}$ 为第 m 个单元孔径发射到第 n 个单元孔径接收散射单元 q 的散射系数(考虑了 RCS、路径衰减、不同单元间路径差等因素);$\tau_{q,mn}$ 为散射单元 q 从第 m 个单元孔径发射到第 n 个单元孔径接收的时间延迟;$f_{\mathrm{d},qmn}$ 为相应的多普勒频率。

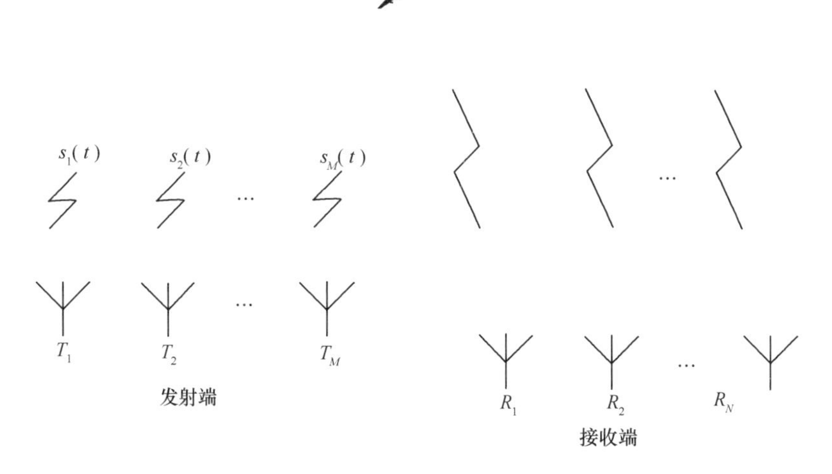

图 3.13　分布孔径雷达发射接收示意图

如果感兴趣场景区域共有 Q 个散射点,则接收单元 n 的雷达回波为

$$r_n(t) = \sum_{q=1}^{Q} r_{q,n}(t) = \sum_{q=1}^{Q} \sum_{m=1}^{M} \xi_{q,mn} s_m(t - \tau_{q,mn}) \exp(\mathrm{j}2\pi f_{\mathrm{d},qmn} t) + e(t) \tag{3.52}$$

式中:$s_m(t)$ 为单元 m 的发射信号;$e(t)$ 为白噪声。

一般希望通过对雷达回波的处理,来获取目标幅度信息 $\zeta_{q,mn}$、距离信息

$\tau_{q,mn}$、多普勒信息 $f_{\mathrm{d},qmn}$ 以及角度信息。

值得指出的是,式(3.52)给出了最一般的分布式雷达回波模型。对于某些特殊的阵列构型,可以进一步简化式(3.52)中的模型。

如果各发射孔径以及各接收孔径之间的间距较小,则有

$$\begin{cases}\tau_{q,mn}\approx\tau_{q,11}\\ f_{\mathrm{d},qmn}\approx f_{\mathrm{d},q11}\end{cases}\quad(m=1,\cdots,M;n=1,\cdots,N)$$

即发射孔径 m 到接收孔径 n 之间的延时以及多普勒频率变化很小,可以视作恒定值。

同时有

$$\begin{aligned}\xi_{q,mn}&=\xi_{q,1n}\exp\left(-\mathrm{j}2\pi\frac{d_{\mathrm{t}m}}{\lambda}\sin\theta_q\right)\\ \xi_{q,1n}&=\xi_{q,11}\exp\left(-\mathrm{j}2\pi\frac{d_{\mathrm{r}n}}{\lambda}\sin\theta_q\right)\end{aligned}\quad(m=1,\cdots,M;n=1,\cdots,N)$$

式中:λ 为波长;$d_{\mathrm{t}m}$ 为发射孔径 1 与发射孔径 m 之间的间距;$d_{\mathrm{r}n}$ 为接收孔径 1 与发射孔径 n 之间的间距;θ_q 为散射单元 q 的入射角度和接收角度(考虑单基地密集布阵 MIMO 雷达,因此这两个角度相等)。

假设这 Q 个散射点分别处于 P 个距离单元、N_d 个多普勒单元以及 K 个角度单元,则有

$$\boldsymbol{r}_n=\sum_{i=0}^{N_d-1}\sum_{p=0}^{P-1}\sum_{k=0}^{K-1}\xi_{n,pki}\boldsymbol{J}_{\mathrm{p}}^{\mathrm{H}}\widetilde{\boldsymbol{X}}(f_{\mathrm{d},i})\boldsymbol{b}^*(\theta_k)+\boldsymbol{e}\tag{3.53}$$

式中:$\boldsymbol{r}_k\in\mathbb{C}^{(L+P-1)\times1}$ 为接收机采样之后的信号(L 为发射信号采样之后的长度);$\boldsymbol{J}_{\mathrm{p}}\in\mathbb{C}^{(L+P-1)\times(L+P-1)}$ 为时移矩阵[9];$\widetilde{\boldsymbol{X}}(f_{\mathrm{d},i})\in\mathbb{C}^{(L+P-1)\times M}$ 为发射波形组成的矩阵,即

$$\widetilde{\boldsymbol{X}}(f_{\mathrm{d},i})=\begin{bmatrix}\boldsymbol{X}(f_{\mathrm{d},i})\\ \boldsymbol{0}_{(P-1)\times M}\end{bmatrix}$$

其中

$\boldsymbol{X}(f_{\mathrm{d},i})=[\boldsymbol{s}_1\odot\boldsymbol{d}(f_{\mathrm{d},i})\quad\cdots\quad\boldsymbol{s}_M\odot\boldsymbol{d}(f_{\mathrm{d},i})]$,$\boldsymbol{d}(f_{\mathrm{d},i})=[\exp(\mathrm{j}2\pi f_{\mathrm{d},i}t_{\mathrm{s}}\times0)\quad\cdots\quad\exp(\mathrm{j}2\pi f_{\mathrm{d},i}t_{\mathrm{s}}\times(L-1))]^{\mathrm{T}}$,$\boldsymbol{d}(f_{\mathrm{d},i})\in\mathbb{C}^{L\times1}$($f_{\mathrm{d},i}$ 为多普勒频率,t_{s} 为采样间隔);$\boldsymbol{b}(\theta_k)=\left[\exp\left(-\mathrm{j}\frac{2\pi d_{\mathrm{t}1}\sin\theta_k}{\lambda}\right)\quad\cdots\quad\exp\left(-\mathrm{j}\frac{2\pi d_{\mathrm{t}M}\sin\theta_k}{\lambda}\right)\right]^{\mathrm{T}}\in\mathbb{C}^{M\times1}$ 为发射导引矢量;$\boldsymbol{e}\in\mathbb{C}^{(L+P-1)\times1}$ 为白噪声矢量。

令 $\boldsymbol{D}=[\boldsymbol{r}_1\quad\cdots\quad\boldsymbol{r}_N]$,$\boldsymbol{D}\in\mathbb{C}^{(L+P-1)\times N}$,则有

$$\boldsymbol{D} = \sum_{i=0}^{N_d-1}\sum_{p=0}^{P-1}\sum_{k=0}^{K-1}\xi_{i,p,k}\boldsymbol{J}_{\mathrm{p}}^{\mathrm{H}}\widetilde{\boldsymbol{X}}(f_{d,i})\boldsymbol{b}^*(\theta_k)\boldsymbol{a}^{\mathrm{H}}(\theta_k) + \boldsymbol{E} \tag{3.54}$$

式中：$\boldsymbol{a}(\theta_k) = \left[\exp\left(-\mathrm{j}\dfrac{2\pi d_{\mathrm{r}1}\sin\theta_k}{\lambda}\right) \quad \cdots \quad \exp\left(-\mathrm{j}\dfrac{2\pi d_{\mathrm{r}N}\sin\theta_k}{\lambda}\right)\right]^{\mathrm{T}} \in \mathbb{C}^{N\times 1}$为接收导引矢量；$\xi_{i,p,k} = \xi_{1,pki}$；$\boldsymbol{E}$ 为噪声矩阵，$\boldsymbol{E}\in\mathbb{C}^{(L+P-1)\times N}$。

然而，当采用式(3.54)时只能利用脉间相位变化来估计目标的多普勒频率。当脉宽很小或目标多普勒频率较低时，仅采用一个脉冲很难准确估计目标的多普勒。为了更好地估计目标的多普勒频率，可能会发射多个脉冲，假设发射脉冲数为 N_p。那么对应于第 $l(l=1,\cdots,N_p)$ 个脉冲的回波数据可以记为

$$\boldsymbol{D}(l) = \sum_{i=0}^{N_d-1}\sum_{p=0}^{P-1}\sum_{k=0}^{K-1}\xi_{i,p,k}\boldsymbol{J}_p^{\mathrm{H}}\widetilde{\boldsymbol{X}}(f_{\mathrm{d},i})\boldsymbol{b}^*(\theta_k)\boldsymbol{a}^{\mathrm{H}}(\theta_k)\exp((t-1)\times \mathrm{j}2\pi f_{\mathrm{d},i}T_{\mathrm{r}}) + \boldsymbol{E} \tag{3.55}$$

式中：T_{r}为脉冲重复间隔；$f_{\mathrm{d},i}$为多普勒频率。

记 $\boldsymbol{D}_{\mathrm{t}}\in\mathbb{C}^{N_p(L+P-1)\times N}$为

$$\boldsymbol{D}_{\mathrm{t}} = [\boldsymbol{D}(1) \quad \cdots \quad \boldsymbol{D}(N_p)]^{\mathrm{T}} \tag{3.56}$$

则有

$$\boldsymbol{D}_{\mathrm{t}} = \sum_{i=0}^{N_d-1}\sum_{p=0}^{P-1}\sum_{k=0}^{K-1}\xi_{i,p,k}\boldsymbol{p}(f_{\mathrm{d},i}) \otimes (\boldsymbol{J}_p^{\mathrm{H}}\widetilde{\boldsymbol{X}}(f_{\mathrm{d},i})\boldsymbol{b}^*(\theta_k)\boldsymbol{a}^{\mathrm{H}}(\theta_k)) + \boldsymbol{E}_{\mathrm{t}} \tag{3.57}$$

式中：$\boldsymbol{p}(f_{\mathrm{d},i}) = [\exp(\mathrm{j}0\times 2\pi f_{\mathrm{d},i}T_{\mathrm{r}}) \quad \cdots \quad \exp(\mathrm{j}(N_p-1)\times 2\pi f_{\mathrm{d},i}T_{\mathrm{r}})]^{\mathrm{T}}\in\mathbb{C}^{N_p\times 1}$（假设目标幅度在这 N_p 个脉冲间不起伏）。

3.2.2　匹配滤波

对于式(3.54)所表示的目标模型，为了提取其中的目标信息，传统处理方法为采用匹配滤波。匹配滤波处理首先提取距离信息以及多普勒信息，然后提取角度信息。

1）提取距离信息以及多普勒信息 $\boldsymbol{Y}_p(f_{\mathrm{d},i})\in\mathbb{C}^{N_p(L+P-1)\times M}$可写为

$$\boldsymbol{Y}_{\mathrm{p}}(f_{\mathrm{d},i}) = \frac{1}{N_p}\boldsymbol{p}(f_{\mathrm{d},i})\otimes\boldsymbol{J}_p^{\mathrm{H}}\widetilde{\boldsymbol{X}}(f_{\mathrm{d},i})(\widetilde{\boldsymbol{X}}^{\mathrm{H}}(f_{\mathrm{d},i})\widetilde{\boldsymbol{X}}(f_{\mathrm{d},i}))^{-1} \tag{3.58}$$

则 $\boldsymbol{D}$ 经过处理之后的数据矩阵 $\boldsymbol{D}_{\mathrm{MF}}^{p,i}\in\mathbb{C}^{M\times N}$为

$$\boldsymbol{D}_{\mathrm{MF}}^{p,i} = \boldsymbol{Y}_p^{\mathrm{H}}(f_{\mathrm{d},i})\boldsymbol{D}_{\mathrm{t}} = \sum_{k=0}^{K-1}\xi_{i,p,k}\boldsymbol{b}^*(\theta_k)\boldsymbol{a}^{\mathrm{H}}(\theta_k) + \boldsymbol{Z}_{p,i} \tag{3.59}$$

式中

$$\boldsymbol{Z}_{p,i} = \sum_{j=0}^{N_d-1}\sum_{q=0,q\neq p}^{P-1}\sum_{k=0}^{K-1}\xi_{j,q,k}\boldsymbol{Y}_p^{\mathrm{H}}(f_{\mathrm{d},i})\boldsymbol{J}_q^{\mathrm{H}}\widetilde{\boldsymbol{X}}(f_{\mathrm{d},j})\boldsymbol{b}^*(\theta_k)\boldsymbol{a}^{\mathrm{H}}(\theta_k) + \boldsymbol{Y}_p^{\mathrm{H}}(f_{d,i})\boldsymbol{E}_{\mathrm{t}} \tag{3.60}$$

以及用到了克罗内克(Kronecker)积的基本性质

$$(\boldsymbol{A}\otimes\boldsymbol{B})\cdot(\boldsymbol{C}\otimes\boldsymbol{D})=(\boldsymbol{AC})\otimes(\boldsymbol{BD}) \tag{3.61}$$

当发射波形理想正交时,有

$$\boldsymbol{Z}_{p,i}=\boldsymbol{Y}_p^{\mathrm{H}}(f_{\mathrm{d},i})\boldsymbol{E} \tag{3.62}$$

因此,影响目标信息提取的因素是噪声。

然而,当发射波形不正交,在对散射点 Q 散射系数 $\xi_{q,mn}$ 的估计过程,会受较多的干扰:这些干扰可以是来自波形自相关的旁瓣(同时会受到其他距离单元散射点强度的影响),也可以来自波形互相关的影响。同时,接收机内部噪声也会影响 $\xi_{q,mn}$ 的估计。因此,匹配滤波处理的性能取决于系统的发射波形。发射波形正交性越好,可以预计越好的处理效果。

2) 提取角度信息

提取角度信息的方法很多,这里介绍两种算法:

最小平方(LS)法(又称最小二乘法)

$$\hat{\zeta}_{i,p,k}=\frac{\boldsymbol{b}^{\mathrm{T}}(\theta_k)\boldsymbol{D}_{\mathrm{MF}}^{p,i}\boldsymbol{a}(\theta_k)}{\|\boldsymbol{b}(\theta_k)\|^2\|\boldsymbol{a}(\theta_k)\|^2} \tag{3.63}$$

Capon 法

$$\hat{\zeta}_{i,p,k}=\frac{\boldsymbol{b}^{\mathrm{T}}(\theta_k)\boldsymbol{D}_{\mathrm{MF}}^{p,i}\hat{\boldsymbol{R}}_{p,i}^{-1}\boldsymbol{a}(\theta_k)}{\|\boldsymbol{b}(\theta_k)\|^2\|\boldsymbol{a}(\theta_k)\|^2} \tag{3.64}$$

式中:$\hat{\boldsymbol{R}}_{p,i}\in\mathbb{C}^{N\times N}$以及$\hat{\boldsymbol{R}}_{p,i}=(\boldsymbol{D}_{\mathrm{MF}}^{p,i})^{\mathrm{H}}\boldsymbol{D}_{\mathrm{MF}}^{p,i}$。

3.2.3 Ⅳ滤波

自相关以及互相关旁瓣在延时 n 形成的矩阵[9]为

$$\boldsymbol{R}_n=\begin{bmatrix} a_{11}(n) & a_{12}(n) & \cdots & a_{1M}(n)\\ a_{21}(n) & a_{22}(n) & \cdots & a_{2M}(n)\\ \vdots & \vdots & & \vdots\\ a_{M1}(n) & a_{M2}(n) & \cdots & a_{MM}(n) \end{bmatrix} \tag{3.65}$$

为了使旁瓣尽可能低,应使 $\|\boldsymbol{R}_n\|$ 尽可能低。然而,如果采用匹配滤波算法,只要波形给定,则 $\|\boldsymbol{R}_n\|$ 也给定。Ⅳ滤波是一种当发射波形正交性不好时,可以抑制波形互相关以及自相关旁瓣的处理方法。下面简述Ⅳ滤波器(图 3.14)设计方法。

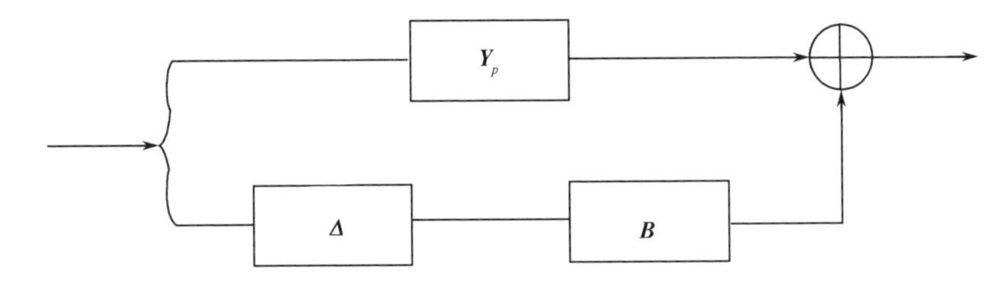

图 3.14　Ⅳ滤波器示意图

Ⅳ滤波器主要分为两路，其对应的滤波器可以写为

$$Y_{\mathrm{IV}} = Y_p + \Delta B \tag{3.66}$$

式中：$Y_p \in \mathbb{C}^{(L+P-1)\times M}$满足

$$\widetilde{X}^{\mathrm{H}} Y_p = I_M \tag{3.67}$$

$\Delta \in \mathbb{C}^{(L+P-1)\times(L+P-1-M)}$满足

$$\widetilde{X}^{\mathrm{H}} \Delta = 0_{M\times(L+P-1-M)} \tag{3.68}$$

以及 $B \in \mathbb{C}^{(L+P-1-M)\times M}$，其中$\widetilde{X} = \begin{bmatrix} X \\ 0_{(P-1)\times M} \end{bmatrix}$。

令$\widetilde{X}$的奇异值分解记为

$$\widetilde{X} = U_X \Sigma_X V_X^{\mathrm{H}} \tag{3.69}$$

其中 $U_X \in \mathbb{C}^{(L+P-1)\times(L+P-1)}$，$\Sigma_X \in \mathbb{C}^{(L+P-1)\times M}$，$V_X \in \mathbb{C}^{M\times M}$。

Σ_X 为

$$\Sigma_X = \begin{bmatrix} \Sigma_{X,1} \\ 0_{(L+P-1-M)\times M} \end{bmatrix}$$

式中：$\Sigma_{X,1} \in \mathbb{C}^{M\times M}$为对角阵。

则 Y_p 为

$$Y_p = U_X \begin{bmatrix} \Sigma_{X,1}^{-1} \\ 0_{(L+P-1-M)\times M} \end{bmatrix} V_X^{\mathrm{H}} \tag{3.70}$$

Δ 为

$$\Delta = U_X(:, (M+1):(L+P-1)) \tag{3.71}$$

即 Δ 为 U_X 后 $(L+P-1-M)$ 列，不难验证 Y_p 以及 Δ 满足式(3.67)以及式(3.68)。

此时采用Ⅳ滤波器在延时 p 的自相关及互相关旁瓣矩阵为$\widehat{\boldsymbol{X}}^{\mathrm{H}}\boldsymbol{J}_p\boldsymbol{Y}_{\mathrm{IV}}$，为了使得Ⅳ滤波器的旁瓣尽可能低，其等价于使得 $\|\widehat{\boldsymbol{X}}^{\mathrm{H}}J_p\boldsymbol{Y}_{\mathrm{IV}}\|$ 尽可能小。注意到，对于Ⅳ滤波器 $\boldsymbol{Y}_{\mathrm{IV}}$、$\boldsymbol{Y}_p$ 及 $\boldsymbol{\Delta}$ 为固定矩阵，因此 $\boldsymbol{Y}_{\mathrm{IV}}$ 的设计等价于 $\boldsymbol{B}$ 的设计，即

$$\min_{\boldsymbol{Y}_{\mathrm{IV}}}\|\widehat{\boldsymbol{X}}^{\mathrm{H}}\boldsymbol{J}_p\boldsymbol{Y}_{\mathrm{IV}}\|\Leftrightarrow\min_{\boldsymbol{B}}\|\widehat{\boldsymbol{X}}^{\mathrm{H}}\boldsymbol{J}_p(\boldsymbol{Y}_p+\boldsymbol{\Delta B})\| \tag{3.72}$$

然而，当使用Ⅳ滤波器时，噪声协方差矩阵变为

$$\mathrm{E}[\boldsymbol{Y}_{\mathrm{IV}}^{\mathrm{H}}\boldsymbol{ee}^{\mathrm{H}}\boldsymbol{Y}_{\mathrm{IV}}]=\boldsymbol{Y}_{\mathrm{IV}}^{\mathrm{H}}\mathrm{E}[\boldsymbol{ee}^{\mathrm{H}}]\boldsymbol{Y}_{\mathrm{IV}} \tag{3.73}$$

式中：$\boldsymbol{e}\in\mathbb{C}^{(L+P-1)\times 1}$为接收机白噪声，其功率为 σ^2。

因此，有

$$\mathrm{E}[\boldsymbol{Y}_{\mathrm{IV}}^{\mathrm{H}}\boldsymbol{ee}^{\mathrm{H}}\boldsymbol{Y}_{\mathrm{IV}}]=\sigma^2\mathrm{E}[\boldsymbol{Y}_{\mathrm{IV}}^{\mathrm{H}}\boldsymbol{Y}_{\mathrm{IV}}]=\sigma^2[\boldsymbol{Y}_p^{\mathrm{H}}\boldsymbol{Y}_p+\boldsymbol{B}^{\mathrm{H}}\boldsymbol{B}] \tag{3.74}$$

如果仅采用匹配滤波器，则噪声协方差矩阵为

$$\mathrm{E}[\boldsymbol{Y}_p^{\mathrm{H}}\boldsymbol{ee}^{\mathrm{H}}\boldsymbol{Y}_p]=\sigma^2[\boldsymbol{Y}_p^{\mathrm{H}}\boldsymbol{Y}_p] \tag{3.75}$$

因此，采用Ⅳ滤波器会导致噪声功率的增加，且噪声功率所增加的大小与矩阵 $\boldsymbol{B}^{\mathrm{H}}\boldsymbol{B}$ 有关。因此，可以将Ⅳ滤波器的设计转化为如下的约束优化问题：

$$\begin{cases}\min\limits_{\boldsymbol{B}}\mathrm{tr}[\boldsymbol{B}^{\mathrm{H}}\boldsymbol{B}]\\ \mathrm{s.t.}\ \|\widehat{\boldsymbol{X}}^{\mathrm{H}}\boldsymbol{J}_p(\boldsymbol{Y}_p+\Delta\boldsymbol{B})\|^2\leqslant\zeta M\quad(p=-(P-1),\cdots,P-1)\end{cases} \tag{3.76}$$

式中：ζ 为旁瓣控制水平；P 为感兴趣距离单元的个数。

该优化目标的目的是在尽量不增加噪声功率水平的前提下，将当前距离单元左右两侧各$(P-1)$个距离单元的互相关旁瓣水平控制在 ζ 以下。式(3.76)为凸优化问题，可以得到全局最优解。

采用Ⅳ滤波来估计目标的幅度信息、距离信息、多普勒信息以及角度信息与匹配滤波方法类似，下面简要叙述提取过程。

1）提取距离信息以及多普勒信息

$\boldsymbol{Y}_{\mathrm{IV}}(f_{\mathrm{d},i})\in\mathbb{C}^{N_p(L+P-1)\times M}$可写为

$$\boldsymbol{Y}_{\mathrm{IV}}(f_{\mathrm{d},i})=\frac{1}{N_p}\boldsymbol{p}(f_{\mathrm{d},i})\otimes\boldsymbol{Y}_{\mathrm{IV}} \tag{3.77}$$

由于考虑了目标回波中的多普勒频移，在设计Ⅳ滤波器 $\boldsymbol{Y}_{\mathrm{IV}}$ 过程中，不同多普勒通道最好设计不同的Ⅳ滤波器。

回波矩阵 $\boldsymbol{D}_{\mathrm{t}}$ 经过处理之后的数据矩阵 $\boldsymbol{D}_{\mathrm{IV}}^{p,i}\in\mathbb{C}^{M\times N}$为

$$\boldsymbol{D}_{\mathrm{IV}}^{p,i}=\boldsymbol{Y}_{\mathrm{IV}}^{\mathrm{H}}(f_{\mathrm{d},i})\boldsymbol{D}_{\mathrm{t}}=\sum_{k=0}^{K-1}\xi_{i,p,k}\boldsymbol{b}^*(\theta_k)\boldsymbol{a}^{\mathrm{H}}(\theta_k)+\boldsymbol{Z}_{p,i} \tag{3.78}$$

式中

$$\boldsymbol{Z}_{p,i}=\sum_{j=0,j\neq i}^{N_d-1}\sum_{q=0,q\neq p}^{P-1}\sum_{k=0}^{K-1}\xi_{j,q,k}\boldsymbol{Y}_{\mathrm{IV}}^{\mathrm{H}}(f_{\mathrm{d},i})\boldsymbol{J}_q^{\mathrm{H}}\widetilde{\boldsymbol{X}}(f_{\mathrm{d},j})\boldsymbol{b}^*(\theta_k)\boldsymbol{a}^{\mathrm{H}}(\theta_k)+\boldsymbol{Y}_{\mathrm{IV}}^{\mathrm{H}}(f_{\mathrm{d},i})\boldsymbol{E} \tag{3.79}$$

当采用Ⅳ滤波器时,位于不同距离单元、同一多普勒单元的散射点回波得到抑制;同时,注意到 $\boldsymbol{Y}_{\mathrm{IV}}(f_{\mathrm{d},i})$ 中 $\boldsymbol{p}(f_{\mathrm{d},i})$ 有多普勒滤波的作用,因此位于不同距离单元以及不同多普勒单元的回波同样可以得到抑制。因此,经过Ⅳ滤波之后,可以得到更准确的估计。

2）提取角度信息

提取角度信息的方法与匹配滤波算法类似,有如下两种方法:

最小二乘算法

$$\hat{\zeta}_{i,p,k}=\frac{\boldsymbol{b}^{\mathrm{T}}(\theta_k)\boldsymbol{D}_{\mathrm{IV}}^{p,i}\boldsymbol{a}(\theta_k)}{\|\boldsymbol{b}(\theta_k)\|^2\|\boldsymbol{a}(\theta_k)\|^2} \tag{3.80}$$

Capon 法

$$\hat{\zeta}_{i,p,k}=\frac{\boldsymbol{b}^{\mathrm{T}}(\theta_k)\boldsymbol{D}_{\mathrm{IV}}^{p,i}\hat{\boldsymbol{R}}_{p,i}^{-1}\boldsymbol{a}(\theta_k)}{\|\boldsymbol{b}(\theta_k)\|^2\|\boldsymbol{a}(\theta_k)\|^2} \tag{3.81}$$

式中:$\hat{\boldsymbol{R}}_{p,i}\in\mathbb{C}^{N\times N}$以及$\hat{\boldsymbol{R}}_{p,i}=(\boldsymbol{D}_{\mathrm{IV}}^{p,i})^{\mathrm{H}}\boldsymbol{D}_{\mathrm{IV}}^{p,i}$。

3.2.4　迭代自适应方法

迭代自适应方法(IAA)[3]是一种根据雷达回波数据,结合系统模型,自适应迭代估计目标信息的方法。下面简要介绍其原理。

令

$$\boldsymbol{Y}=[\boldsymbol{y}_{0,0,0}\quad \boldsymbol{y}_{0,0,1}\quad \cdots\quad \boldsymbol{y}_{(N_{\mathrm{D}}-1),(P-1),(K-1)}] \tag{3.82}$$

$$\boldsymbol{\xi}=[\xi_{0,0,0}\quad \xi_{0,0,1}\quad \cdots\quad \xi_{(N_{\mathrm{D}}-1),(P-1),(K-1)}]^{\mathrm{T}} \tag{3.83}$$

式中

$$\boldsymbol{y}_{i,p,k}=\mathrm{vec}(\boldsymbol{p}(f_{\mathrm{d},i})\otimes(\boldsymbol{J}_p^{\mathrm{H}}\widetilde{\boldsymbol{X}}(f_{\mathrm{d},i})\boldsymbol{b}^*(\theta_k)\boldsymbol{a}^{\mathrm{H}}(\theta_k)))\in\mathbb{C}^{N_pN(L+P-1)\times 1},$$
$$\boldsymbol{Y}\in\mathbb{C}^{N_{\mathrm{D}}N(L+P-1)\times N_{\mathrm{D}}PK},\boldsymbol{\xi}\in\mathbb{C}^{N_{\mathrm{D}}PK\times 1}$$

则 $\boldsymbol{d}_{\mathrm{t}}=\mathrm{vec}(\boldsymbol{D}_{\mathrm{t}})\in\mathbb{C}^{N_pN(L+P-1)\times 1}$可写为

$$\boldsymbol{d}_{\mathrm{t}}=\boldsymbol{Y}\boldsymbol{\xi}+\boldsymbol{e} \tag{3.84}$$

式中:$\boldsymbol{e}=\mathrm{vec}(\boldsymbol{E})\in\mathbb{C}^{N_pN(L+P-1)\times 1}$。

此时对距离信息以及多普勒信息的提取等价于对 $\boldsymbol{\xi}$ 的估计。注意到式(3.84)所表示的模型类似于阵列中所采用的模型,$\boldsymbol{Y}$ 对应于导引矢量矩阵,$\boldsymbol{\xi}$ 对应于各个入射信源的角度。在阵列非参数化谱估计中,一种非常经典的算法为 Capon 法,对应的 $\boldsymbol{\xi}$ 估计为

$$\hat{\xi}_{i,p,k}=\frac{\boldsymbol{y}_{i,p,k}^{\mathrm{H}}\boldsymbol{R}^{-1}\boldsymbol{d}_{\mathrm{t}}}{\boldsymbol{y}_{i,p,k}^{\mathrm{H}}\boldsymbol{R}^{-1}\boldsymbol{y}_{i,p,k}} \tag{3.85}$$

式中:$\boldsymbol{R}=\mathrm{E}[\boldsymbol{d}_{\mathrm{t}}\boldsymbol{d}_{\mathrm{t}}^{\mathrm{H}}]\in\mathbb{C}^{N_pN(L+P-1)\times N_pN(L+P-1)}$。

在阵列信号处理中,通常需要多个快拍矢量(而且要求与 $\boldsymbol{d}_{\mathrm{t}}$ 独立同分布)来估计 $\boldsymbol{R}$。然而,此处可用的快拍矢量只有一个。因此,利用传统的方法很难得到 $\boldsymbol{\xi}$ 的估计。

值得注意的是

$$\boldsymbol{R}=\mathrm{E}[\boldsymbol{d}_{\mathrm{t}}\boldsymbol{d}_{\mathrm{t}}^{\mathrm{H}}]=\mathrm{E}[(\boldsymbol{Y\xi}+\boldsymbol{e})(\boldsymbol{Y\xi}+\boldsymbol{e})^{\mathrm{H}}] \tag{3.86}$$

假设 $\boldsymbol{\xi}$ 的各个分量相互独立,则有

$$\boldsymbol{R}=\sum_{i=0}^{N_{\mathrm{D}}-1}\sum_{p=0}^{P-1}\sum_{k=0}^{K-1}|\xi_{i,p,k}|^2\boldsymbol{y}_{i,p,k}\boldsymbol{y}_{i,p,k}^{\mathrm{H}}+\sigma^2\boldsymbol{I}_{N_pN(L+P-1)} \tag{3.87}$$

IAA 是一种仅利用 $\boldsymbol{d}_{\mathrm{t}}$ 来估计 $\boldsymbol{\xi}$ 的方法,其主要思想是:首先利用 $\boldsymbol{\xi}$ 的粗估计计算 $\boldsymbol{R}$,然后利用计算得出的 $\boldsymbol{R}$ 更新 $\boldsymbol{\xi}$。该方法步骤如下:

(1) 初始化$\hat{\xi}$:

$$\hat{\xi}_{i,p,k}=\frac{\boldsymbol{y}_{i,p,k}^{\mathrm{H}}\boldsymbol{d}_{\mathrm{t}}}{\boldsymbol{y}_{i,p,k}^{\mathrm{H}}\boldsymbol{y}_{i,p,k}} \tag{3.88}$$

(2) 计算$\hat{\boldsymbol{R}}$:

$$\hat{\boldsymbol{R}}=\sum_{i=0}^{N_{\mathrm{D}}-1}\sum_{p=0}^{P-1}\sum_{k=0}^{K-1}|\hat{\xi}_{i,p,k}|^2\boldsymbol{y}_{i,p,k}\boldsymbol{y}_{i,p,k}^{\mathrm{H}} \tag{3.89}$$

(3) 更新$\hat{\boldsymbol{\xi}}$:

$$\hat{\xi}_{i,p,k}=\frac{\boldsymbol{y}_{i,p,k}^{\mathrm{H}}\hat{\boldsymbol{R}}^{-1}\boldsymbol{d}_{\mathrm{t}}}{\boldsymbol{y}_{i,p,k}^{\mathrm{H}}\hat{\boldsymbol{R}}^{-1}\boldsymbol{y}_{i,p,k}} \tag{3.90}$$

(4) 判断收敛(通常利用迭代次数判断,典型值为 10 ~ 15 次),不收敛的话返回步骤(2);否则,结束迭代。

3.2.5 宽带正交波形

图 3.15 为宽带正交波形处理典型流程。图 3.15(a)为工作流程 1,单元孔径除接收本孔径发射的波形外还要接收其他单元孔径发射的波形,并对接收到的所有波形进行匹配滤波处理,每个匹配滤波通道在接收到 N 个脉冲后,进行

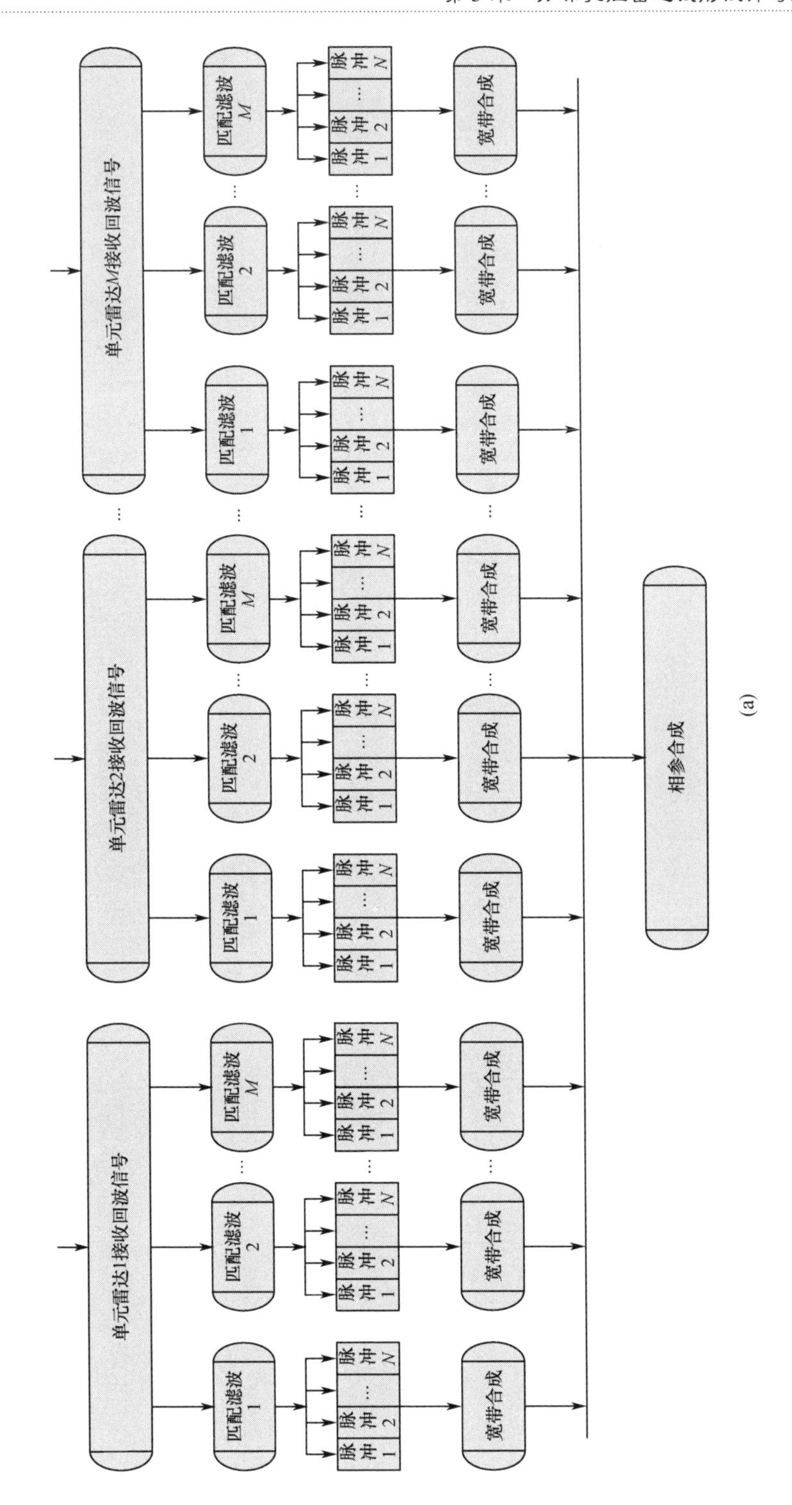

单元雷达1接收回波信号
单元雷达2接收回波信号
单元雷达M接收回波信号
匹配滤波 1
匹配滤波 2
匹配滤波 M
脉冲 1
脉冲 2
脉冲 N
宽带合成
相参合成

(a)

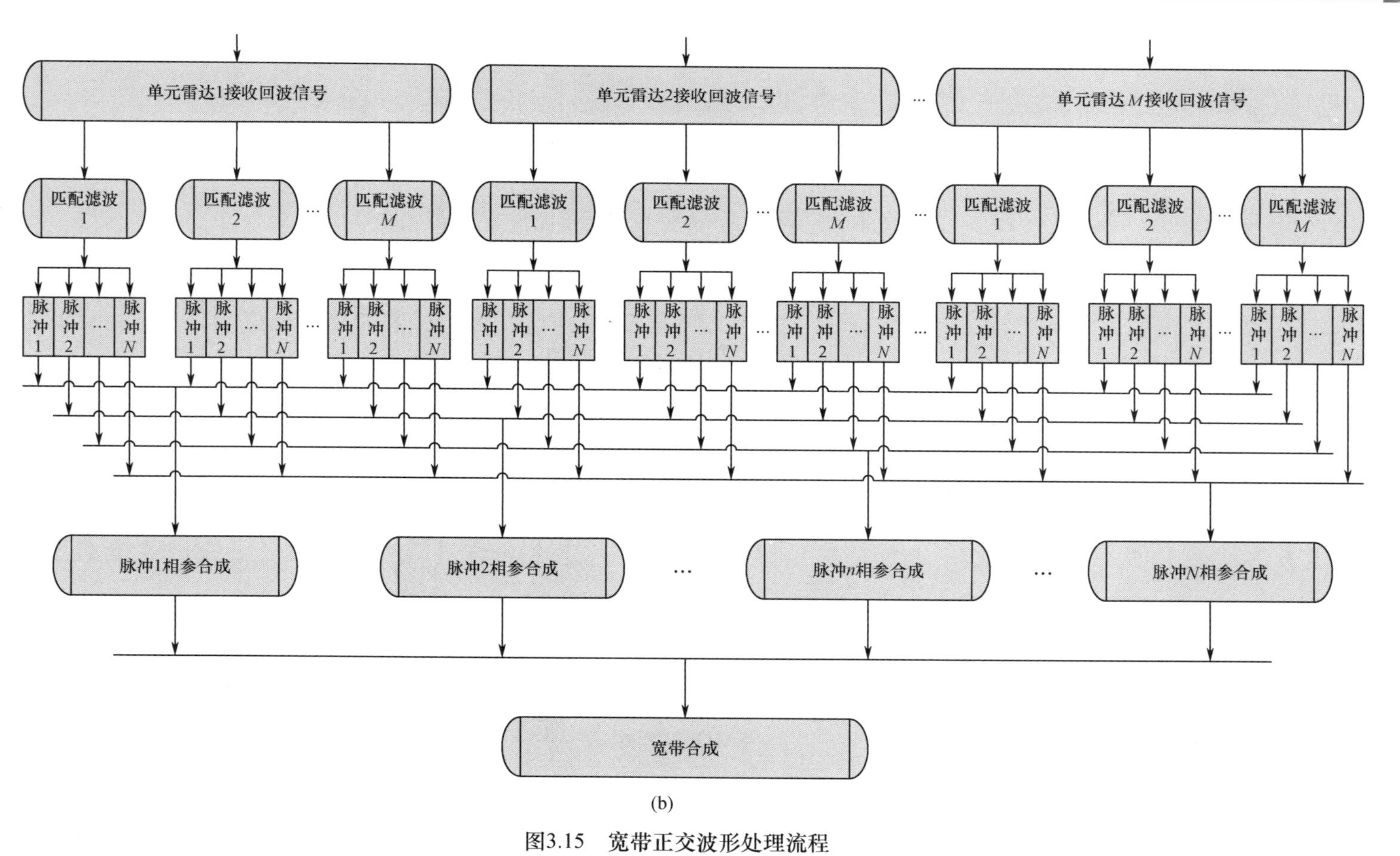

(b)

图3.15　宽带正交波形处理流程
(a) 流程1；(b) 流程2。

宽带合成处理,得到一个宽带合成信号。这样,全系统得到 M^2 个宽带合成信号,然后对这些信号进行相参合成和延时相位估计等处理。

该处理流程的优点主要体现在如下两个方面:

(1) 参数估计精度高。将窄带信号合成宽带信号,提高了距离向分辨率,进而提高了延时估计精度,将宽带估计的延时相位值用于窄带相参合成,改善相参合成效果。

(2) 适合于低信噪比条件下参数估计。在进行延时相位估计之前,进行了 N 脉冲的宽带合成,除改善信号带宽外也提高了回波的信噪比,有利于参数的精确估计。

图 3.15(b)为处理流程 2,区别于流程 1,流程 2 先进行相参合成和延时相位估计处理再进行宽带合成。

目前,步进频宽带合成方法主要有距离包络合成法[12-15]、时域合成法[16,17]和频域合成法[18]三种。合成方法相对成熟,相应合成方法有很多文献可供参考,不再叙述,直接给出相位编码信号宽带合成脉压结果。具体仿真参数:子脉冲带宽 50MHz、子脉冲脉宽 20μs、子脉冲数 8 个、频率步进间隔 50MHz、目标位置信息(相对值)[-2, -0.75,0,0.75,2]。宽带合成前后脉压结果对比如图 3.16 所示。

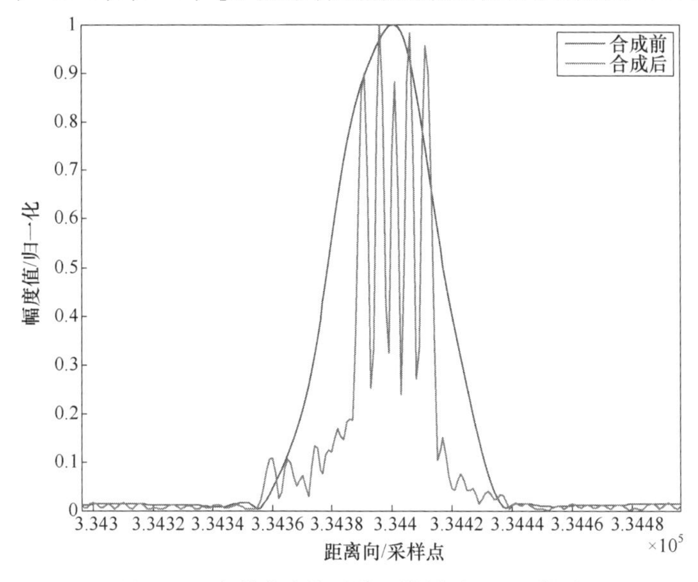

图 3.16　宽带合成前后脉压结果对比(见彩图)

参考文献

[1] Deng H. Polyphase code design for orthogonal netted radar systems[J]. IEEE Transactions on Signal Processing, 2004, 52(11):3126 -3135.

[2] Jin Y, Wang H, Jiang W, et al. Complementary-based chaotic phase-coded waveforms design for MIMO radar[J]. IET Radar, Sonar & Navigation, 2013, 7(4):371-382.
[3] Khan H A, Zhang Y, Ji C, et al. Optimizing polyphase sequences for orthogonal netted radar [J]. IEEE Signal Processing Letters, 2006, 13(10):589-592.
[4] 姚铭君，袁伟明，邢文革．基于混合优化算法的正交多相码的设计[J]．现代雷达，2007，29(7):55-57.
[5] Liu B, He Z, Zeng J, et al. Polyphase orthogonal code design for MIMO radar systems[C]. CIE International Conference on Radar, 2006: 1-4.
[6] 胡亮兵，刘宏伟，吴顺君．基于约束非线性规划的 MIMO 雷达正交波形设计[J]．系统工程与电子技术，2011，33(1): 64-68.
[7] 肖贤杰．基于分布式阵列单元的 MIMO 雷达关键技术研究[D]．北京：中国航天科工集团第二研究院，2012.
[8] 刘波．MIMO 雷达正交波形设计及信号处理研究[D]．成都：电子科技大学，2008.
[9] Yang Y, Blum R. MIMO radar waveform design via alternating projection[J]. IEEE Transactions on Signal Processing, 2010, 58(3):1440-1445.
[10] William R, Petre S. Iterative adaptive approaches to MIMO radar imaging[J]. IEEE Journal of Selected Topics in Signal Processing, 2010, 4(1):5-20.
[11] Tropp J. Design structured tight frames via an alternating projection method[J]. IEEE Transactions on Information Theory, 2005, 51(1):1188-1209.
[12] August W. Rihaczek, Principles of High-Resolution Radar. Mc Graw-Hill Company, 1969.
[13] Gill G S. Step frequency waveform design and processing for detection of moving target in clutter[C]. IEEE International Radar Conference, 1996:573-578.
[14] 郭俊芳．调频步进雷达信号理论与应用研究[D]．南京：南京理工大学，2009.
[15] 龙腾，李眈，吴琼之．频率步进雷达参数设计与目标抽取算法[J]．系统工程与电子技术，2001，23(6):26-31.
[16] 白霞，毛士艺，袁运能．时域合成带宽方法：一种 0.1 米分辨率 SAR 技术[J]．电子学报，2006(3):472-477.
[17] 刘晓宏．高距离分辨成像雷达的信号分析与处理[D]．西安：西安电子科技大学，2006.
[18] Wilkinson A J, Richard T. Stepped frequency processing by reconst ruction of target reflectivity spectrum[C]. IEEE Communications and Signal Processing, 1998:101-104.

第4章 分布孔径雷达合成参数估计与控制

在接收相参处理阶段，为了在收发端实现多个单元孔径的相参处理，需要通过正交波形分离区分出不同到达路径的回波，从回波中估计出单元孔径间的相对延时与相位差作为相干参数的最初估计，用以调整发射信号的起始时刻与相位，从而形成稳定的闭环处理。此过程中，延时、相位的估计误差与控制精度都会影响相参合成的效果，因而参数估计方法、控制方法是分布孔径雷达的一项关键技术。

4.1 合成参数估计误差的影响分析

在收发相参模式下，各单元孔径调整发射参数发射相参波形，目的是使各单元孔径发射信号在目标处相干叠加。如果相参参数估计无误差，N 部单元孔径总体的信噪比的改善因子为 N^3。当参数估计存在误差时，分布式相参合成系统的相参合成效率会受到影响。只有当相参参数估计精度达到收发相参的要求，相参合成系统才可以进入收发相参模式[1]。本节将对相参参数估计误差对相参合成的影响进行分析。

令接收相参模式下相参参数 $\{\tau_i\}_{i=1}^N$、$\{\theta_i^{\mathrm{t}}\}_{i=1}^N$ 和 $\{\theta_i^{\mathrm{r}}\}_{i=1}^N$ 的估计值分别为 $\{\hat{\tau}_i\}_{i=1}^N$、$\{\hat{\theta}_i^{\mathrm{t}}\}_{i=1}^N$ 和 $\{\hat{\theta}_i^{\mathrm{r}}\}_{i=1}^N$，$s(t)$ 为收发相参模式下各个单元孔径发射信号波形，则第 j 个单元孔径实际发射信号的表达式为

$$s(t+\hat{\tau}_j)\exp(-\mathrm{j}\omega_0\hat{\tau}_j-\mathrm{j}\hat{\theta}_j^{\mathrm{t}})\exp(-\mathrm{j}\omega_0 t+\mathrm{j}\theta_j^{\mathrm{t}})\ (j=1,\cdots,N) \tag{4.1}$$

第 j 个单元孔径发射的信号到达目标处时的表达式为

$$\begin{aligned}&a_j s(t+\hat{\tau}_j-\tau_j)\exp(-\mathrm{j}\omega_0\hat{\tau}_j-\mathrm{j}\hat{\theta}_j^{\mathrm{t}})\exp(-\mathrm{j}\omega_0(t-\tau_j)+\mathrm{j}\theta_j^{\mathrm{t}})\\&=a_j s(t+\Delta_j)\exp(-\mathrm{j}\omega_0 t-\mathrm{j}\omega_0\Delta_j-\mathrm{j}\varepsilon_j^{\mathrm{t}})\end{aligned} \tag{4.2}$$

式中：a_j 为信号的幅度；Δ_j 为 τ_j 的估计误差，$\Delta_j=\hat{\tau}_j-\tau_j$；$\varepsilon_j^{\mathrm{t}}$ 为 θ_j^{t} 的估计误差，$\varepsilon_j^{\mathrm{t}}=\hat{\theta}_j^{\mathrm{t}}-\theta_j^{\mathrm{t}}$。

式(4.2)表明,相参参数估计误差将导致各单元孔径发射的信号在到达目标处时产生距离偏移和相位失配,从而使目标处信号的平均功率下降。由式(4.2)可以求出目标处信号的平均功率为

$$\begin{aligned}P(\Delta,\varepsilon) &= \frac{1}{T}\cdot\int_{-\infty}^{\infty}\left|\sum_{j=1}^{N}a_j s(t+\Delta_j)\exp(-\mathrm{j}\omega_0 t-\mathrm{j}\omega_0\Delta_j-\mathrm{j}\varepsilon_j^{\mathrm{t}})\right|^2\mathrm{d}t\\ &= \frac{1}{T}\cdot\sum_{i=1}^{N}\sum_{j=1}^{N}a_i a_j^*\exp(-\mathrm{j}\omega_0\Delta_{ij}-\mathrm{j}\varepsilon_{ij}^{\mathrm{t}})\cdot\int_{-\infty}^{\infty}s(t+\Delta_i)s^*(t+\Delta_j)\mathrm{d}t\\ &= \frac{1}{T}\cdot\sum_{i=1}^{N}\sum_{j=1}^{N}a_i a_j^*\exp(-\mathrm{j}\omega_0\Delta_{ij}-\mathrm{j}\varepsilon_{ij}^{\mathrm{t}})\cdot R_{\mathrm{s}}(\Delta_{ij})\end{aligned}\tag{4.3}$$

式中:$\Delta_{ij}=\Delta_i-\Delta_j$;$\varepsilon_{ij}^{\mathrm{t}}=\varepsilon_i^{\mathrm{t}}-\varepsilon_j^{\mathrm{t}}$;$R_{\mathrm{s}}(\Delta_{ij})=\int_{-\infty}^{\infty}s^*(t)s(t+\Delta_{ij})\mathrm{d}t$;$T$ 为到达目标处的信号的持续时间。

在假定各单元孔径发射信号功率相同和分布式相参合成系统的天线为短基线的情况下,可近似认为

$$a_i=a_j\quad(i=1,\cdots,N;j=1,\cdots,N)\tag{4.4}$$

在此假设下,式(4.3)可写为

$$P(\Delta,\varepsilon)=\frac{1}{T}\cdot|a|^2\sum_{i=1}^{N}\sum_{j=1}^{N}\exp(-\mathrm{j}\omega_0\Delta_{ij}-\mathrm{j}\varepsilon_{ij}^{\mathrm{t}})\cdot R_{\mathrm{s}}(\Delta_{ij})\tag{4.5}$$

如果在收发相参模式下,各单元孔径的发射信号为线性调频信号,调频率为 μ,即发射信号波形可写为

$$s(t)=\exp(\mathrm{j}\pi\mu t^2)\tag{4.6}$$

可以得出式(4.3)中 $R_{\mathrm{s}}(\Delta_{ij})$ 的解析表达式为

$$R_{\mathrm{s}}(\Delta_{ij})=\frac{\sin(\pi\mu\Delta_{ij}(T_{\mathrm{p}}-|\Delta_{ij}|))}{\pi\mu\Delta_{ij}}\tag{4.7}$$

4.1.1 相对延时估计误差

相参合成研究的是如何使目标处信号的平均功率最大。当 $\Delta_{ij}=0,\varepsilon_{ij}^{\mathrm{t}}=0$,$\forall i,j$ 成立时,$P(\Delta,\varepsilon)$ 取最大值

$$P(0,0)=\frac{N^2R_{\mathrm{s}}(0)}{T}\cdot|a|^2\tag{4.8}$$

一般情况下,式(4.8)中取最大值时的理想条件是不可能实现的,为了得知进入收发相参时的参数估计精度要求,需要研究 $P(\Delta,\varepsilon)$ 的特性。

从式(4.7)中 $R_{\mathrm{s}}(\Delta_{ij})$ 的表达式可知,当 $|\Delta_{ij}|$ 较小时,$|R_{\mathrm{s}}(|\Delta_{ij}|)|$ 为单调递

减函数。因此,考虑距离估计误差时,目标处信号平均功率的上限为

$$P(\Delta,\varepsilon) \leqslant \frac{1}{T}\cdot |a|^2 \sum_{i=1}^{N}\sum_{j=1}^{N} |R_s(\Delta_{ij})| \leqslant \frac{N^2 |R_s(\min(|\Delta_{ij}|))|}{T}\cdot |a|^2 \tag{4.9}$$

从式(4.9)可以得出,如果定义目标处信号的平均功率 $P(\Delta,\varepsilon)$ 与 $P(0,0)$ 的比值为相参合成效率 η,分布式相参合成系统的相参合成效率的要求为不小于 η_0 时,这一要求的必要条件为

$$|R_s(\min(|\Delta_{ij}|))| \leqslant \eta_0 R_s(0) \tag{4.10}$$

4.1.2　相对相位估计误差

从式(4.5)可以看出,因为相位 $-\omega_0\Delta_{ij}-\varepsilon_{ij}^{t}$ 的周期变化,$P(\Delta,\varepsilon)$ 的极大值周期出现。为了实现相参合成,Δ_{ij} 和 ε_{ij}^{t} 都应非常小,至少满足 $-\pi \leqslant -\omega_0\Delta_{ij}-\varepsilon_{ij}^{t} \leqslant \pi$,即相位项仅在包含 $P(\Delta,\varepsilon)$ 最大值的周期内变化。另外,参数 ε_{ij}^{t} 与参数 Δ_{ij} 是耦合的,二者都对相参合成后信号的功率表达式的相位有影响,因而,难以单独研究相位估计误差对相参合成效率的影响。

通过 4.1.1 节中参数 Δ_{ij} 对相参合成效率影响的分析,可以得出一个大致的可行参数范围:

$$-\pi/2 \leqslant -\omega_0\Delta_{ij}-\varepsilon_{ij}^{t} \leqslant \pi/2 \tag{4.11}$$

$$|R_s(\min(|\Delta_{ij}|))| \leqslant \eta_0 R_s(0) \tag{4.12}$$

$$\frac{-T_p+\sqrt{T_p^2-4/\mu}}{2} \leqslant \Delta_{ij} \leqslant \frac{T_p-\sqrt{T_p^2-4/\mu}}{2} \tag{4.13}$$

式中:T_p 为发射信号的脉冲宽度。

式(4.13)是为了保证式(4.7)中 Δ_{ij} 位于 $R_s(\Delta_{ij})$ 的“主瓣”范围内,式(4.11)是为了保证 $0 \leqslant \cos(-\omega_0\Delta_{ij}-\varepsilon_{ij}^{t}) \leqslant 1$,因为

$$\begin{aligned} P(\Delta,\varepsilon) &= \frac{1}{T}\cdot |a|^2 \sum_{i=1}^{N}\sum_{j=1}^{N} \exp(-\mathrm{j}\omega_0\Delta_{ij}-j\varepsilon_{ij}^{t})\cdot R_s(\Delta_{ij}) \\ &= \frac{1}{T}\cdot |a|^2 \sum_{i=1}^{N}\sum_{j=1}^{N} R_s(\Delta_{ij})\cdot \cos(\omega_0\Delta_{ij}+\varepsilon_{ij}^{t}) \end{aligned} \tag{4.14}$$

当式(4.11)和式(4.13)均成立时,式(4.14)中的各项均为正数,则 $P(\Delta,\varepsilon)$ 一定为正数。

式(4.11)~式(4.13)均为相参合成效率不小于 η_0 时的必要条件,而非充分条件。目标处信号的平均功率表达式 $P(\Delta,\varepsilon)$ 较为复杂,充分条件的解析形

式难以求出。不过当单元孔径数目 $N=2$ 时,式(4.5)可以表示为

$$
\begin{aligned}
P(\Delta,\varepsilon) &= \frac{1}{T}\cdot |a|^2 \sum_{i=1}^{2}\sum_{j=1}^{2}\exp(-\mathrm{j}\omega_0\Delta_{ij}-\mathrm{j}\varepsilon_{ij}^{\mathrm{t}})\cdot R_{\mathrm{s}}(\Delta_{ij}) \\
&= \frac{1}{T}\cdot |a|^2\cdot(2R_{\mathrm{s}}(\Delta_{12})\cdot\cos(\omega_0\Delta_{12}+\varepsilon_{12}^{\mathrm{t}})+2R_{\mathrm{s}}(0))
\end{aligned} \tag{4.15}
$$

式(4.15)仅含变量 Δ_{12} 和 $\varepsilon_{12}^{\mathrm{t}}$,因而可以通过绘制图像的方法来研究 $P(\Delta,\varepsilon)$ 随参数 Δ_{ij} 与参数 $\varepsilon_{ij}^{\mathrm{t}}$ 的变化情况,从而确定相参参数估计精度要求。

4.1.3 仿真结果

本节通过仿真试验研究合成参数估计误差对相参合成的影响。

仿真参数设置:发射信号为线性调频信号,载频为10GHz,带宽为600MHz,脉宽为16μs。若要求 $\eta_0\geqslant 0.95$,η 随参数 $\varepsilon_{ij}^{\mathrm{t}}$ 与参数 Δ_{ij} 的变化如图4.1所示。由图4.1可以看出,η 对参数 Δ_{ij} 的变化非常敏感,这是因为式(4.15)中,参数 Δ_{ij} 被载频 ω_0 放大,极小的距离估计误差都会引起相位的剧变,导致相参合成的条件难以满足。由前述理论分析和仿真结果可知,单元孔径间延时差对相参合成影响越大,雷达载频越低,相参合成对延时差的要求会相应降低。

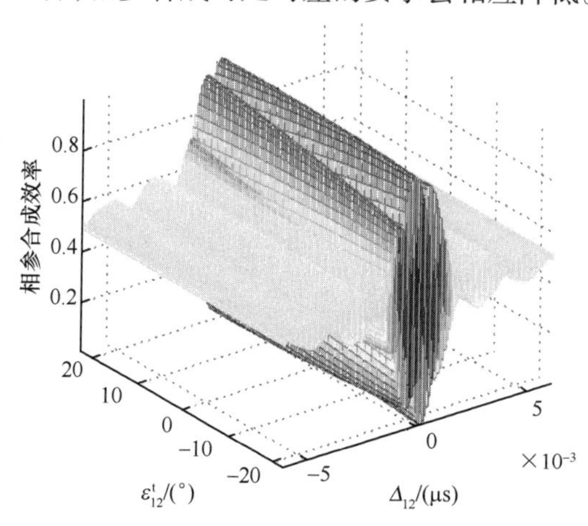

图4.1 Δ_{12} 和 $\varepsilon_{12}^{\mathrm{t}}$ 对相参合成效率的影响

4.2 合成参数估计算法

要实现分布式相参合成系统的收发相参,必须获取目标延迟参数和信号相位参数值。在实际工作环境中,分布式系统收发相参所需要的参数值都是未知

的，只能通过参数估计方法间接得到这些参数的估计值。目前，采用的估计方法主要有峰值法、互相关法和参数化法等。

4.2.1　信号模型

设分布孔径雷达有 k 个孔径天线（$k=1,2$）；$S_k(t)$ 表示第 k 个孔径天线的基带信号；θ_k^{t} 表示第 k 个孔径天线发射时本地振荡器引入的相位，则第 k 个孔径天线发射的信号为 $S_k(t)\exp(-\mathrm{j}2\pi f_{\mathrm{c}}t+\mathrm{j}\theta_k^{\mathrm{t}})$，其中，$f_{\mathrm{c}}$ 为载频。

用 τ_{lk} 表示信号从第 k 个发射机到第 l 个接收机的延时，τ_{k0} 和 τ_{l0} 分别表示信号从第 k 个和第 l 个发射机到目标的延时（实际上也是第 k 个接收机到目标的延时，因为雷达是收发同置的），则 $\tau_{lk}=\tau_{k0}+\tau_{l0}$。用 ξ_{lk} 表示第 k 个发射机发射被第 l 个接收机接收的信号经目标散射及传播后对应的复散射系数，则该条路径的回波信号为

$$\xi_{lk}S_k(t-\tau_{lk})\exp(-\mathrm{j}2\pi f_{\mathrm{c}}(t-\tau_{lk})+\mathrm{j}\theta_k^{t})$$

到达第 l 个接收机的信号是所有发射信号在目标处回波的叠加，即

$$R_l(t)=\sum_{k=1}^{M}\xi_{lk}S_k(t-\tau_{lk})\exp(-\mathrm{j}2\pi f_{\mathrm{c}}(t-\tau_{lk})+\mathrm{j}\theta_k^{\mathrm{t}}) \tag{4.16}$$

第 l 个接收机接收信号时本地振荡器会引入相位 θ_l^{r}，并且经过下变频，即乘以 $\exp(\mathrm{j}2\pi f_{\mathrm{c}}t+\mathrm{j}\theta_l^{\mathrm{r}})$，则接收的信号为

$$R_l(t)=\sum_{k=1}^{M}\xi_{lk}S_k(t-\tau_{lk})\exp(\mathrm{j}2\pi f_{\mathrm{c}}\tau_{lk}+\mathrm{j}\theta_k^{\mathrm{t}}+\mathrm{j}\theta_l^{\mathrm{r}})+e_l(t) \tag{4.17}$$

式中：$e_l(t)$ 表示第 l 个接收机的内部噪声。

利用式(4.17)可写出两个孔径天线的分布孔径雷达信号模型：

$$R_1(t)=\sum_{k=1}^{2}\xi_{1k}S_k(t-\tau_{1k})\exp(\mathrm{j}2\pi f_{\mathrm{c}}\tau_{1k}+\mathrm{j}\theta_k^{\mathrm{t}}+\mathrm{j}\theta_1^{\mathrm{r}})+e_1(t) \tag{4.18}$$

$$R_2(t)=\sum_{k=1}^{2}\xi_{2k}S_k(t-\tau_{2k})\exp(\mathrm{j}2\pi f_{\mathrm{c}}\tau_{2k}+\mathrm{j}\theta_k^{\mathrm{t}}+\mathrm{j}\theta_2^{\mathrm{r}})+e_2(t) \tag{4.19}$$

假设目标非起伏 $\xi_{lk}=\xi$，则

$$\begin{aligned}R_1(t)=&\xi S_1(t-\tau_{11})\exp(\mathrm{j}2\pi f_{\mathrm{c}}\tau_{11}+\mathrm{j}\theta_1^{\mathrm{t}}+\mathrm{j}\theta_1^{\mathrm{r}})\\&+\xi S_2(t-\tau_{12})\exp(\mathrm{j}2\pi f_{\mathrm{c}}\tau_{12}+\mathrm{j}\theta_2^{\mathrm{t}}+\mathrm{j}\theta_1^{\mathrm{r}})+e_1(t)\end{aligned} \tag{4.20}$$

$$\begin{aligned}R_2(t)=&\xi S_1(t-\tau_{21})\exp(\mathrm{j}2\pi f_{\mathrm{c}}\tau_{21}+\mathrm{j}\theta_1^{\mathrm{t}}+\mathrm{j}\theta_2^{\mathrm{r}})\\&+\xi S_2(t-\tau_{22})\exp(\mathrm{j}2\pi f_{\mathrm{c}}\tau_{22}+\mathrm{j}\theta_2^{\mathrm{t}}+\mathrm{j}\theta_2^{\mathrm{r}})+e_2(t)\end{aligned} \tag{4.21}$$

令 $\bar{\xi}=\xi\exp(\mathrm{j}\theta_1^{\mathrm{t}}+\mathrm{j}\theta_1^{\mathrm{r}})$，$\tau_{11}=2\tau_{10}$，$\tau_{22}=2\tau_{20}$，$\tau_{12}=\tau_{10}+\tau_{20}$，则有

$$R_1(t)=\bar{\xi}S_1(t-2\tau_{10})\exp(\mathrm{j}2\pi f_c\cdot 2\tau_{10})$$
$$+\bar{\xi}S_2(t-(\tau_{10}+\tau_{20}))\exp(\mathrm{j}2\pi f_c\cdot(\tau_{10}+\tau_{20})+\mathrm{j}(\theta_2^{\mathrm{t}}-\theta_1^{\mathrm{t}}))+e_1(t) \tag{4.22}$$

$$R_2(t)=\bar{\xi}S_1(t-(\tau_{10}+\tau_{20}))\exp(\mathrm{j}2\pi f_c(\tau_{10}+\tau_{20})+\mathrm{j}(\theta_2^{\mathrm{r}}-\theta_1^{\mathrm{r}}))$$
$$+\bar{\xi}S_2(t-2\tau_{20})\exp(\mathrm{j}2\pi f_c\cdot 2\tau_{20}+\mathrm{j}(\theta_2^{\mathrm{t}}-\theta_1^{\mathrm{t}})+\mathrm{j}(\theta_2^{\mathrm{r}}-\theta_1^{\mathrm{r}}))+e_2(t) \tag{4.23}$$

定义 $\Delta\theta^{\mathrm{t}}=\theta_2^{\mathrm{t}}-\theta_1^{\mathrm{t}},\Delta\theta^{\mathrm{r}}=\theta_2^{\mathrm{r}}-\theta_1^{\mathrm{r}},\bar{\xi}=\xi_{\mathrm{r}}+\mathrm{j}\xi_{\mathrm{i}}$,则最终信号模型为

$$R_1(t)=\bar{\xi}S_1(t-2\tau_{10})\exp(\mathrm{j}2\pi f_c\cdot 2\tau_{10})$$
$$+\bar{\xi}S_2(t-(\tau_{10}+\tau_{20}))\exp(\mathrm{j}2\pi f_c\cdot(\tau_{10}+\tau_{20})+\mathrm{j}\Delta\theta^{\mathrm{t}})+e_1(t) \tag{4.24}$$

$$R_2(t)=\bar{\xi}S_1(t-(\tau_{10}+\tau_{20}))\exp(\mathrm{j}2\pi f_c(\tau_{10}+\tau_{20})+\mathrm{j}\Delta\theta^{\mathrm{r}})$$
$$+\bar{\xi}S_2(t-2\tau_{20})\exp(\mathrm{j}2\pi f_c\cdot 2\tau_{20}+\mathrm{j}\Delta\theta^{\mathrm{t}}+\mathrm{j}\Delta\theta^{\mathrm{r}})+e_2(t) \tag{4.25}$$

$\boldsymbol{\theta}=[\tau_{10},\tau_{20},\Delta\theta^{\mathrm{t}},\Delta\theta^{\mathrm{r}}]^{\mathrm{T}}$ 为待估参数。

4.2.2 峰值法

将式(4.24)中的延时项分别记为 $2\tau_{10}=\tau_1,\tau_{10}+\tau_{20}=\tau_2$。假设采用理想正交波形对混合回波进行匹配滤波,得到分离后的两路信号如下:

$$\begin{cases}R_{11}(t)=\bar{\xi}A(t-\tau_1)\exp(\mathrm{j}2\pi f_c\cdot\tau_1)+e_1(t)\\R_{12}(t)=\bar{\xi}A(t-\tau_2)\exp(\mathrm{j}2\pi f_c\cdot\tau_2+\mathrm{j}\Delta\theta)+e_2(t)\end{cases} \tag{4.26}$$

式中:$A(t)$为信号脉压后的窄脉冲,可以用 sinc 函数或者冲击函数模拟;$e_1(t)$、$e_2(t)$为两路噪声。

下面利用峰值法对两路回波的延时差 $\Delta\tau$ 和发射相位差 $\Delta\theta$ 进行估计。假设目标由单个散射点组成,并且回波的信噪比较强,则目标延时差可以由脉压后的两个尖峰所在位置进行估计。假设两个尖峰的延时估计值分别为$\hat{\tau}_2$、$\hat{\tau}_1$,则延时差估计为

$$\Delta\hat{\tau}=\hat{\tau}_2-\hat{\tau}_1 \tag{4.27}$$

假设两个尖峰位置处的回波相位差为 $\Delta\phi$(总体相位估计值),由

$$\Delta\phi=2\pi f_c\cdot(\tau_2-\tau_1)+\Delta\theta=2\pi f_c\cdot\Delta\tau+\Delta\theta \tag{4.28}$$

可得发射相位差估计为

$$\Delta\hat{\theta}=\Delta\phi-2\pi f_c\cdot\Delta\hat{\tau} \tag{4.29}$$

由式(4.27)和式(4.28)可获得对延时差和发射相位差的估计结果。将两站的估计结果融合处理,可得到最终的估计参数。需要注意的是,因为算法假设前提是单散射点的强目标,所以峰值法在多散射点目标或者信噪比较低时性能较差。

4.2.3　互相关法

互相关方法是最基本的延时估计方法之一[2],根据式(4.26)对分离后的两路滤波信号 $R_{11}(t)$ 和 $R_{12}(t)$ 求互相关函数:

$$\begin{aligned}R_{\mathrm{corr12}}(\tau) &= \mathrm{E}[R_{11}^{*}(t)R_{12}(t+\tau)]\\ &= |\bar{\xi}|^{2}R_{AA}(\tau-(\tau_2-\tau_1))\exp(\mathrm{j}2\pi f_{\mathrm{c}}\cdot(\tau_2-\tau_1)+\mathrm{j}\Delta\theta)+e_3(t)\\ &= |\bar{\xi}|^{2}R_{AA}(\tau-\Delta\tau)\exp(\mathrm{j}2\pi f_{\mathrm{c}}\cdot\Delta\tau+\mathrm{j}\Delta\theta)+e_3(t)\end{aligned} \tag{4.30}$$

式中:$R_{AA}(\tau)$ 为窄脉冲信号 $A(t)$ 的自相关函数,$R_{AA}(\tau)=E[A^{*}(t)A(t+\tau)]$;$e_3(t)$ 为互相关引入的额外噪声项。

根据相关函数的性质,$R_{AA}(\tau-\Delta\tau)$ 和 $R_{\mathrm{corr12}}(\tau)$ 在 $\tau=\Delta\tau$ 时取得峰值,因此可以根据自相关函数 $R_{\mathrm{corr12}}(\tau)$ 峰值点的位置确定延时估计量 $\Delta\hat{\tau}$,同时根据峰值点的相位值 $\Delta\phi=2\pi f_{\mathrm{c}}\cdot\Delta\tau+\Delta\theta$ 获得相位差估计为

$$\Delta\hat{\theta}=\Delta\phi-2\pi f_{\mathrm{c}}\cdot\Delta\hat{\tau} \tag{4.31}$$

由于互相关处理的过程对信号进行了增强,因此互相关算法在复杂目标以及低信噪比的情况下性能要优于峰值法。为了进一步滤除回波信号中的噪声,提高估计精度,还可以采用现代谱估计等参数化滤波方法对回波信号进行预处理,该方法将在下一节介绍。

4.2.4　参数化方法

利用自回归(AR)模型或者自回归滑动平均(ARMA)模型来对超宽带雷达回波信号建模已广泛见诸文献[3],实际上这些建模方法也可以用于参数估计中的预滤波部分,通过提取信号在频域的特征参数来重构信号和滤除噪声,达到提高信噪比的目的。AR 模型由于只利用了传输函数的零点信息,因此对雷达回波的建模不够精确,具体表现为对频域衰减系数的估计精度不够。ARMA 模型同时利用了零点和极点信息,可以更好地估计衰减系数和描述超宽带回波信号,因此提供了更好的估计和滤波性能。下面讨论的参数化滤波方法主要基于 ARMA 模型或者称为状态空间(SS)法(SSA)(由于利用了 ARMA 模型的状态空间表示法),具体算法详述如下。

多散射点目标的宽带回波信号频域模型为

$$y(k) = \sum_{i=1}^{P} a_i \exp(-(\alpha_i + \mathrm{j}2\pi\tau_i)f_k) + w(k) \quad (k = 1,2,\cdots,N) \tag{4.32}$$

式中：P 为散射点个数；a_i、α_i 分别为第 i 个散射点的散射系数和阻尼衰减系数；τ_i 为第 i 个散射点的延时，对应散射点的距离 r_i，且有 $\tau_i = 2r_i/c$；$y(k)$ 为频域采样矢量的第 k 个值，对应频点 $f_k = f_1 + (k-1)\Delta f$（$f_1$ 为采样起始频率；Δf 为频域采样间隔）。

滤波算法的主要目的是从数据序列 $y(k)$ 中估计相应的参数，包括 a_i、α_i 和 τ_i。一般的，可以将数据序列看作一个 ARMA 系统的冲击响应，写成差分方程的形式：

$$y(k) = \sum_{i=1}^{m} d_i y(k-i) + \sum_{j=1}^{q} b_j w(k-j) + b_0 w(k) \tag{4.33}$$

式中：$w(k)$ 为输入；$y(k)$ 为输出。

为方便起见，还可以采用状态空间表示法来对线性因果系统进行描述，上面的 ARMA 模型采用状态空间法可以表示为

$$x(k+1) = \boldsymbol{A}x(k) + \boldsymbol{B}w(k) \tag{4.34}$$

以及

$$y(k) = \boldsymbol{C}x(k) + w(k) \tag{4.35}$$

式中：$x(k) \in \mathbf{R}^{p\times 1}$ 为状态矢量；$\boldsymbol{A} \in \mathbf{R}^{p\times p}$，$\boldsymbol{B} \in \mathbf{R}^{p\times 1}$，$\boldsymbol{C} \in \mathbf{R}^{1\times p}$ 均为常量矩阵；$y(k)$ 为输出。

根据式(4.34)和式(4.35)易得状态空间表示法的转移矩阵为

$$\boldsymbol{H}(z) = \frac{Y(z)}{W(z)} = \boldsymbol{C}(z\boldsymbol{I} - \boldsymbol{A})^{-1}\boldsymbol{B} + 1 \tag{4.36}$$

从数据序列 $y(k)$ 中估计状态空间参数矩阵 $\boldsymbol{A}$、$\boldsymbol{B}$、$\boldsymbol{C}$[3]，并进而可反推出式(4.32)中的参数 a_i、α_i 和 τ_i，即

$$\begin{cases} a_i = \dfrac{(\boldsymbol{C}m_i)(v_i\boldsymbol{B})}{\lambda_i^{f_1/\Delta f}} \\ \alpha_i = -\dfrac{\log|\lambda_i|}{\Delta f} \\ \tau_i = -\dfrac{\Phi_i}{2\pi\Delta f} \end{cases} \tag{4.37}$$

式(4.37)中的 $\lambda_i(1 \leqslant i \leqslant p)$ 是矩阵 $\boldsymbol{A}$ 的 p 个特征值，因此根据 $\boldsymbol{A}$、$\boldsymbol{B}$、$\boldsymbol{C}$ 就得到了所要估计的 p 个散射点参数 a_i、α_i 和 τ_i。

下面具体考虑单元孔径的信号处理方法。主要考虑单个散射点的情况，根

据式(4.26),可以利用本节方法对两路回波 $R_{11}(t)$ 和 $R_{12}(t)$ 分别进行参数估计。假设 $R_{11}(t)$ 的散射点复系数和延时估计值分别为 $\hat{a}_1$、$\hat{\tau}_1$,$R_{12}(t)$ 的散射点复系数和延时估计值分别为 $\hat{a}_2$、$\hat{\tau}_2$,则延时差估计为

$$\Delta\hat{\tau} = \hat{\tau}_2 - \hat{\tau}_1 \tag{4.38}$$

总体相位差估计值为

$$\Delta\hat{\phi} = \arg\left[\frac{\hat{a}_2}{\hat{a}_1}\right] \tag{4.39}$$

式中:arg[·]表示取复角。

进而可得发射相位差估计为

$$\Delta\hat{\theta} = \Delta\hat{\phi} - 2\pi f_c \cdot \Delta\hat{\tau} \tag{4.40}$$

单元孔径估计完成后,将两个单元孔径的估计结果进行融合处理以提高估计精度。

4.3　合成参数控制原理与方法

高精度延时和相位估计是实现分布式孔径信号相参合成的前提与核心,而高精度的相参参数估计需要有高精度的延时和相位控制来匹配,实时精确的相参参数控制是实现相参合成的重要基础。因此,本节主要从延时与相位控制的精度和实时性等方面对分布孔径雷达的合成参数控制方法进行讨论。

4.3.1　延时控制

接收信号的延时控制通常在接收信号处理过程中实现,发射信号的延时控制通常在发射信号形成过程中实现。在接收信号处理和发射信号形成过程中,可以在系统的射频、中频、视频、数字及软件处理过程中对信号延时进行控制。

4.3.1.1　延迟线时间补偿

对应不同的延时处理过程,存在不同的延迟线时间补偿方法:射频信号的延时主要有微波延迟线及光纤延迟线;中频信号的延时主要有中频延迟线及光纤延迟线;视频信号的延时主要有视频延迟线。

下面对光纤延迟线的基本原理进行简要介绍。光纤延迟是指光信号经过一定长度的光纤传输后所产生的时间延迟。光实延时迟线(OTTD)广义上是指任何具有时间延迟功能的传输光信号的光纤或无源光纤网络[4]。这里提到的光延迟线是狭义的,图 4.2 为光纤延迟线单元示意图。将射频电信号及光载波信

号输入电光调制器，电光调制器将射频电信号调制到光载波上，输出携带有电信号信息的光信号，经由光纤链路的传输到达光电检测器(PD)，并将经由射频调制的光信号再变换为原来的射频电信号。输出的射频电信号的频谱完全和输入射频电信号的频谱相同，只是用光纤作为介质延迟了一段时间。也就是说，射频信号瞬时存储在光纤延迟线单元中，存储时间的长短与光纤的长度成正比。

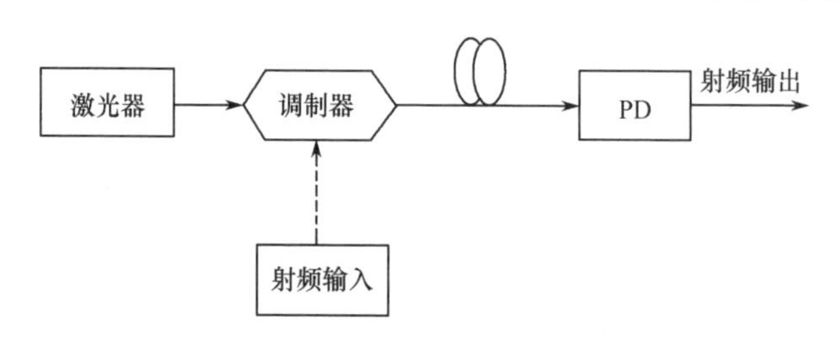

图 4.2　光纤延迟线单元示意图

如图 4.3 所示的线阵排布的分布式雷达系统，在每一个单元孔径之间均设置时间延迟线，图中系统两端的时间延迟线长度与 ΔL 相同，可得第 1 个单元孔径与第 N 个单元孔径之间的延迟线长度为

$$L_0 = L\sin\theta_0 \tag{4.41}$$

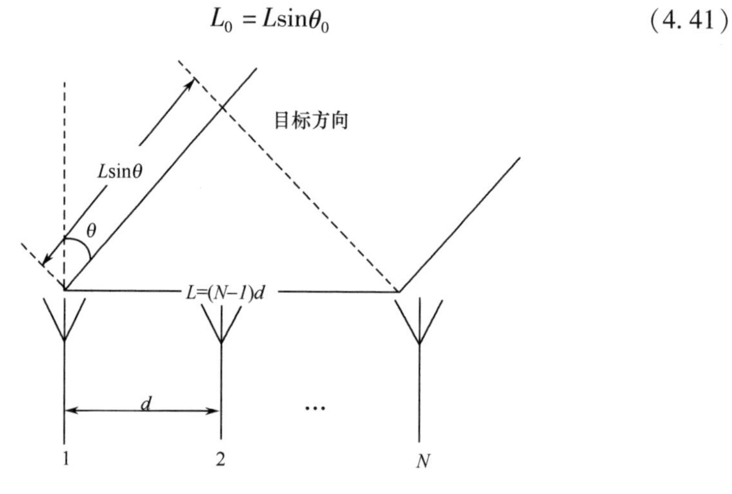

图 4.3　分布式孔径相差合成雷达天线示意图

由式(4.41)可以看出，波束指向与频率无关。这种情况是天线阵列中传输线段完全补偿了空间路程差 ΔL。

在工程实际中，为了便于用计算机进行控制，时间延迟线的补偿一般以波长 λ 的倍数的传输线实现，即按 $m\lambda$ 来实现。采用波长整数时间延迟进行实延时迟线补偿，通常不能恰好完全实现，这样会产生 L_0 补偿的剩余部分，即 $\Delta L = L - m\lambda$ ($m = 0,1,2,\cdots$)，最好情况下，$\Delta L < \lambda$，即小于一个波长，仍要用移相器来补偿。

4.3.1.2 时钟计数法延时

随着数字技术的发展,在基带通过数字延时方法得到了广泛应用。直接采用计数法进行延时是原理最简单,也是最实用方法。延时分辨率为时钟信号的周期。时钟越高,延迟分辨率越高。为了提高计数法的延时分辨率,需要提高时钟信号的频率。目前高速电路的计数频率已达吉赫,对于纳秒级的延时分辨率要求,可以采用极高时钟频率信号进行直接计数。但要实现更高延时分辨率,必须采用其他技术。

基于数字频率合成器(DDS)的采样时钟输出延迟实现原理(图4.4):从基准组件送来200MHz时钟信号进行二倍频,经过放大滤波后,二功分一路送与FPGA,另一路送到直接DDS芯片AD9959作为输入时钟用,AD9959分别输出4路80MHz时钟送给两片AD作为采样时钟用,通过控制AD9959四路时钟输出相位值来改变它们与触发脉冲的延时关系,这样可以对4路输出信号的延时和相位单独控制。

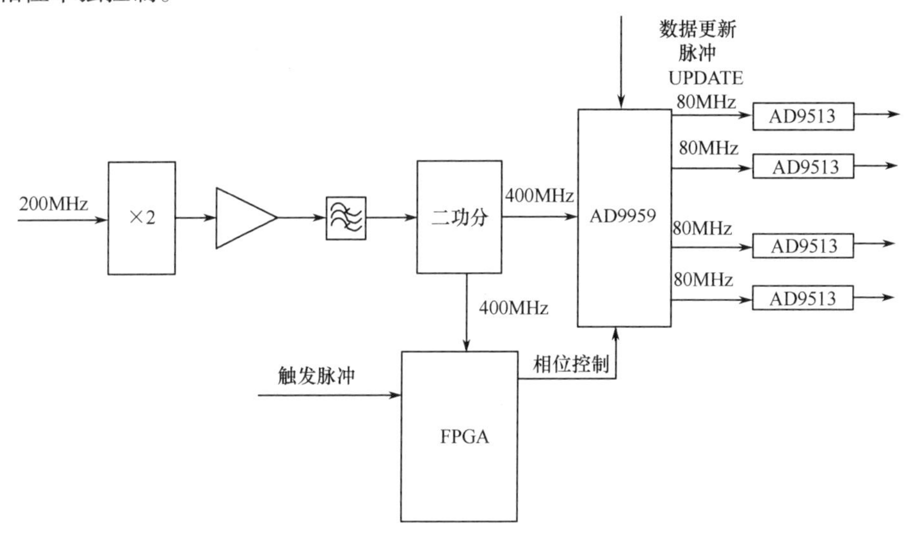

图4.4 基于DDS的采样时钟输出延迟实现原理框图

利用DDS芯片AD9959产生时钟,通过DDS的移相功能,实时调整各路时钟之间的相位差,达到一个时钟周期内精细步进延时的要求。其中,AD9959是产生延时时钟的主要电路,它具有4路完全相同输出的高性能DDS器件,具有最高500MHz的数据转换率,14位移相控制寄存器,能提供$2\pi/2^{14}$的移相精度,移相范围为2π;10位D/A转换器;四路独立DDS,能实现四路信号独立的初始相位设置和实时移相,四路信号共享公共的系统时钟,信号间能做到严格同步。400MHz时钟功分送入FPGA,以发射基准脉冲的第一个脉冲作为计数基准,以发射基准脉冲周期为计数长度产生数据更新脉冲 UPDATE,可以避免数据更新脉冲 UPDATE 与送入 AD9959 的 400MHz 撞沿问题,保证 AD9959 四路时钟输出信号相位稳定。

通过 DDS 芯片 AD9959 相位控制输出 80MHz 送数时钟,理论上能够实现的延时精度为

$$\Delta t = \mathrm{RDW}/(2^{14}f) \tag{4.42}$$

式中:RDW 为相位控制字,最小为 1,$f = 80\mathrm{MHz}$,代入公式可得最小理论延时 $\Delta t_{\min} = 0.76\mathrm{ps}$。

对于 80MHz 时钟能以 0.76ps 的步进实现 12.5ns 的延时,为了保证信号建立和保持时间关系,精细延时只使用到 6.25ns。对于大于 6.25ns 小于 11.6ns 的延时,可采用 AD9513 进行步进约 0.7ns 的粗步进调整。

计数法延时分辨率只有一个时钟周期,要做到小于一个时钟周期延时可以采用移相方法。

4.3.1.3 移相法延时

移相法实现延时能得到更高的延时精度,基本原理如图 4.5 所示。

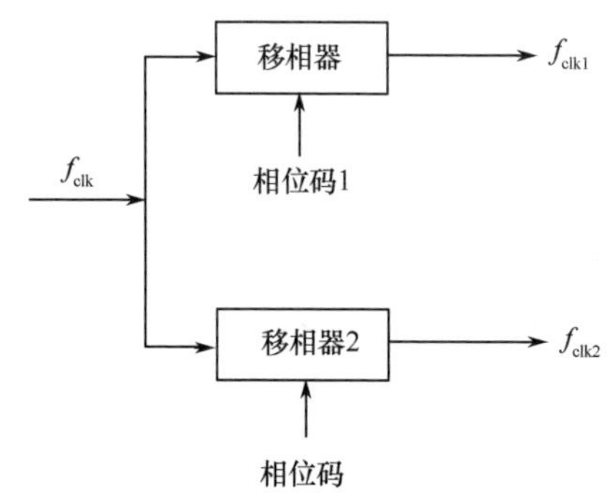

图 4.5 移相法实现精密延时原理

设移相器控制位数为 N,则移相器移相范围为 360°,能提供的移相精度为

$$\delta = \frac{360}{2^N} \tag{4.43}$$

对应的延时精度为

$$\tau = \frac{T}{2^N} \tag{4.44}$$

理论上,此方法精度比计数法提高 2^N 倍。工程实现上的精度还有很多因素需要考虑。

4.3.1.4　多路收发信号调频法延时控制

传统雷达实延时时实现方法主要是通过实时延迟器(TTD)或时间延迟单元(TDU)在射频、中频、视频及光波段上实现。在中频实现 TTD 的方法是将 TTD 安置在通道接收机的中频输出端,实延时迟线长度应是波长的整数倍,结构形式与 PIN 二极管的数字式移相器相同,但延迟线很长且结构庞大[5]。本节介绍一种基于 LFM 信号的中频数字延时控制方法,在已知发射信号相对延时的前提下,根据线性调频信号 $\Delta f = -\mu\Delta t$ 的特点,解算出相对频率差,通过微调中频频率,达到控制相对延时的目的[6]。基于 LFM 信号的中频数字延时控制原理框图如图 4.6 所示。

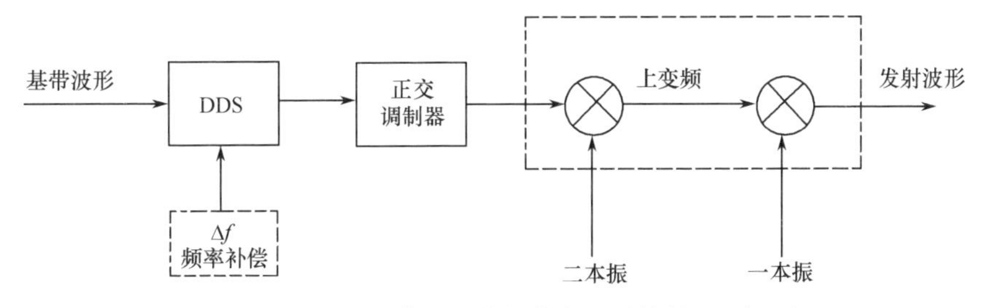

图 4.6　基于 LFM 信号的中频数字延时控制原理框图

中频 LFM 波形产生采用 DDS 实现,将基带波形的采样数据,经过正交调制器产生中频波形。LFM 信号在中频产生,经过二本振和一本振两次上变频形成发射信号。在 DDS 模块内完成频差 Δf 的数字频率微调,完成延时 Δt 的高精度补偿。

设单元孔径数量为 N 个,设 LFM 信号为

$$S_i(t) = \mathrm{rect}\left(\frac{t-t_i}{T}\right)\exp(\mathrm{j}(2\pi f_0 t + \pi\mu(t-t_i)^2 + \varphi_i)) \quad (i=1,2,\cdots,N) \tag{4.45}$$

式中:t 为系统时间变量;t_i 为信号延时;$\mathrm{rect}\left(\frac{t-t_i}{T}\right)$表示宽度为 T 延时为 t_i 的矩形脉冲;f_0 为雷达中心频率;μ 为线性调频系数;φ_i 为初始相位。

中心信号处理系统根据 N 路发射信号间的延时差 Δt,利用线性调频波形时间差与频率差固定成比例的特点 $\Delta f = -\mu\Delta t$,提取各路信号的频率差 Δf。

设 N 路发射信号中任意两路基带线性调频信号 $S_i(t)$ 和 $S_k(t)$ 分别为

$$\begin{cases} S_i(t) = \mathrm{rect}\left(\frac{t-t_i}{T}\right)\exp(\mathrm{j}(\pi\mu(t-t_i)^2 + \varphi_i + 2\pi f_\mathrm{b}(t-t_i))) \\ S_k(t) = \mathrm{rect}\left(\frac{t-t_k}{T}\right)\exp(\mathrm{j}(\pi\mu(t-t_k)^2 + \varphi_k)) \end{cases} \quad (i,k\in[1,N], i\neq k) \tag{4.46}$$

式中：t_k 和 t_i 为信号延时，假设 $t_k > t_i$；f_b 为调节频率；φ_i 和 φ_k 为初始相位。

两个信号的相关结果为

$$S_{ik}(t) = S_i(t)S_k^*(t) = \mathrm{rect}\left(\frac{t-t_{ik}}{T}\right)\exp(\mathrm{j}(2\pi f_{ik}t + \varphi_{ik})) \tag{4.47}$$

$$\begin{cases} t_{ik} = \dfrac{t_i + t_k}{2} \\ f_{ik} = f_b - \mu(t_i - t_k) \\ \varphi_{ik} = \pi\mu(t_i^2 - t_k^2) + 2\pi f_b t_i + (\varphi_i - \varphi_k) \approx 2\pi f_b t_i + \varphi_i - \varphi_k \end{cases} \tag{4.48}$$

式中：$S_k^*(t)$为信号 $S_k(t)$ 的共轭；t_{ik} 为相关信号 $S_{ik}(t)$ 的延时；f_{ik} 为相关信号 $S_{ik}(t)$ 的频率；φ_{ik}相关信号 $S_{ik}(t)$ 的相位；t_k、t_i 为信号延时。

两个信号的相关结果为一单载频信号，延时差 $\Delta t = t_i - t_k$，则相关频率为

$$f_{ik} = f_b - \mu\Delta t \tag{4.49}$$

当 $f_{ik} = 0$ 时，则有

$$f_b = \mu\Delta t \tag{4.50}$$

因此，以第一路单元孔径发射信号 S_1 为基准，其他各路信号对应的相对延时分别为 $\Delta t_{21}, \Delta t_{31}, \cdots, \Delta t_{N1}$，解算出对应的调节频率分别为 $f_{b2}, f_{b3}, \cdots, f_{bN}$（其中，$\Delta t_{i1}$为第 i 路单元孔径发射通道信号与基准信号 S_1 的延时差，f_{bi}为第 i 路发射通道信号相对基准信号 S_1 的调节频率，且 $2 \leqslant i \leqslant N$）。

N 个 DDS 数字频率控制模块根据控制频率 $f_{b2}, f_{b3}, \cdots, f_{bN}$对中频频率进行微调，分别产生调节后的中频频率 $f_{M2}, f_{M3}, \cdots, f_{MN}$（其中，$f_{Mi}$为第 i 路单元孔径发射信号的中频频率，且 $2 \leqslant i \leqslant N$），然后通过各单元孔径波形发生模块产生多路新的发射信号。

延时控制精度为

$$\Delta\hat{t} = f_b/\mu = \frac{f_b}{B/\tau} \tag{4.51}$$

式中：τ 为脉冲宽度；B 为信号带宽。τ 为微秒量级，B 为兆赫量级，采用 48 位数字频率综合器，频率控制精度达到 1.421×10^{-6}Hz，则延时控制精度 $\Delta\hat{t}$达到皮秒量级。同时，波形能量损失小，在 100ns 延时量级，相对于脉宽 100μs 波形，能量损失仅为 1‰。

4.3.2 相位控制

4.3.2.1 发射信号相位控制

发射信号相位控制可以采用模拟移相器实现，也可用数字移相器实现。模

拟移相器稳定性差,精度也很难做高。数字移相器精度高,稳定性好,因此本节主要介绍用数字移相器实现相位控制的方法。

由于雷达载频较高,在射频实现数字移相工程上非常困难,一般在中频实现。现代雷达窄带发射波形一般采用数字正交调制方法产生,通过对正交调制的数字本振移相实现对发射波形的移相,工程上实现较容易。发射信号相位实时控制原理框图如图 4.7 所示。发射信号所需调整相位可以在相位累加器输出端加入,相位寄存器控制码在触发脉冲来之前送入,在触发脉冲到来时有效。数字移相器移相步进由相位寄存器位数 N 决定:

$$\delta = \frac{360}{2^N} \tag{4.52}$$

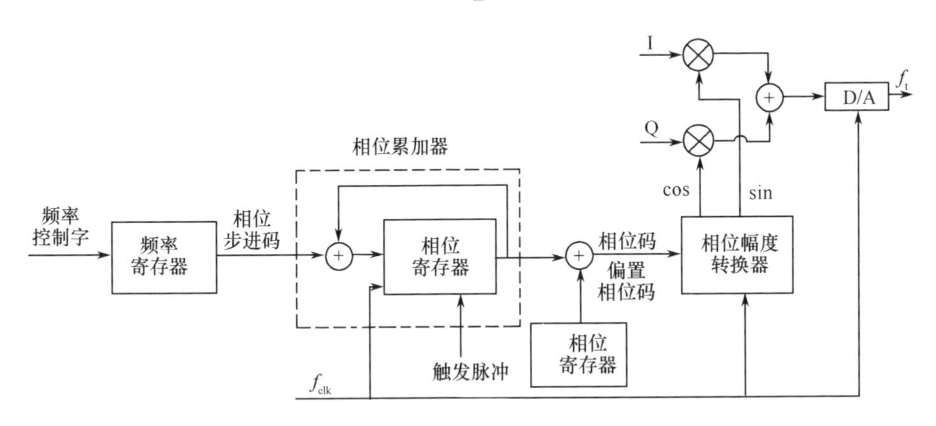

图 4.7　发射信号相位实时控制原理框图

例如,AD 公司生产的 AD5686 相位寄存器是 16 位的,能达到的移相步进精度是 0.0055°。

4.3.2.2　接收信号相位控制

接收信号相位控制通过雷达频综系统数字下变频器的数字控制振荡器(NCO)实现[7],接收信号相位控制方法如图 4.8 所示。

NCO 是正交数字混频器的核心部分,它具有频率分辨率高、频率变化速度快、相位可连续变化和生成的正弦/余弦信号正交特性好等特点。NCO 的相位、幅度均已数字化,可以进行高精度的数字调制解调。由图 4.8 可见,频率寄存器将接收到的频率控制字送入相位累加器,相位累加器对系统时钟进行计数,每到达输入频率控制字的值即对相位进行累加,随后将累加值送入相位累加器,与相位寄存器接收到的初始相位进行相加,得到当前的相位值。将该值作为取样地址值送入相位转换电路,查表获得正余弦信号样本,然后通过正交解调和可编程有限脉冲响应(FIR)滤波器(PFIR)输出 I、Q 两路信号。其中,相位累加器是决

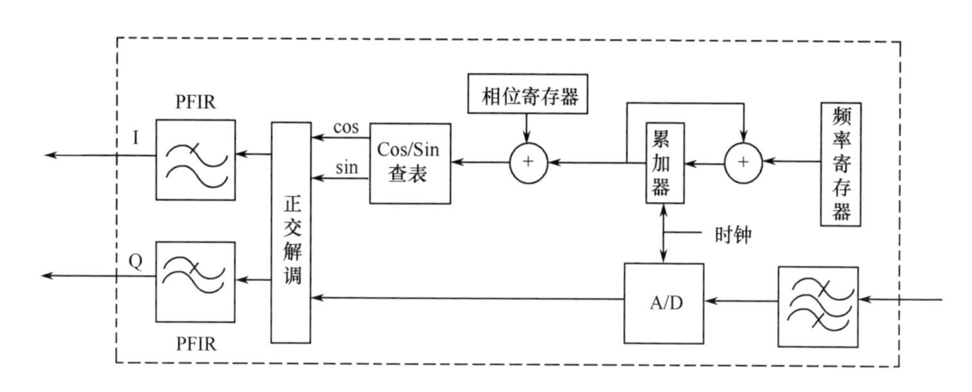

图 4.8　接收信号相位控制方法

定 NCO 性能的一个关键模块,可以采用进位链和流水线技术相结合的办法,既保证具有较高的资源利用率,又能大幅度提高系统的性能和速度。

下面以美国 TI 公司的宽频带四通道数字上/下变频转换器 GC5016 为例,对相位补偿精度进行简要分析。在下变频模式,NCO 设置到选定的载频上,通过混频器将信号载频变为零中频,混频后 CIC 滤波器对信号进行滤波和抽取,抽取率为 1 ~256 之间的任意整数,可编程 FIR 滤波器的抽取率为 1 ~16 之间的任意整数,最后信号进行增益调整,并产生 16 位的输出,完成数字信号的下变频。利用 GC5016 的 NCO 调相功能进行通道间相位补偿:

$$\text{Phase} = 2^{16} \times (\text{ph}/2\pi) \tag{4.53}$$

式中:Phase 为相位控制字,最小为 1,代入公式可得最小理论移相 $\Delta ph_{min} = 0.0055°$。

参考文献

[1] 金明. 分布式发射阵列下目标回波相关性分析[J]. 中国科学:信息科学, 2010, 40(7): 968 -975.

[2] 张光斌. 双/多基地雷达参数估计算法研究[D]. 西安:西安电子科技大学, 2006.

[3] Kung S Y. State-space singular value decomposition based methods for the harmonic retrieval problem[J]. Journal of the Optical Society of America, 1983, 73(12): 1799 -1811.

[4] 王惠文, 江先进. 光纤传感技术与应用[M]. 北京:国防工业出版社, 2001.

[5] 张光义, 赵玉洁. 相控阵雷达技术[M]. 北京:电子工业出版社, 2006.

[6] 万永伦, 如强, 汪学刚. 超宽带线性调频信号线性度的测量方法[J]. 电子测量与仪器学报, 2007, 21(4):55 -58.

[7] 张厥盛, 曹丽娜. 锁相与频率合成技术[M]. 成都:电子科技大学出版社, 2009.

第5章 分布孔径雷达布阵原则与测角

由于分布孔径雷达具有特殊的工作体制，其单元孔径间的基线长短对于接收相参和收发全相参等工作模式下的能量聚集效率具有很大的影响，必须深入分析基线长度与探测距离、雷达波长和目标尺寸间的关系，明确基线长度选择的一般性原则，为阵列的排布提供重要的指导。

同时，在经典相控阵天线设计过程中，为保证在雷达可视区内不出现栅瓣，通常要求相邻阵元的间距应不大于 $\lambda/2$。满足上述要求的阵列常称为满阵，否则称为稀疏阵。分布孔径雷达由于单元孔径间的基线长度一般远大于 $\lambda/2$，属于典型的稀疏阵列，面临着严重的栅瓣或高旁瓣干扰，给目标的正确检测、精密跟踪和高精度测量带来了困难，必须予以抑制。

此外，由于分布孔径雷达由独立工作的单元孔径组成，若要利用其超大孔径的特点提高测角精度和分辨率，必须充分使用各单元孔径的接收数据，从而形成联合测向的工作模式。该测向方式与传统基于单部雷达的测向方式有很大不同，需要将单脉冲侧角、空间谱估计等已有方法进行推广，从而能够在分布孔径雷达中得到有效应用。

本章围绕上述几个问题展开研究与分析。

5.1 基线设计原则

为实现发射相参，必须保证回波信号的相参性，其中单元孔径间的基线长短是决定相参合成效果的重要因素，本节围绕此问题给出详细的分析。

5.1.1 回波相关准则

接收相参的阶段类似 MIMO 工作模式。统计 MIMO 采用空间分集技术，使得雷达的多个通道相互统计独立，从而出现同时衰落的概率很小。在此基础上，通过平均处理即可抑制目标的角闪烁，这能显著提高目标的检测性能(如反隐身、抗反辐射导弹、抗摧毁等能力)。空间分集的布站要求为[1,2]

$$L_{\mathrm{t}} \geqslant R_{\mathrm{t}} \frac{\lambda}{D_{\mathrm{Tt}}} \quad \text{（发射分集）} \tag{5.1}$$

$$L_{\mathrm{r}} \geqslant R_{\mathrm{r}} \frac{\lambda}{D_{\mathrm{Tr}}} \quad \text{（接收分集）} \tag{5.2}$$

式中：L_{t} 为发射基线长度；R_{t} 为发射距离；λ 为雷达工作波长；D_{Tt}为发射向的目标尺寸；L_{r}为接收基线长度；R_{r}为接收距离；D_{Tr}为接收向的目标尺寸。

相参合成必然需要回波相关，则回波相关的布站要求为

$$L_{\mathrm{t}} < R_{\mathrm{t}} \frac{\lambda}{D_{\mathrm{Tt}}} \quad \text{（发射相关）} \tag{5.3}$$

$$L_{\mathrm{r}} < R_{\mathrm{r}} \frac{\lambda}{D_{\mathrm{Tr}}} \quad \text{（接收相关）} \tag{5.4}$$

也可改写为

$$D_{\mathrm{Tt}} < R_{\mathrm{t}} \frac{\lambda}{L_{\mathrm{t}}} \quad \text{（发射相关）} \tag{5.5}$$

$$D_{\mathrm{Tr}} < R_{\mathrm{r}} \frac{\lambda}{L_{\mathrm{r}}} \quad \text{（接收相关）} \tag{5.6}$$

直观的解释就是基线对目标波束宽度不可分辨，也可理解为目标对基线波束宽度不可分辨（图 5.1）。

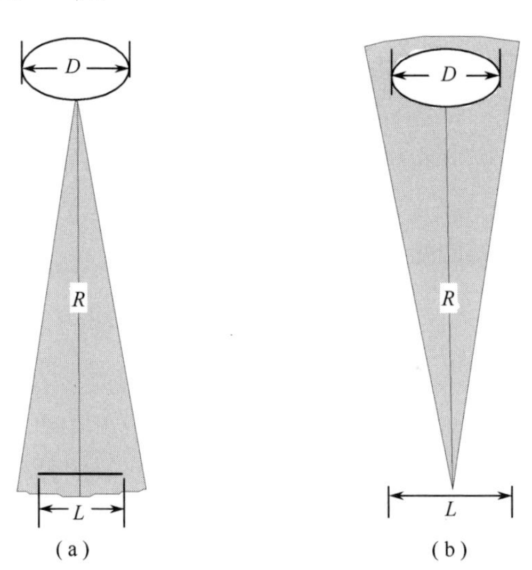

图 5.1　回波相关准则概念示意图

显然，基线选择与探测距离、雷达波长和目标尺寸有关。当探测目标类型确定、雷达工作波长确定、探测距离确定时，基线长度的最大值便可确定。

5.1.2　信号相参准则

根据天线理论,天线周围的场区分为三部分[3](图 5.2):

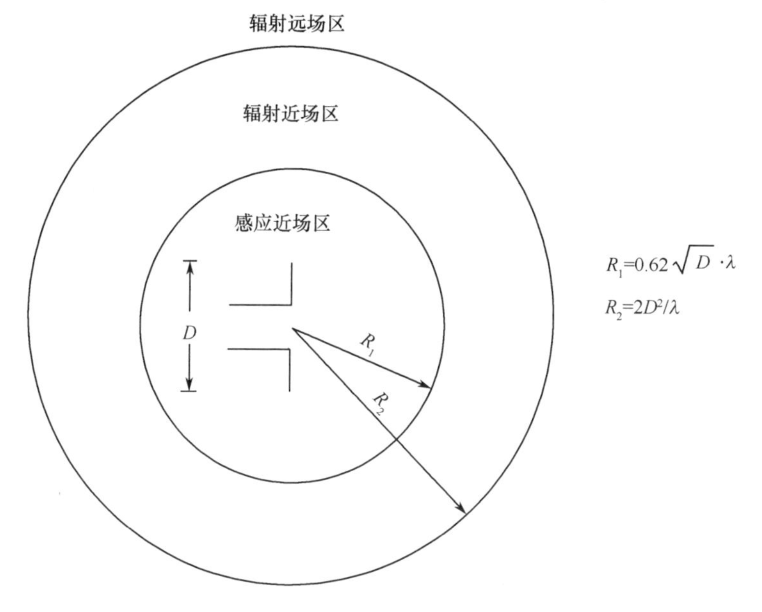

图 5.2　天线的场区分布

(1) 感应近场区:指很靠近天线的区域,在这个区域不辐射功率,电场能量和磁场能量相互交替地储存于天线附近的空间内,感应场随离开天线距离的增加而极快衰减。

(2) 辐射近场区:电场的相对角分布(方向图)与离开天线的距离有关,即在不同距离处的天线方向图是不同的。这是由于天线各辐射元所建立场的相对相位关系是随距离而变的,以及这些场的相对振幅随距离而改变。

(3) 辐射远场区:辐射近场区以外就是辐射远场区。这个区域里的特点:①场的大小与离开天线的距离成反比;②场的相对角分布与离开天线的距离无关;③方向图主瓣、旁瓣和零值点已全部形成。

辐射远场的边界条件[4]为

$$R_0 = \frac{2D^2}{\lambda} \tag{5.7}$$

式中:D 为天线的最大尺寸;λ 为雷达工作波长。

该准则的核心是相位差不超过 $360°/16 = 22.5°$。

回波相参是保证各单元孔径间的信号有确定关系,不依赖距离而变化。因此,回波相参的基线选择准则为

$$L \leqslant \sqrt{\frac{R\lambda}{2}} \tag{5.8}$$

该准则的基线选择仅与探测距离和雷达波长有关。当雷达工作波长确定、探测距离确定时，基线长度便可确定。

5.1.3 典型算例

由上述内容可知，基于两个准则的基线选择都与距离有关，因此本节针对P、C、X 三种典型信号频段，通过设定几种典型最小作用距离，依据回波相关准则和回波相参准则计算出相应频段的基线长度。单元孔径数量为两个，计算结果见表5.1～表5.3。

表5.1 回波相关准则算例($\Delta t = 5$m)

最小距离 R	P 频段(0.5GHz)	C 频段(5GHz)	X 频段(10GHz)
150m	18m	1.8m	0.9m
5km	600m	60m	30m
50km	6km	600m	300m
500km	60km	6km	3km

表5.2 回波相关准则算例($\Delta t = 30$m)

最小距离 R	P 频段(0.5GHz)	C 频段(5GHz)	X 频段(10GHz)
150m	3m	0.3m	0.15m
5km	100m	10m	5m
50km	1km	100m	50m
500km	10km	1km	500m

表5.3 回波相参准则算例

最小距离 R	P 频段(0.5GHz)	C 频段(5GHz)	X 频段(10GHz)
150m	6.7m	2.2m	1.5m
5km	38.8m	12.3m	8.7m
50km	122.5m	38.8m	27.4m
500km	387.3m	122.5m	86.6m

因此，综合考虑以上两种基线长度选择准则，可得出一般基线的选择依据为

$$L = \min\left(R_{\min}\frac{\lambda}{D_{\mathrm{T}}}, \sqrt{\frac{R_{\min}\lambda}{2}}\right) \tag{5.9}$$

此外，当目标距离小于相参合成的最小作用距离，且在单元孔径威力范围内时，单部单元孔径就可以实现跟踪测量，可以不进行相参合成。此时可以参照回

波相参准则作为基线选择依据,因为回波相参准则比回波相关准则更为严格。

5.2　稀疏阵列的栅瓣抑制方法

5.2.1　稀疏阵列方向图

由 M 部单元孔径组成的分布孔径雷达线性阵列如图 5.3 所示。以单元孔径 1 的相位参考点 O 作为雷达阵列的相位参考点,第 m 部单元孔径相位参考点到 O 点的距离 $D_m = \sum_{m'=1}^{m} \overline{D}_{m'} (m' = 1,2,3,\cdots,M)$,$\overline{D}_{m'}$ 为相邻单元孔径相位中心距离,$\overline{D}_1 = 0$。

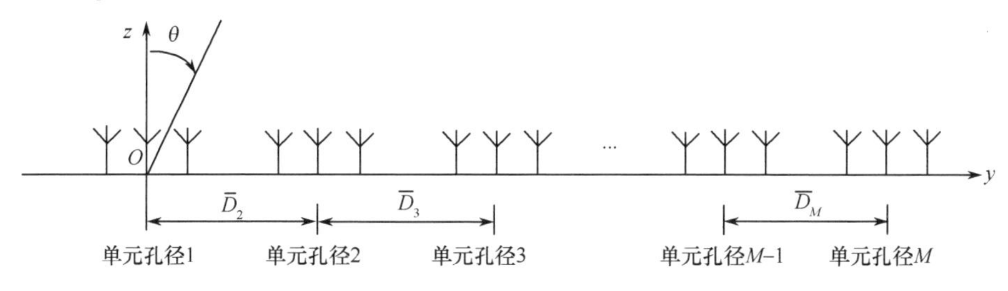

图 5.3　分布孔径雷达线性阵列图

根据方向图相乘原理,分布孔径雷达接收方向图可表示为阵因子与单元孔径天线方向图的乘积形式,即

$$F(\theta) = F_a(\theta) \cdot F_e(\theta) \tag{5.10}$$

式中:$F_a(\theta)$为阵因子;$F_e(\theta)$为单元孔径天线方向图。且有

$$F_a(\theta) = \sum_{m=1}^{M} \exp\left(j \frac{2\pi}{\lambda} D_m (\sin\theta - \sin\theta_0) \right) \tag{5.11}$$

其中:$j = \sqrt{-1}$;θ_0 为波束指向。

若单元孔径为相控阵,天线单元间距为 d,单元数为 N,则 $F_e(\theta)$为

$$F_e(\theta) = \sum_{n=1}^{N} \exp\left(j \frac{2\pi}{\lambda} (n-1) d (\sin\theta - \sin\theta_0) \right) \tag{5.12}$$

5.2.2　栅瓣抑制方法

在单元孔径间距均匀的情况下,栅瓣位置由下式决定:

$$\sin\theta_q - \sin\theta_0 = \pm \frac{\lambda}{\overline{D}} q \tag{5.13}$$

式中：θ_q 为栅瓣所在角度；θ_0 为波束指向；$\bar{D}$ 为单元孔径间距；$q=0,1,2,\cdots,q=0$ 时代表波束最大值指向，$q\neq0$ 时代表栅瓣位置。

在单元孔径采取参差间距情况下，只有在某一角度上相对于不同单元孔径间距同时出现栅瓣时，才会形成参差后的合成栅瓣。根据理论分析，如果各个单元孔径之间的间隔为 $K_1l_1,K_2l_1,\cdots,K_Ml_1$（其中 $K_1,K_2,\cdots,K_M$ 为互质数），则距波束方向最近的栅瓣位置为

$$\sin\theta-\sin\theta_0=K_1\frac{\lambda}{K_1l_1}=K_2\frac{\lambda}{K_2l_1}=\cdots=K_M\frac{\lambda}{K_Ml_1}=\frac{\lambda}{l_1} \tag{5.14}$$

将单元孔径间采用均匀间距的合成阵列方向图与单元孔径间采用参差间距的合成阵列方向图对比，绘制方向图如图 5.4 和图 5.5 所示。图 5.4 中单元孔径间为均匀间距 100λ，图 5.5 中单元孔径间采用参差间距分别为 100λ、150λ、

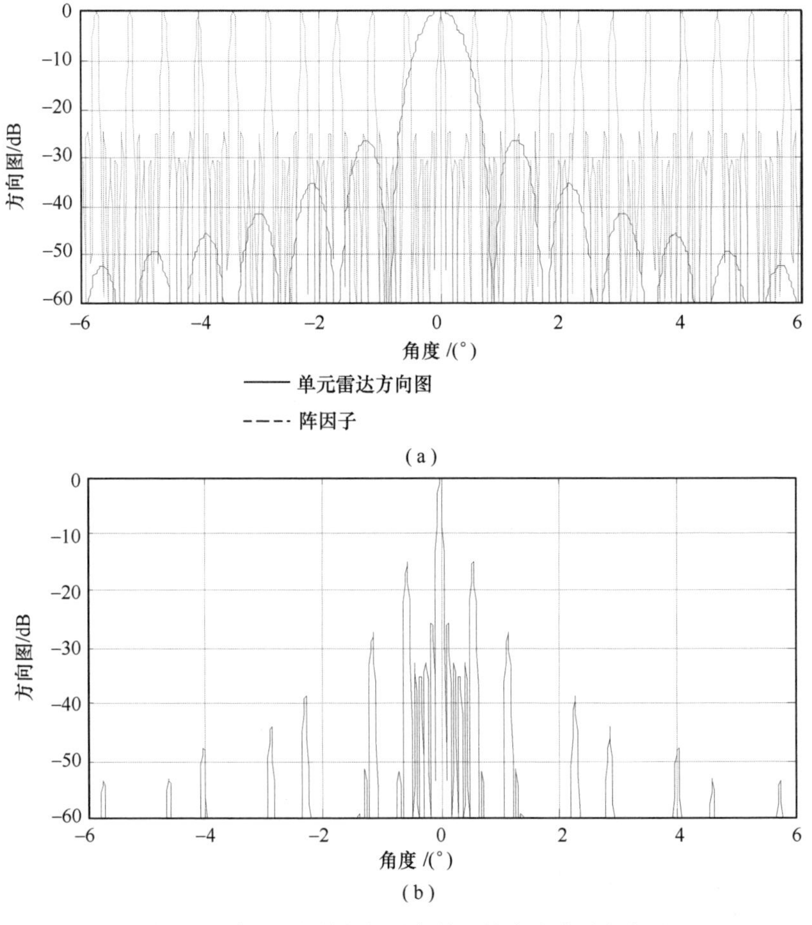

图 5.4　单元孔径均匀间距条件下的合成阵列方向图

(a)阵因子与单元孔径方向图；(b)合成阵列方向图。

180λ,单元孔径长度为 66λ。由 $\sin\theta = n\lambda/d$ 得到图 5.4 的第一栅瓣位置在 0.57°,处于单元孔径方向图主瓣内,由方向图相乘原理,合成阵列方向图中形成一个较高副瓣。由式(5.14)得到图 5.5 的第一栅瓣位置在 5.74°,处于单元孔径副瓣范围,由方向图相乘原理形成较低副瓣,阵列方向图副瓣区域是由参差后阵因子曲线不平坦所导致的。

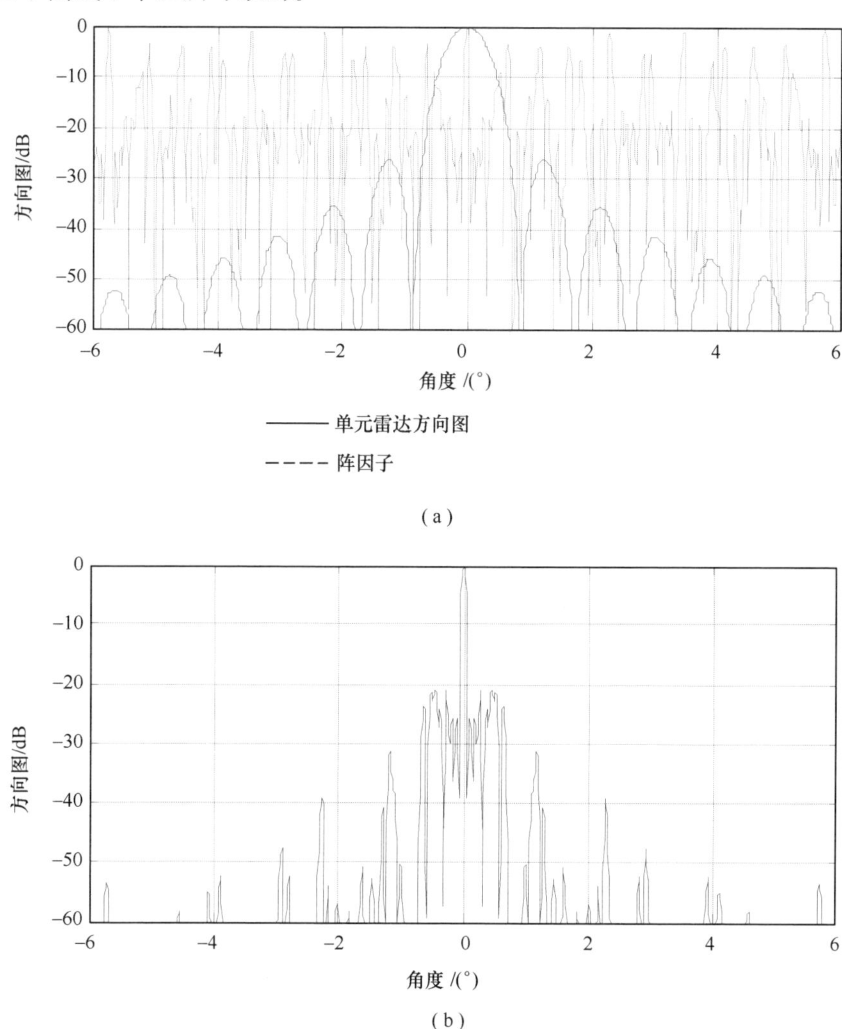

图 5.5 单元孔径参差间距条件下的合成阵列方向图

(a)阵因子与单元孔径方向图;(b)合成阵列方向图。

不失一般性,此处假设每个单元孔径均为一维线性阵列,其他场景可进行类推。在此基础上,讨论了三类常用的栅瓣抑制方法,每类方法又有不同的算法实现,实际使用时可根据具体情况选择使用或综合应用。

5.2.2.1 随机布阵法

该方法的基本思想是非周期地排布阵列单元，使其排布不再具有规律性，从而避免在整个视场范围内产生模糊栅瓣。但上述处理过程往往伴随着高的副瓣，必须合理选择阵元位置，使稀布阵列在抑制栅瓣的同时拥有较低的副瓣[5]。

上一小节的分析结果表明，对于拥有 M 个均匀线阵的分布孔径雷达，如果每个子阵拥有相同的阵元数 K_c，且排在同一条直线上，则其功率方向图可以写成

$$
\begin{aligned}
G_{\theta_s}(\theta_t) &= \frac{|\boldsymbol{a}_{\text{sparse}}^{\text{H}}(\theta_s)\boldsymbol{a}_{\text{sparse}}(\theta_t)|^4 |\boldsymbol{a}_{\text{subarray}}^{\text{H}}(\theta_s)\boldsymbol{a}_{\text{subarray}}(\theta_t)|^4}{K_c^4 M^4} \\
&= |G_{\theta_s}^{\text{sparse}}(\theta_t) \times G_{\theta_s}^{\text{subarray}}(\theta_t)|^2
\end{aligned}
\tag{5.15}
$$

式中：$G_{\theta_s}^{\text{sparse}}(\theta_t)$ 为稀疏阵列方向图；$G_{\theta_s}^{\text{subarray}}(\theta_t)$ 为单个阵列的方向图。且有

$$
G_{\theta_s}^{\text{sparse}}(\theta_t) = \frac{|\boldsymbol{a}_{\text{sparse}}^{\text{H}}(\theta_s)\boldsymbol{a}_{\text{sparse}}(\theta_t)|^2}{M^2}
\tag{5.16}
$$

表示为

$$
\begin{aligned}
G_{\theta_s}^{\text{sparse}}(\theta_t) &= \frac{|\boldsymbol{a}_{\text{sparse}}^{\text{H}}(\theta_s)\boldsymbol{a}_{\text{sparse}}(\theta_t)|^2}{M^2} \\
&= \frac{\left|\sum_{i=1}^{M} \exp\left(\text{j}\frac{2\pi}{\lambda} d_i^{\text{sub}}(\sin\theta_t - \sin\theta_s)\right)\right|^2}{M^2}
\end{aligned}
\tag{5.17}
$$

分析式(5.15)中的波束方向图表达式不难看出，由于单元孔径的波束方向图 $G_{\theta_s}^{\text{subarray}}(\theta_t)$ 已知，$G_{\theta_s}(\theta_t)$ 仅取决于稀疏阵列的波束方向图 $G_{\theta_s}^{\text{sparse}}(\theta_t)$。也就是说，$G_{\theta_s}(\theta_t)$ 实际上仅取决于 $M-1$ 个变量 $d_i^{\text{sub}}(i=2,\cdots,M)$。在上一节的分析中，还注意到位于单元孔径天线波束方向图旁瓣区域的栅瓣经过旁瓣加权之后响应较低，因此本小节主要针对主瓣区域内的总波束方向图 $G_{\theta_s}(\theta_t)$ 进行优化。相应地，优化问题变为最小化 $G_{\theta_s}(\theta_t)$ 的旁瓣（非主波束指向的方向图极值），其中 $\theta_t \in G_{\theta_s}^{\text{subarray}}(\theta_t)$ 的主瓣区域，待优化变量为 $d_i^{\text{sub}}(i=2,\cdots,M)$。

由于该优化问题的目标函数（$G_{\theta_s}(\theta_t)$ 的旁瓣）是一个高度非线性的函数，且 $G_{\theta_s}(\theta_t)$ 旁瓣所处的位置取决于待优化变量 d_i^{sub}，因此通过常规方法较难得到 d_i^{sub} 的最优解，需要采用各类优化算法进行求解。

常用的单元孔径位置优化算法有遗传算法、模拟退火法、粒子群法和动态规划法等。第3章已对遗传算法进行了详细描述，因此本小节只给出利用该算法进行阵元位置优化的过程。具体如下：

步骤 1:遗传算法初始化。

(1) 确定单元孔径波束方向图的主瓣所处区间;

(2) 确定遗传算法中的个体数目以及最大遗传代数等;

(3) 给定一定数目的单元孔径,确定单元孔径之间间距的上、下限。

步骤 2:主要分为如下三个步骤。

(1) 计算主瓣区间内的波束方向图;

(2) 计算最大旁瓣的高度;

(3) 分配适应度值,开始选择、重组以及变异。

步骤 3:是否达到最大遗传代数,若未达到最大遗传代数,回到步骤 2;否则结束。

对该方法进行仿真分析。假设每部单元孔径都为相同均匀线阵,雷达波长为 0.03m,每部单元孔径内的天线单元间距为 0.015m。

仿真一:单元孔径数、孔径间距与最大栅瓣算例,计算结果见表 5.4。由表 5.4 可以看出,当单元孔径数目增加时,波束方向图中的最高栅瓣有所下降。

表 5.4　几种典型单元孔径数与孔径间距对应的最大栅瓣

单元孔径的数目	优化的单元孔径间距/m	最高栅瓣/dB
2	5.01	-5
3	5.08,9.31	-5.99
4	8.38,5.02,5.01	-7.97
5	8.09,5.01,5.011,5.126	-8.65

仿真二:单元孔径数固定($M=3$)、单元孔径间距上限固定为 10m 条件下,单元孔径间距下限对最高栅瓣的影响算例,计算结果见表 5.5。由表 5.5 可以看出,当单元孔径数目和单元孔径间距上限固定(本次算例为 3 个孔径、间距上限 10m)时,单元孔径间距下限越小,最高栅瓣越低。同时可以发现,当单元孔径间距的下限超过一定值时,单元孔径间距的最优配置结果是其中一个间距为单元孔径间距上限,另外一个间距配置为单元孔径间距下限(本次算例中间距下限分别为 6m、7m、8m 即符合)。

表 5.5　孔径间距下限对最高栅瓣的影响(3 个孔径、间距上限 10m)

单元孔径的间距下限/m	优化的单元孔径间距/m	最高栅瓣/dB
4	4,4	-9.1
5	5.08,9.31	-5.99
6	6,10	-4.49
7	7,10	-3
8	8,10	-2

仿真三:单元孔径数固定($M=3$)、单元孔径间距下限固定为5m条件下,单元孔径间距上限对最高栅瓣的影响算例,计算结果见表5.6。由表5.6可以看出,当单元孔径数目和单元孔径间距下限固定(本次算例为3个孔径、间距下限5m)时,当单元孔径间距的上限超过一定值时,优化结果不变。因此,当单元孔径间距的下限给定时,单元孔径间距上限存在一个阈值,在阈值之上进一步提高间距上限时,对阵列构型的配置结果影响不大(本次算例中间距上限超过10m时即符合)。

表5.6　孔径间距上限对最高栅瓣的影响(3个孔径、间距下限5m)

单元孔径的间距上限/m	优化的单元孔径间距/m	最高栅瓣/dB
8	5,5	-5.56
10	5.08,9.31	-5.99
15	5.08,9.31	-5.99
20	5.08,9.31	-5.99

仿真四:单元孔径数固定($M=3$)时,不同单元孔径间距下限对应的单元孔径间距上限阈值算例,计算结果见表5.7。由表5.7可以看出,当单元孔径数目固定时,如果提高单元孔径的间距下限,单元孔径间距上限门限增加,栅瓣高度会相应增加。

表5.7　不同单元孔径间距下限所对应的单元孔径上限阈值(3个孔径)

单元孔径的间距下限/m	优化的单元孔径间距/m	间距上限阈值/m	最高栅瓣/dB
5	5.08,9.31	9.31	-5.99
8	8,13.13	13.13	-3.48
10	10,15.89	15.89	-2.79
15	15.09,23.20	23.20	-2.11

仿真五:单元孔径数固定($M=3$)、单元孔径间距下限固定(5m)、单元孔径间距上限固定(10m)时,改变单元孔径天线尺寸对最高栅瓣的影响算例,计算结果见表5.8。由表5.8可以看出,当单元孔径的数目、单元孔径间距下限、单元孔径间距上限均固定时,单元孔径天线尺寸越大,最高栅瓣越低。

表5.8　单元孔径天线尺寸对最高栅瓣的影响
(3个孔径、间距下限5m、上限10m)

单元孔径天线尺寸/m	优化的单元孔径间距/m	最高栅瓣/dB
2	5,8.31	-3.73
3	5.08,9.31	-5.99
4	5,5	-10.55

通过以上仿真算例可知,当单元孔径均为具有相同阵元数的线性阵列时,如果各个单元孔径排在一条直线上,那么总的合成波束方向图取决于单元孔径之间的间距,优化雷达合成波束方向图等价于优化单元孔径间距。通过优化仿真,不难看出影响雷达合成波束方向图栅瓣高度的因素主要有单元孔径的数目、天线尺寸以及彼此间距等。

5.2.2.2　虚拟阵元法

通过各单元孔径的接收数据,在其单元孔径间构造虚拟阵元,变稀疏阵列为满阵,从而消除栅瓣现象[6]。为便于论述,本节以两个均匀线阵(ULA)为例进行讨论,如图 5.6 所示,图中实心圆代表真实的物理阵元,空心圆代表需要构造的虚拟阵元,具有多个单元孔径的稀疏阵列情况可进行简单的类推。

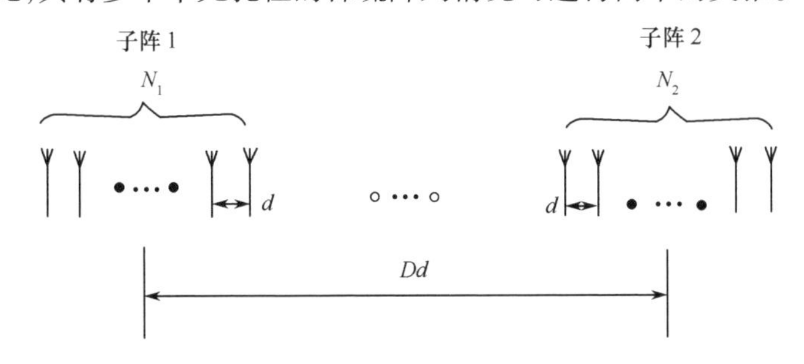

图 5.6　两个 ULA 子阵的分布图

由图 5.6 可知,单元孔径中每个阵元的接收信号表示为

$$\begin{aligned} x_n(t) &= \sum_{k=1}^{K} u_k(t)\exp[\mathrm{j}\varphi_k(t)] \times \exp\left[-\frac{\mathrm{j}\omega_c d\sin\theta_k}{c}(n-1)\right] + e_n(t) \\ &= \sum_{k=1}^{K} a_k b_k^{n-1} + e_n(t) \quad (n = 1,2,\cdots,N_1,D+1,D+2,\cdots,D+N_2) \end{aligned} \tag{5.18}$$

式中:每个单元孔径中的阵元间距均为 d 且不大于 $\lambda/2$;Dd 为两个单元孔径的中心间距;K 为目标的个数;a_k 和 b_k 分别为

$$\begin{cases} a_k = u_k(t)\exp[\mathrm{j}\varphi_k(t)] \\ b_k = \exp\left(-\dfrac{\mathrm{j}\omega_c d\sin\theta_k}{c}\right) \end{cases} \tag{5.19}$$

式(5.18)表示的模型实际上为 AR 全极点模型,由三个模型参数描述,分别为阶数 K、极点 b_k 和复幅度 a_k。假设模型阶数已知或已由相关算法估计得到,由式(5.19)可知,模型的各极点与各个信源的波达方向(DOA)满足一一对应的

关系。因此,可以采用 MUSIC 或 TLS – ESPRIT 等子空间类算法估计出各极点的值。应该指出,如果信号源是非相干的,可以直接利用整个稀疏阵列的自协方差矩阵进行估计,否则需要对此协方差矩阵进行解相干的预处理,然后基于修正的协方差矩阵进行极点参数的估计。

估计出各个极点 b_k 的值后,列极点矩阵如下:

$$\boldsymbol{B}=\begin{bmatrix} 1 & 1 & \cdots & 1 \\ b_1 & b_2 & \cdots & b_K \\ \vdots & \vdots & & \vdots \\ b_1^{N_1-1} & b_2^{N_1-1} & \cdots & b_K^{N_1-1} \\ b_1^{D} & b_2^{D} & \cdots & b_K^{D} \\ b_1^{D+1} & b_2^{D+1} & \cdots & b_K^{D+1} \\ \vdots & \vdots & & \vdots \\ b_1^{D+N_2-1} & b_2^{D+N_2-1} & \cdots & b_K^{D+N_2-1} \end{bmatrix} \tag{5.20}$$

将式(5.20)代入式(5.18),可得

$$\boldsymbol{X}(t)=\boldsymbol{Ba}+\boldsymbol{e}(t) \tag{5.21}$$

式中

$$\begin{cases} \boldsymbol{X}(t)=[x_1(t) \quad \cdots \quad x_{N_1}(t) \quad x_{D+1}(t) \quad \cdots \quad x_{D+N_2}(t)]^{\mathrm{T}} \\ \boldsymbol{a}=[a_1 \quad \cdots \quad a_K]^{\mathrm{T}} \\ \boldsymbol{e}(t)=[e_1(t) \quad \cdots \quad e_{N_1}(t) \quad e_{D+1}(t) \quad \cdots \quad e_{D+N_2}(t)]^{\mathrm{T}} \end{cases} \tag{5.22}$$

$\boldsymbol{a}$ 的求解可以归结为最小二乘解的问题,它等价于以下优化过程:

$$\boldsymbol{a}=\underset{\boldsymbol{a}}{\arg\min}\,\|\boldsymbol{X}(t)-\boldsymbol{Ba}\|^2 \tag{5.23}$$

式(5.23)的最小二乘解为

$$\boldsymbol{a}=(\boldsymbol{B}^{\mathrm{H}}\boldsymbol{B})^{-1}\boldsymbol{B}^{\mathrm{H}}\boldsymbol{X}(t) \tag{5.24}$$

在估计出 AR 模型的各类参数值的基础上,应用有效的内插或外推算法即可构造出各个位置上的虚拟阵元。

对于某次的快拍数据,定义如下的代价函数:

$$J_{\mathrm{NLS}}=\sum_{<n>} q_n\,|x_n(t)-\overline{M}_n(t)|^2 \tag{5.25}$$

式中:n 的取值范围需覆盖两个子阵列所有实际物理阵元的位置;q_n 为每个阵元数据的加权系数;$\overline{M}_n(t)$ 为整个稀疏阵的全局全极点模型。

通过最小化 J_{NLS} 可得到 $\overline{M}_n(t)$ 的各类参数的估计值,此求解过程实际上为一较复杂的非线性最小二乘问题,可以采用信赖域反射算法进行迭代求解。但

是，该方法的收敛结果取决于迭代初值的选取。如果初值的选取接近全局最优点，算法将会迅速收敛得到满意结果；如果初值选取不合适，将有可能收敛到局部最优点，从而带来估计误差。因此，为了得到好的结果，需要选择上一小节中所介绍的方法对 $\overline{M}(n)$ 的各参数进行预先估计，并作为式(5.25)的迭代初值。

迭代收敛后，将得到此稀疏阵列的全局全极点模型 $\overline{M}_n(t)$。通过改变 n 的值，将各个虚拟阵元的阵元位置代入此模型，即可得每个虚拟阵元上的回波信号值。

对该方法进行仿真分析。假设独立工作的两个单元孔径部署在空间的不同位置，每个单元孔径的参数设置如下：单元孔径的阵元间距为0.5m，阵元数为16，雷达工作波长为1m。

假设空间中存在两个非相干的点目标，其方位角分别为52.5°和55°，信噪比均为20dB。两个单元孔径之间间距为200m，快拍数为50。图5.7给出了应用虚拟阵元内插算法后基于常规波束扫描得到的合成阵列的波束扫描图。从图中可以看出，利用虚拟阵元内插算法后合成阵列变成了满阵，栅瓣现象消失。

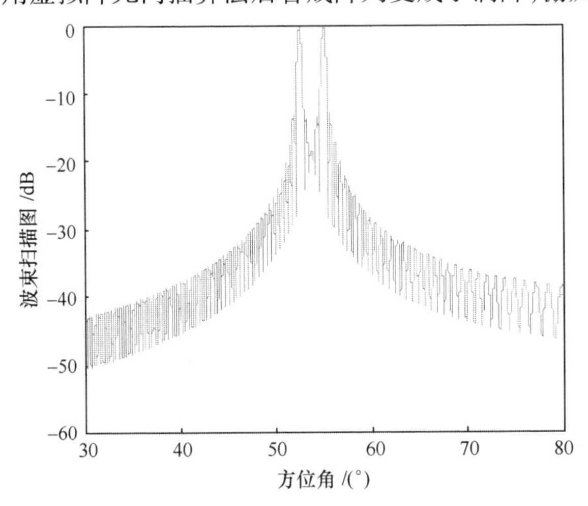

图5.7 合成阵列的波束扫描图

5.2.2.3 变频抑制法

该方法主要针对宽带信号，其基本思想是利用波束指向的频率特性，即以与阵元间距相等的信号波长对应的频率为界，将宽带信号分割为高、低两个频段。用低频段信号形成的波束与高频段信号形成的波束对位相乘，从而极大地降低栅瓣幅度[7]。

由前面分析可知，经归一化后得到的均匀线阵指向性函数为

$$F(\theta)=\frac{\sin(N\pi d\sin\theta/\lambda)}{N\sin(\pi d\sin\theta/\lambda)} \tag{5.26}$$

因此,低、高频段形成的波束方向图分别为

$$F_1(\theta)=\frac{\sin(N\pi d\sin\theta/\lambda_1)}{N\sin(\pi d\sin\theta/\lambda_1)} \tag{5.27}$$

$$F_2(\theta)=\frac{\sin(N\pi d\sin\theta/\lambda_2)}{N\sin(\pi d\sin\theta/\lambda_2)} \tag{5.28}$$

通过对高、低频段波束形成结果对位相乘得到新的指向性函数为

$$\overline{F}(\theta)=\sqrt{F_1(\theta)F_2(\theta)} \tag{5.29}$$

$\overline{F}(\theta)$的栅瓣即得到了极大的抑制。

为了说明通过对高、低频段波束形成结果利用式(5.29)进行几何平均后波束在抑制栅瓣方面得到了改善,对该方法进行仿真分析。以直线阵为例,设阵元间距 $d=1.5\text{m}$,波束图如图 5.8 所示。其中:图 5.8(a)为信号频率 $f=100\text{MHz}$ 时形成的结果图,可见其主瓣较宽,指向性较差;图 5.8(b)为信号频率 $f=$

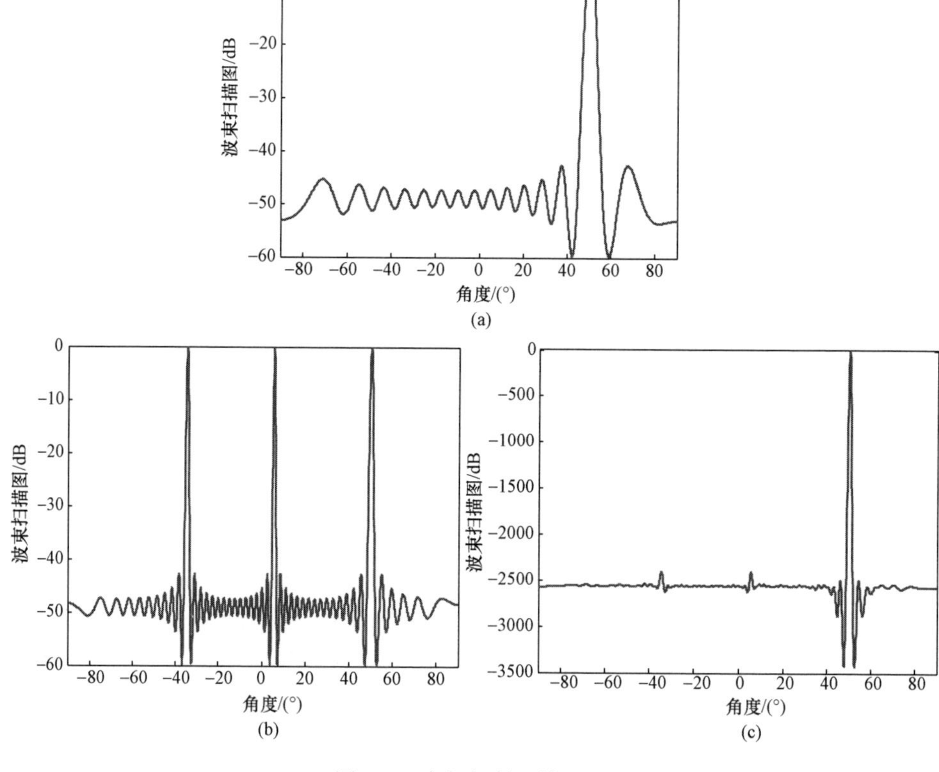

图 5.8 变频抑制法效果图

(a)频率为 100MHz;(b)频率为 300MHz;(c)相乘后。

300MHz 的结果图,其主瓣较尖锐,但同时又出现了栅瓣;图 5.8(c)为用式(5.29)处理后的指向性图,可以看出栅瓣得到了极大的抑制。

5.3 分布孔径雷达测角方法

5.3.1 单脉冲法

由于分布孔径雷达在某阶段以 MIMO 方式工作,可认为是一种特殊的 MIMO 雷达,因此可借鉴 MIMO 测角方式完成对目标的定位。

5.3.1.1 信号模型

假设一个单基地 MIMO 雷达系统具有 M 个独立发射阵元、N 个独立接收阵元。发射天线阵和接收天线阵均为等间距直线阵且天线阵元间距分别为 d_{T} 和 d_{R}。MIMO 雷达的 M 个发射阵元发射 M 个相互正交的信号 $s_1(t), s_2(t), \cdots, s_M(t)$,且满足

$$\int_{T_{\mathrm{p}}} s_m(t) s_n^*(t) \mathrm{d}t = \begin{cases} c_m & (m = n) \\ 0 & (m \neq n) \end{cases} \tag{5.30}$$

式中:T_{p} 为脉冲宽度;c_m 为信号功率;上标“ * ”表示求复数共轭。

假设目标偏离天线法线的角度为 θ,则 M 个正交信号在目标处叠加的信号为

$$p(t) = \alpha_1 \sum_{m=1}^{M} a_m(\theta) s_m(t) = \alpha_1 \boldsymbol{A}^{\mathrm{T}}(\theta) \boldsymbol{S}(t) \tag{5.31}$$

式中:α_1 为信号传输损耗;上标 T 为求矩阵的转置;$\boldsymbol{A}(\theta)$ 为发射阵列的导向矢量,且有

$$\boldsymbol{A}(\theta) = [a_1(\theta), \quad a_2(\theta), \quad \cdots, \quad a_M(\theta)]^{\mathrm{T}} \tag{5.32}$$

$$a_m(\theta) = \exp\left(-\mathrm{j}(m-1)\frac{2\pi}{\lambda} d_{\mathrm{T}} \sin\theta\right) \tag{5.33}$$

信号 $p(t)$ 经目标散射后被第 n 个接收阵元接收到的目标回波信号为

$$q_n(t) = \alpha_2 b_n(\theta) p(t) \tag{5.34}$$

式中:α_2 与目标的散射系数和传播损耗有关;$b_n(\theta)$ 为

$$b_n(\theta) = \exp\left(-\mathrm{j}(n-1)\frac{2\pi}{\lambda} d_{\mathrm{R}} \sin\theta\right) \tag{5.35}$$

5.3.1.2 基于 MIMO 体制的测向法

MIMO 雷达相位和差单脉冲测角处理流程如图 5.9 所示。将 N 个接收阵元接收的信号分成两部分,分别进行接收数字波束形成(RDBF)处理,即第 1 个至第 $N/2$ 个阵元接收的信号做 RDBF_1 处理,第 $N/2+1$ 个至第 N 个阵元接收的信号做 RDBF_2 处理。RDBF_1 的输出为

$$x_1(t) = \sum_{n=1}^{N/2} w_{\text{R},1} q_n(t) = \alpha_1 \alpha_2 \boldsymbol{W}_{\text{R},1}^{\text{T}} \boldsymbol{B}_1(\theta) \boldsymbol{A}^{\text{T}}(\theta) \boldsymbol{S}(t) \tag{5.36}$$

式中:$\boldsymbol{W}_{\text{R},1}^{\text{T}}$ 为 RDBF_1 的加权矢量;$\boldsymbol{B}_1(\theta)$ 为第 1 个至第 $N/2$ 个阵元所构成的导向矢量。且有

$$\boldsymbol{W}_{\text{R},1}^{\text{T}} = [w_{\text{R},1}, \quad w_{\text{R},2}, \quad \cdots, \quad w_{\text{R},N/2}]^{\text{T}} \tag{5.37}$$

$$\boldsymbol{B}_1(\theta) = [b_1(\theta), \quad b_2(\theta), \quad \cdots, \quad b_{N/2}(\theta)]^{\text{T}} \tag{5.38}$$

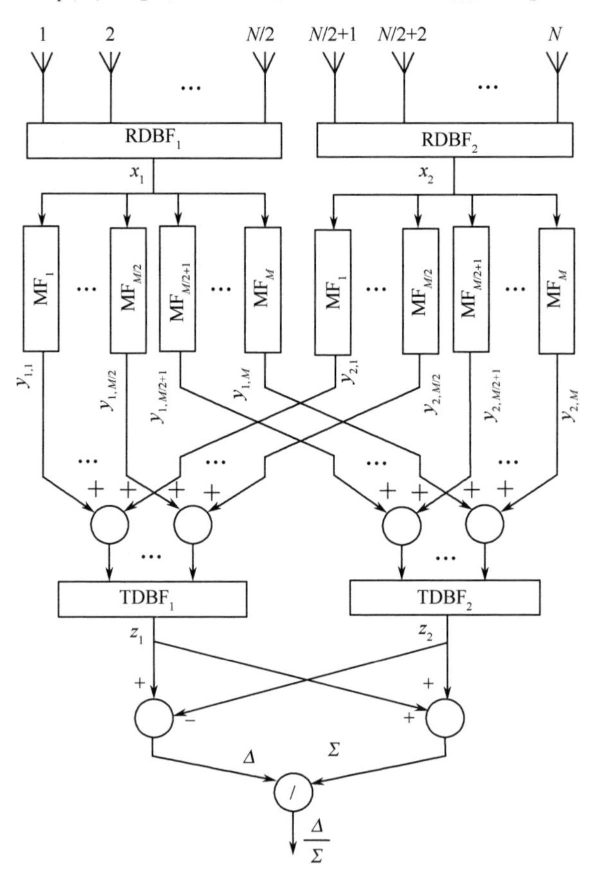

图 5.9 MIMO 雷达相位和差单脉冲测角处理流程

同理可得,RDBF_2 的输出为

$$x_2(t) = \sum_{n=N/2+1}^{N} w_{\mathrm{R},2} q_n(t) = \alpha_1 \alpha_2 \boldsymbol{W}_{\mathrm{R},2}^{\mathrm{T}} \boldsymbol{B}_2(\theta) \boldsymbol{A}^{\mathrm{T}}(\theta) \boldsymbol{S}(t) \tag{5.39}$$

式中

$$\boldsymbol{W}_{\mathrm{R},2}^{\mathrm{T}} = [w_{\mathrm{R},N/2+1}, \quad w_{\mathrm{R},N/2+2}, \quad \cdots, \quad w_{\mathrm{R},N}]^{\mathrm{T}} \tag{5.40}$$

$$\boldsymbol{B}_2(\theta) = [b_{N/2+1}(\theta), \quad b_{N/2+2}(\theta), \quad \cdots, \quad b_N(\theta)]^{\mathrm{T}} \tag{5.41}$$

将 $x_1(t)$ 和 $x_2(t)$ 分别与 M 个匹配滤波器进行匹配滤波,其中第 m 个匹配滤波器 MF_m 与信号 $s_m(t)$ 匹配。则 $x_1(t)$ 与第 m 个匹配滤波器进行匹配滤波的结果为

$$y_{1,m} = \alpha_1 \alpha_2 \boldsymbol{W}_{\mathrm{R},1}^{\mathrm{T}} \boldsymbol{B}_1(\theta) \boldsymbol{A}^{\mathrm{T}}(\theta) c_m \tag{5.42}$$

式中:c_m 由式(5.30)给出。

同理可得,$x_2(t)$ 与第 m 个匹配滤波器进行匹配滤波的结果为

$$y_{2,m} = \alpha_1 \alpha_2 \boldsymbol{W}_{\mathrm{R},2}^{\mathrm{T}} \boldsymbol{B}_2(\theta) \boldsymbol{A}^{\mathrm{T}}(\theta) c_m \tag{5.43}$$

将 $y_{1,m}$ 和 $y_{2,m}$ $(m = 1, 2, \cdots, M/2)$ 求和后做等效发射数字波束形成(TDBF),即

$$z_1 = \sum_{m=1}^{M/2} w_{\mathrm{T},m}(y_{1,m} + y_{2,m}) = \boldsymbol{W}_{\mathrm{T},1}^{\mathrm{T}} \boldsymbol{Y}_1 \tag{5.44}$$

式中:$\boldsymbol{W}_{\mathrm{T},1}^{\mathrm{T}}$ 为 TDBF_1 的加权矢量;$\boldsymbol{Y}_1$ 为 $y_{1,m} + y_{2,m}$,$(m = 1, 2, \cdots, M/2)$ 所构成的矢量。且有

$$\boldsymbol{W}_{\mathrm{T},1}^{\mathrm{T}} = [w_{\mathrm{T},1}, \quad w_{\mathrm{T},2}, \quad \cdots, \quad w_{\mathrm{T},M/2}]^{\mathrm{T}} \tag{5.45}$$

$$\boldsymbol{Y}_1 = \begin{bmatrix} y_{1,1} + y_{2,1} \\ y_{1,2} + y_{2,2} \\ \vdots \\ y_{1,M/2} + y_{2,M/2} \end{bmatrix} \tag{5.46}$$

同理可得

$$z_2 = \sum_{m=M/2+1}^{M} w_{\mathrm{T},m}(y_{1,m} + y_{2,m}) = \boldsymbol{W}_{\mathrm{T},2}^{\mathrm{T}} \boldsymbol{Y}_2 \tag{5.47}$$

式中:$\boldsymbol{W}_{\mathrm{T},2}^{\mathrm{T}}$ 为 TDBF_2 的加权矢量;$\boldsymbol{Y}_2$ 为 $y_{1,m} + y_{2,m}$,$(m = M/2+1, M/2+2, \cdots, M)$ 所构成的矢量。且有

$$\boldsymbol{W}_{\mathrm{T},2}^{\mathrm{T}} = [w_{\mathrm{T},M/2+1}, \quad w_{\mathrm{T},M/2+2}, \quad \cdots, \quad w_{\mathrm{T},M}]^{\mathrm{T}} \tag{5.48}$$

$$\boldsymbol{Y}_2 = \begin{bmatrix} y_{1,M/2+1} + y_{2,M/2+1} \\ y_{1,M/2+2} + y_{2,M/2+2} \\ \vdots \\ y_{1,M} + y_{2,M} \end{bmatrix} \tag{5.49}$$

对 z_1 和 z_2 做和差处理，可得到目标的角误差响应为

$$\frac{\Delta}{\Sigma}=\frac{z_1-z_2}{z_1+z_2} \tag{5.50}$$

目标的角误差响应 Δ/Σ 正比于目标偏离和波束中心的角度，可用于测量目标角度。

5.1.3.3 仿真分析

假设 MIMO 雷达的发射阵列和接收阵列均为等间距直线阵，阵元个数 $M=N=10$，阵元间距 $d_T=d_R=\lambda/2$，波束指向 $\theta=0°$。根据式(5.50)可得到和差波束方向图如图 5.10 所示，其中和波束 -3dB 主瓣宽度为 7.34°，副瓣电平(SLL)为 -26dB，差波束增益与和波束相比降低 7.5dB，差波束 SLL = -14.2dB。

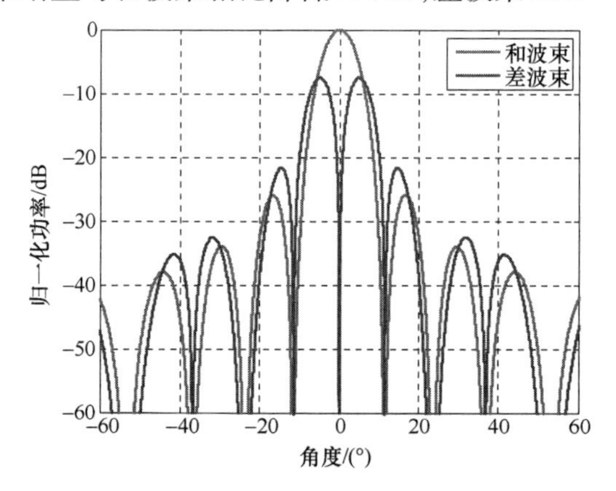

图 5.10 和差方向图(见彩图)

按和波束的 -3dB 波束宽度 7.34°进行角度归一化，得到目标的角误差响应 Δ/Σ 如图 5.11 所示，其归一化斜率 $k_m=1.0$。

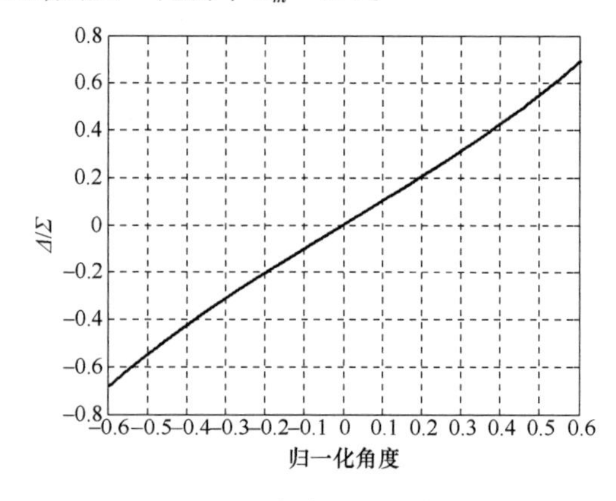

图 5.11 目标角误差响应 Δ/Σ

5.3.2　空间谱估计法

对于分布孔径雷达，可将其等效为一个大阵列，从而可应用空间谱估计算法完成目标的超分辨测向。

5.3.2.1　信号模型

考虑 K 个远场窄带信号入射到空间中的某阵列，阵列天线由 N_1 个阵元组成，阵元编号为 $1 \sim N_1$。此时，由于信号源与阵列的距离远大于阵列的孔径尺寸，信号的波前可认为是平面波。假设传播媒质是均匀且各向同性的，阵列的通道数等于阵元数，即各阵元接收到的信号经各自的传输信道送到相应的处理器，则第 n 个阵元的接收信号可表示为

$$x_n(t) = \sum_{k=1}^{K} g_{nk} s_k(t - \tau_{nk}) + e_n(t) \quad (n = 1,2,\cdots,N_1) \tag{5.51}$$

式中：g_{nk} 为第 n 个阵元相对第 k 个信号的增益；$e_n(t)$ 为第 n 个阵元在时刻 t 的噪声；τ_{nk} 为第 k 个信号到达第 n 个阵元时相对于参考阵元的延时，以阵元 1 为参考阵元，则有

$$\tau_{kn} = \frac{(n-1)d\sin\theta_k}{c} \tag{5.52}$$

式中：d 为阵元的间距，并满足 $d \leqslant \lambda/2$（λ 为信号的波长）；θ_k 为第 k 个信源的方位角。

理想情况下，假设阵列中的阵元均是各向同性的（阵列天线为全向天线），且不存在通道不一致性、互耦等因素的影响，则式（5.51）中的增益项可以忽略，从而有

$$x_n(t) = \sum_{k=1}^{K} u_k(t)\exp\{\mathrm{j}[\omega_c t + \varphi_k(t)]\}\exp\left[-\frac{\mathrm{j}\omega_c d\sin\theta_k}{c}(n-1)\right] + e_n(t)$$
$$(n = 1,2,\cdots,N_1) \tag{5.53}$$

在实际应用中，采样输出前需对阵元的接收信号进行放大并下变频至基带，即信源的 DOA 估计任务通常在基带完成。因此，可将式（5.53）中的因子项 $\exp(\mathrm{j}\omega_c t)$ 略去，可得

$$x_n(t) = \sum_{k=1}^{K} u_k(t)\exp[\mathrm{j}\varphi_k(t)]\exp\left[-\frac{\mathrm{j}\omega_c d\sin\theta_k}{c}(n-1)\right] + e_n(t)$$
$$(n = 1,2,\cdots,N_1) \tag{5.54}$$

若将阵列的所有阵元在特定时刻的接收信号排列成一个列矢量，则有

$$
\begin{bmatrix} x_1(t) \\ x_2(t) \\ \vdots \\ x_{N_1}(t) \end{bmatrix}
= \begin{bmatrix} 1 & 1 & \cdots & 1 \\ \exp\left(-\frac{\mathrm{j}\omega_c d\sin\theta_1}{c}\right) & \exp\left(-\frac{\mathrm{j}\omega_c d\sin\theta_2}{c}\right) & \cdots & \exp\left(-\frac{\mathrm{j}\omega_c d\sin\theta_K}{c}\right) \\ \vdots & \vdots & & \vdots \\ \exp\left[-\frac{\mathrm{j}\omega_c d\sin\theta_1}{c}(N_1-1)\right] & \exp\left[-\frac{\mathrm{j}\omega_c d\sin\theta_2}{c}(N_1-1)\right] & \cdots & \exp\left[-\frac{\mathrm{j}\omega_c d\sin\theta_K}{c}(N_1-1)\right] \end{bmatrix}
\times \begin{bmatrix} s_1(t) \\ s_2(t) \\ \vdots \\ s_K(t) \end{bmatrix} + \begin{bmatrix} e_1(t) \\ e_2(t) \\ \vdots \\ e_{N_1}(t) \end{bmatrix} \tag{5.55}
$$

将式(5.55)写成矢量形式

$$
\boldsymbol{x}(t) = \boldsymbol{A}\boldsymbol{s}(t) + \boldsymbol{e}(t) \tag{5.56}
$$

式中:$\boldsymbol{x}(t)$为阵列的$N_1 \times 1$维快拍接收数据矢量;$\boldsymbol{e}(t)$为$N_1 \times 1$维噪声数据矢量;$\boldsymbol{s}(t)$为$K \times 1$维空间信号矢量;$\boldsymbol{A}$包含了所有入射信源的方位信息,称为空间阵列的$N_1 \times K$维流型矩阵,且有

$$
\boldsymbol{A} = [\boldsymbol{a}(\theta_1) \quad \boldsymbol{a}(\theta_2) \quad \cdots \quad \boldsymbol{a}(\theta_K)] \tag{5.57}
$$

式中:$\boldsymbol{a}(\theta_k)$为对应于第k个信号的导向矢量,且有

$$
\boldsymbol{a}(\theta_k) = \left[1 \quad \exp\left(-\frac{\mathrm{j}\omega_c d\sin\theta_k}{c}\right) \quad \cdots \quad \exp\left[-\frac{\mathrm{j}\omega_c d\sin\theta_k}{c}(N_1-1)\right]\right]^{\mathrm{T}} \tag{5.58}
$$

式(5.58)是阵列接收数据的矩阵形式,由此可以采用空间谱估计的基本原理对信源的DOA值进行估计。

5.3.2.2 多重信号分类(MUSIC)法

阵列的协方差矩阵可写为

$$\boldsymbol{R}=\mathrm{E}[\boldsymbol{x}(t)\boldsymbol{x}^{\mathrm{H}}(t)]=\boldsymbol{A}\boldsymbol{R}_{\mathrm{S}}\boldsymbol{A}^{\mathrm{H}}+\sigma^2\boldsymbol{I}_{N_1} \tag{5.59}$$

式中:σ^2 为阵元的噪声方差;$\boldsymbol{I}_{N_1}$ 为 $N_1\times N_1$ 维的单位阵;$\boldsymbol{R}_{\mathrm{S}}$ 为信号的协方差矩阵,且有

$$\boldsymbol{R}_{\mathrm{S}}=\mathrm{E}[\boldsymbol{s}(t)\boldsymbol{s}^{\mathrm{H}}(t)] \tag{5.60}$$

对 $\boldsymbol{R}$ 进行特征分解,可得

$$\boldsymbol{R}=\boldsymbol{U}\boldsymbol{\Sigma}\boldsymbol{U}^{\mathrm{H}} \tag{5.61}$$

式中:$\boldsymbol{U}$ 为特征矢量矩阵;$\boldsymbol{\Sigma}$ 为由相应特征值组成的对角阵。且有

$$\boldsymbol{U}=[\boldsymbol{u}_1\quad \boldsymbol{u}_2\quad \cdots\quad \boldsymbol{u}_{N_1}] \tag{5.62}$$

$$\boldsymbol{\Sigma}=\mathrm{diag}(\lambda_1\quad \lambda_2\quad \cdots\quad \lambda_{N_1}) \tag{5.63}$$

当信号源相互独立时,上述特征值满足

$$\lambda_1\geqslant\lambda_2\geqslant\cdots\geqslant\lambda_K>\lambda_{K+1}=\cdots=\lambda_{N_1}=\sigma^2 \tag{5.64}$$

按照特征值的大小可将 $\boldsymbol{\Sigma}$ 分为两部分:由大特征组成的对角阵 $\boldsymbol{\Sigma}_{\mathrm{S}}=\mathrm{diag}(\lambda_1\quad \lambda_2\quad \cdots\quad \lambda_K)$和由小特征组成的对角阵 $\boldsymbol{\Sigma}_{\mathrm{N}}=\mathrm{diag}(\lambda_{K+1}\quad \lambda_{K+2}\quad \cdots\quad \lambda_{N_1})$。进而将特征矢量矩阵 $\boldsymbol{U}$ 分为与特征值相对应的两部分:一是与大特征值对应的特征矢量张成的子空间 $\boldsymbol{U}_{\mathrm{S}}=[\boldsymbol{u}_1\quad \boldsymbol{u}_2\quad \cdots\quad \boldsymbol{u}_K]$,称为信号子空间;二是与小特征值对应的特征矢量张成的子空间 $\boldsymbol{U}_{\mathrm{N}}=[\boldsymbol{u}_{K+1}\quad \boldsymbol{u}_{K+2}\quad \cdots\quad \boldsymbol{u}_{N_1}]$,称为噪声子空间。由此,式(5.59)可写为

$$\boldsymbol{R}=[\boldsymbol{U}_{\mathrm{S}}\ \boldsymbol{U}_{\mathrm{N}}]\boldsymbol{\Sigma}[\boldsymbol{U}_{\mathrm{S}}\ \boldsymbol{U}_{\mathrm{N}}]^{\mathrm{H}}=\boldsymbol{U}_{\mathrm{S}}\boldsymbol{\Sigma}_{\mathrm{S}}\boldsymbol{U}_{\mathrm{S}}^{\mathrm{H}}+\boldsymbol{U}_{\mathrm{N}}\boldsymbol{\Sigma}_{\mathrm{N}}\boldsymbol{U}_{\mathrm{N}}^{\mathrm{H}} \tag{5.65}$$

理想情况下的信号子空间 $\boldsymbol{U}_{\mathrm{S}}$ 与噪声子空间 $\boldsymbol{U}_{\mathrm{N}}$ 是相互正交的,而信号子空间 $\boldsymbol{U}_{\mathrm{S}}$ 又与各入射信号的导向矢量张成的空间同属一个线性空间,因此噪声子空间和入射信号的导向矢量也是相互正交的,即

$$\boldsymbol{a}^{\mathrm{H}}(\theta_k)\boldsymbol{U}_{\mathrm{N}}=0\quad (k=1,2,\cdots,K) \tag{5.66}$$

经典的 MUSIC 法正是基于上述性质提出的。实际情况中,由于快拍次数有限,$\boldsymbol{R}$ 通常由下式计算得到:

$$\hat{\boldsymbol{R}}=\frac{1}{L}\sum_{l=1}^{L}\boldsymbol{x}(t_l)\boldsymbol{x}^{\mathrm{H}}(t_l) \tag{5.67}$$

式中:L 为阵列的快拍次数。

假设对$\hat{\boldsymbol{R}}$进行特征分解后得到的信号子空间和噪声子空间分别为$\hat{\boldsymbol{U}}_{\mathrm{S}}$、$\hat{\boldsymbol{U}}_{\mathrm{N}}$。由于噪声的存在,$\boldsymbol{\alpha}(\theta_k)$ 与 $\hat{\boldsymbol{U}}_{\mathrm{N}}$ 并不能完全正交,即 $\boldsymbol{a}^{\mathrm{H}}(\theta_k)\boldsymbol{U}_{\mathrm{N}}$ 不严格等于 0,而是趋近于 0,因此,DOA 的求解过程通常以最小优化搜索来实现,即

$$\theta_{\mathrm{MUSIC}}=\arg\min_{\theta}\boldsymbol{a}^{\mathrm{H}}(\theta)\hat{\boldsymbol{U}}_{\mathrm{N}}\hat{\boldsymbol{U}}_{\mathrm{N}}^{\mathrm{H}}\boldsymbol{a}(\theta) \tag{5.68}$$

一般情况下 $\boldsymbol{a}^{\mathrm{H}}(\theta)\hat{\boldsymbol{U}}_{\mathrm{N}}$ 在零值点附近较为平滑，使其极小值点的位置难以判定，所以 MUSIC 法往往采用如下的谱估计公式：

$$P_{\mathrm{MUSIC}}(\theta)=\frac{1}{\boldsymbol{a}^{\mathrm{H}}(\theta)\hat{\boldsymbol{U}}_{\mathrm{N}}\hat{\boldsymbol{U}}_{\mathrm{N}}^{\mathrm{H}}\boldsymbol{a}(\theta)} \tag{5.69}$$

在某些情况下也采用式(5.69)的归一化形式，即

$$P_{\mathrm{MUSIC}}(\theta)=\frac{\boldsymbol{a}^{\mathrm{H}}(\theta)\boldsymbol{a}(\theta)}{\boldsymbol{a}^{\mathrm{H}}(\theta)\hat{\boldsymbol{U}}_{N}\hat{\boldsymbol{U}}_{\mathrm{N}}^{\mathrm{H}}\boldsymbol{a}(\theta)} \tag{5.70}$$

此外，由于 $\boldsymbol{U}_{\mathrm{S}}$ 和 $\boldsymbol{U}_{\mathrm{N}}$ 具有如下关系：

$$\boldsymbol{U}_{\mathrm{S}}\boldsymbol{U}_{\mathrm{S}}^{\mathrm{H}}+\boldsymbol{U}_{\mathrm{N}}\boldsymbol{U}_{\mathrm{N}}^{\mathrm{H}}=\boldsymbol{I}_{N_1} \tag{5.71}$$

将式(5.71)代入式(5.69)可得另外一种谱估计形式：

$$P_{\mathrm{MUSIC}}(\theta)=\frac{1}{\boldsymbol{a}^{\mathrm{H}}(\theta)(\boldsymbol{I}_{N_1}-\hat{\boldsymbol{U}}_{\mathrm{S}}\hat{\boldsymbol{U}}_{\mathrm{S}}^{\mathrm{H}})\boldsymbol{a}(\theta)} \tag{5.72}$$

由式(5.69)、式(5.70)或式(5.72)得到的空间谱在信源方向上会产生较为尖锐的“谱峰”，而在其他方向上则相对平坦，因而其极大值点的位置较易判定。

综上所述，MUSIC 法利用导向矢量和噪声子空间的正交性构造代价函数，通过极点搜索获得信号的 DOA 值，本质上是一种基于噪声子空间的方法。其具体实现步骤如下：

(1) 由阵列的接收数据通过式(5.67)得到阵列的数据协方差矩阵$\hat{\boldsymbol{R}}$；

(2) 对$\hat{\boldsymbol{R}}$进行特征分解；

(3) 利用相关的估计算法由$\hat{\boldsymbol{R}}$的特征值进行信号源数的判断；

(4) 确定信号子空间$\hat{\boldsymbol{U}}_{\mathrm{S}}$ 和噪声子空间$\hat{\boldsymbol{U}}_{\mathrm{N}}$；

(5) 根据信号的参数范围由式(5.69)、式(5.70)或式(5.72)进行谱峰搜索；

(6) 找出极大值点对应的角度，即为信号的入射方向。

5.3.2.3 仿真分析

设均匀阵列的工作波长为 1m，阵元数为 16，阵元间距为 0.5m，空间中存在 2 个等幅的点目标，方位角分别为 20°、25°，信噪比均为 20dB，快拍数为 100。图 5.12 给出了运用 MUSIC 方法后得到扫描谱，从图中容易看出，两个尖峰的位置分别对应了目标的方位角度。

5.3.3 干涉仪法

相位干涉仪法是通过测量空间不同位置处天线接收信号的相位差，进而计

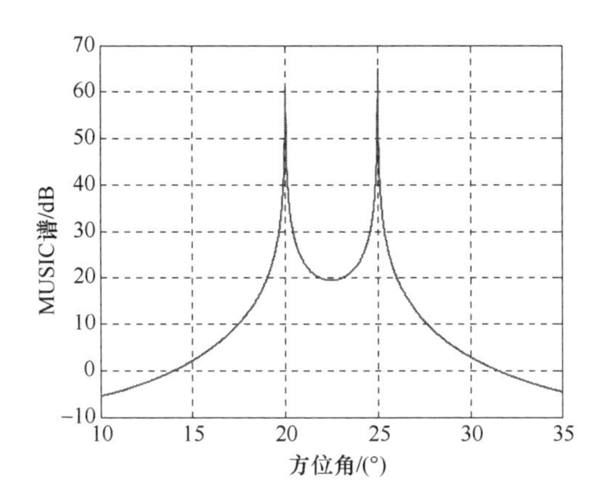

图 5.12　基于 MUSIC 法的扫描谱

算来波的入射角度。它具有较高的测角灵敏度和测角精度,测角时间较快,因而得到了广泛应用。相位干涉仪根据相位差和目标角度的关系来计算目标角度,因此相位差和目标角度两者之间关系式的准确性至关重要,它是整个相位干涉仪测角系统的基础。分布孔径雷达采用的信号形式以及对回波的处理方式直接影响相位差的具体表达形式,因此必须根据具体的情况进行分析,才能为实现高精度的角度测量做好基础。

5.3.3.1　基本原理

相位干涉仪利用多个天线所接收回波信号之间的相位差进行测角,是典型的相位测向方法[8]。典型的相位干涉仪测角系统包含两个天线,实际中可包含多个天线,基本原理如图 5.13 所示。

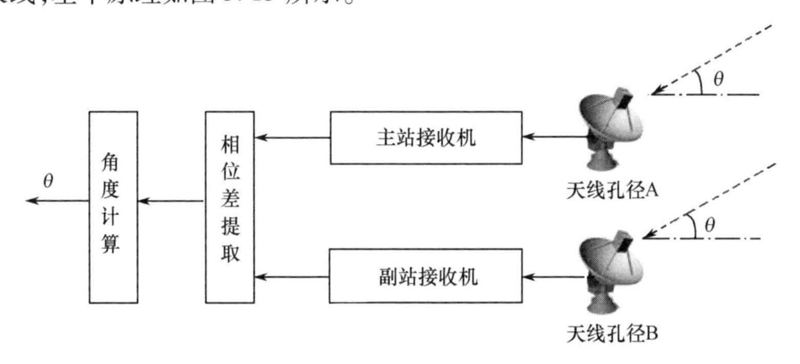

图 5.13　相干仪测角原理图

主站天线 A 和副站天线 B 的间距为 D,雷达波长为 λ,设在 θ 方向处有一远区目标,目标与两天线处于同一斜平面内,到达接收点的目标回波近似为平面波。B 天线相对 A 天线接收到的信号由于存在波程差从而产生相位差 ϕ,易知

$$\phi = \frac{2\pi}{\lambda} D \sin\theta \tag{5.73}$$

式(5.73)是相位差和目标角度的关系式,通过提取两站回波信号之间的相位差就可以求出目标的角度。根据式(5.73)可知目标角度为

$$\theta = \arcsin \frac{\phi\lambda}{2\pi D} \tag{5.74}$$

在提取出相位差之后,根据式(5.74)就可以求出目标的角度。对式(5.74)两边取微分,可得

$$d\theta = \frac{\lambda}{2\pi D \cos\theta} d\phi \tag{5.75}$$

由式(5.75)知,基线长度 L 越大,相同的相位测量误差造成的角度测量误差越小。因此,为提高测角的精度,可采取增大两天线间距的方法。但这样做的同时会产生相位值模糊的问题,原因是当增大基线距离的情况下相位差会超过 2π,此时相位差可表示为

$$\phi = 2\pi q + \varphi \tag{5.76}$$

而实际中只能得到 φ 值,由于 q 未知,因而真实的 ϕ 值就不能确定,这就出现了模糊问题。因此相位的解模糊问题是必须要考虑的。

由式(5.75)还可知,相同的相位测量误差在目标角度不同的情况下造成的测角误差也是不同的,当 $\theta = 0°$时相同相位测量误差造成的测角误差最小,因此为满足测角精度的要求,需要把干涉仪测角的范围限制在一定的范围内。

上面分析的是最基本的相位干涉仪测角系统,实际中由于采用的信号形式不同,信号预处理的方法不同,以及目标回波并不是真正的平面波造成相位差和目标角度的关系并不能完全满足式(5.73),这时候就要根据具体的情况对相位差的具体表达式进行分析。

5.3.3.2 解模糊问题

上一节分析了相干仪测角的基本原理,并分析了相位模糊产生的原因。解模糊是相位干涉仪测角系统一个关键问题。干涉仪解模糊的方法有很多[9],常用的有长短基线解模糊方法、多基线解模糊方法和粗测角解模糊方法。基于长短基线的解模糊方法通过一个附加的短基线实现解模糊,短基线和长基线对应的相位差两者之间存在一个比例关系,短基线对应的两接收机接收到的目标回波信号之间的相位差不存在模糊,这样就可以得到一个无模糊的粗略的长基线对应的相位差值,从而实现解相位模糊。多基线解模糊方法根据基线间的参差关系实现解模糊,可以视作长短基线解模糊方法的改进。粗测角解模糊方法首

先利用其他方法得到目标的一个角度,然后利用这个角度求出对应的相干仪测角系统中的无模糊的相位差,最后利用这个相位差来实现相位差的解模糊。这三种方法各有优缺点:长短基线解模糊方法原理简单明了,但正确的解模糊需要提取到的短基线对应的相位差满足很高的精度,这在实际系统中很难做到;多基线解模糊方法虽然有很好的解模糊效果,但是需要多路接收机且需测量多个相位差,这样在系统实现起来就比较困难;粗测角解模糊方法需要用另一种方法测量出目标的角度,且对测角的精度也有要求,这样就对干涉仪测角系统又提出了额外的要求。

上述三种解模糊方法都是最基本的方法,实际中根据系统的特点,也可以利用其他的方法实现解模糊。例如,在干涉仪测角系统中,可以提取各站的延时差,利用延时差实现解模糊也是可行的。无论是测延时差解模糊还是粗测角解模糊,其最基本的原理是一致的,都是根据测得的物理量进而求得相应的干涉仪的相位差,然后利用这个无模糊的相位差去解相位干涉仪测角系统中提取到的有模糊的相位差。

现在分析准确解模糊需要满足的条件。设利用两站回波信号延时差测量值或粗测角进而求得的相应的相位差 $\Delta\phi' = \Delta\phi + \varepsilon(\Delta\phi)$,其中,$\Delta\phi$ 为真实的相位差,$\varepsilon(\Delta\phi)$ 为测延时差误差或粗测角误差造成的相位差误差;并设相干仪测角系统提取到的相位差 $\Delta\varphi' = \Delta\varphi + \varepsilon(\Delta\varphi)$,其中,$\Delta\varphi$ 为真实的带有模糊的相位差,$\varepsilon(\Delta\varphi)$ 为相干仪测角系统中相位差的提取误差;设相位差的模糊数为 q,则 $\Delta\phi = 2q\pi + \Delta\varphi$,此式是解模糊的基础,由于实际系统中测量误差的存在有关系式

$$\Delta\phi' \approx 2n\pi + \Delta\varphi' \tag{5.77}$$

则得到的模糊数

$$\begin{aligned} q' &= \left|\frac{\Delta\phi' - \Delta\varphi'}{2\pi}\right|_{\text{取整}} = \left|\frac{\Delta\phi - \Delta\varphi}{2\pi} + \frac{\varepsilon(\Delta\phi) - \varepsilon(\Delta\varphi)}{2\pi}\right|_{\text{取整}} \\ &= q + \left|\frac{\varepsilon(\Delta\phi) - \varepsilon(\Delta\varphi)}{2\pi}\right|_{\text{取整}} \end{aligned} \tag{5.78}$$

易知实现正确的解模糊($q' = q$)需要满足的条件为

$$\left|\frac{\varepsilon(\Delta\phi) - \varepsilon(\Delta\varphi)}{2\pi}\right| < 0.5 \tag{5.79}$$

即

$$|\varepsilon(\Delta\phi)| + |\varepsilon(\Delta\varphi)| < \pi \tag{5.80}$$

至此得到了正确解模糊所需要满足的基本条件。下面分别分析测延时差解

模糊对延时差的精度要求和粗测角解模糊对粗测角的精度要求。

1）测延时差解模糊

测延时差解模糊需要首先测量两个站所接收到回波信号的延时差，然后计算得到两个站无模糊的相位差的粗测值，再对两个站所接收到回波信号的相位差进行解模糊。下面主要分析为实现正确的解模糊所需要的测延时差精度。

下面具体分析测延时差解模糊对延时差测量精度的要求。

相位差和延时差的理论关系为

$$\Delta\varphi = -2\pi f_c \Delta t \tag{5.81}$$

式中：f_c 为信号频率；Δt 为延时差。

实际测量得到的延时差为

$$\Delta t' = \Delta t + \varepsilon(\Delta t) \tag{5.82}$$

式中：Δt 为真实的延时差；$\varepsilon(\Delta t)$ 为延时差测量误差。

根据式(5.81)可以得到测延时差折算的相位差为

$$\begin{aligned}\Delta\varphi' &= -2\pi f_c \Delta t' = -2\pi f_c \Delta t - 2\pi f_c \varepsilon(\Delta t)\\ &= \Delta\varphi + \varepsilon(\Delta\varphi)\end{aligned} \tag{5.83}$$

可见，$\Delta\phi'$可以分解成两项，第一项对应于 $\Delta\phi$（真实的相位差值），第二项对应于 $\varepsilon(\Delta\phi)$（由于测延时差误差造成的相位误差），即

$$\varepsilon(\Delta\varphi) = -2\pi f_c \varepsilon(\Delta t) \tag{5.84}$$

要实现准确的解模糊，$\varepsilon(\Delta\phi)$ 和 $\varepsilon(\Delta\varphi)$ 必须满足式(5.80)，将式(5.84)代入式(5.80)可得正确解模糊需要满足的条件为

$$|\varepsilon(\Delta\phi)| + |-2\pi f_c \varepsilon(\Delta t)| < \pi \tag{5.85}$$

即

$$|\varepsilon(\Delta t)| < \frac{\pi - |\varepsilon(\Delta\phi)|}{2\pi f_c} \tag{5.86}$$

2）粗测角解模糊

粗测角解模糊需要首先知道目标的一个粗略的角度信息，在相干仪测角系统中可以对单站使用单脉冲法或空间谱估计法的方法来获得目标的角度信息。下面主要分析为实现正确的解模糊所需要的粗测角的精度。

设粗测角为 θ'，真实的目标角度为 θ，测角误差为 $\varepsilon(\theta)$，三者满足 $\theta' = \theta + \varepsilon(\theta)$。根据式(5.73)可以得到相干仪测角系统中对应的相位差为

$$\Delta\varphi' = \frac{2\pi}{\lambda} D\sin\theta' = \frac{2\pi}{\lambda} D\sin[\theta + \varepsilon(\theta)]$$

$$=\frac{2\pi}{\lambda}D[\sin\theta\cos(\varepsilon(\theta))+\cos\theta\sin(\varepsilon(\theta))] \tag{5.87}$$

在 $\varepsilon(\theta)$ 较小的情况下，$\sin(\varepsilon(\theta))\approx\varepsilon(\theta)$，$\cos(\varepsilon(\theta))\approx 1$，于是式(5.87)可近似为

$$\begin{aligned}\Delta\phi' &= \frac{2\pi}{\lambda}D[\sin\theta+\varepsilon(\theta)\cos\theta]=\frac{2\pi}{\lambda}D\sin\theta+\frac{2\pi}{\lambda}D\varepsilon(\theta)\cos\theta \\ &= \Delta\phi+\varepsilon(\Delta\phi)\end{aligned} \tag{5.88}$$

式中

$$\Delta\phi=\frac{2\pi}{\lambda}D\sin\theta \tag{5.89}$$

$$\varepsilon(\Delta\phi)=\frac{2\pi}{\lambda}D\varepsilon(\theta)\cos\theta \tag{5.90}$$

可见，$\Delta\phi'$ 可以分解成两项，第一项对应于 $\Delta\phi$（真实的相位差值），第二项对应于 $\varepsilon(\Delta\phi)$（由于粗测角误差造成的相位误差）。

要实现准确的解模糊，$\varepsilon(\Delta\phi)$ 和 $\varepsilon(\Delta\varphi)$ 必须满足式(5.80)，将式(5.90)代入式(5.80)可得正确解模糊需要满足的条件为

$$|\varepsilon(\Delta\varphi)|+\left|\frac{2\pi}{\lambda}D\varepsilon(\theta)\cos\theta\right|<\pi \tag{5.91}$$

即

$$\varepsilon(\theta)<\frac{\pi-|\varepsilon(\Delta\varphi)|}{\left|\frac{2\pi}{\lambda}D\cos\theta\right|} \tag{5.92}$$

5.3.3.3 仿真分析

下面对典型条件下的干涉仪解模糊所需的测延时差和粗测角的精度要求进行分析。

假设雷达工作频率 $f_c=300\text{MHz}$，根据式(5.86)就可以计算出不同测相精度条件下要求的两站延时差测量精度，如表 5.9 所列。

表 5.9 不同测相精度条件下对延时差测量精度的要求($f_c=300\text{MHz}$)

$\varepsilon(\Delta\phi)/(°)$	0	10	20	30	40
$\varepsilon(\Delta t)/\text{ns}$	1.667	1.574	1.481	1.389	1.296

假设雷达工作频率 $f_c=5\text{GHz}$，不同测相精度条件下要求的两站延时差测量精度如表 5.10 所列。

表 5.10 不同测相精度条件下对延时差测量精度的要求($f_c=5$GHz)

$\varepsilon(\Delta\phi)/(°)$	0	10	20	30	40
$\varepsilon(\Delta t)$/ns	0.1000	0.0944	0.0889	0.0833	0.0778

从式(5.85)及表5.9和表5.10可以看出:为了正确解模糊,测相误差越大,对延时差测量精度的要求越高;工作频率越高,对延时差测量的精度要求越高。

根据式(5.92)就可以计算出不同目标角度、不同相位差提取误差情况下准确解模糊所能容忍的粗测角最大误差,计算结果如表5.11所列,其中基线距离与波长的比值 $D/\lambda=100$。

表 5.11 正确解模糊对粗测角偏差的要求 单位:(°)

$\theta/(°)$ \ $\varepsilon(\Delta\phi)/(°)$	0	10	20	30	40
0	0.2865	0.2706	0.2546	0.2387	0.2228
10	0.2909	0.2747	0.2586	0.2424	0.2263
30	0.3308	0.3124	0.2940	0.2757	0.2573
45	0.4051	0.3826	0.3601	0.3376	0.3151

根据式(5.92)还可以算出不同目标角度不同基线距离情况下准确解模糊所能容忍的粗测角最大偏差,计算结果如表5.12所列,其中取相位差误差为20°。

表 5.12 正确解模糊对粗测角偏差的要求 单位:(°)

D/λ \ $\theta/(°)$	0	10	30	45
20	1.2732	1.2929	1.4702	1.8006
50	0.5093	0.5172	0.5881	0.7203
100	0.2546	0.2586	0.2940	0.3601
150	0.1698	0.1724	0.1960	0.2401

从式(5.91)及表5.11和表5.12可以看出:为了正确解模糊,测相误差越大,对粗测角精度的要求越高;目标偏离法线角度越小,对粗测角精度的要求越高;基线长度越长,对粗测角精度的要求越高。

参考文献

[1] 王怀军,许红波,陆珉,等. MIMO雷达技术及其应用分析[J]. 雷达科学与技术,2009,7(4):245-249.

[2] Haimovich A M,Blum R S,Cimini L J. MIMO radar with widely separated antennas[J]. IEEE Signal Processing Magazine, January 2008:116-129.

[3] 康行健．天线原理与设计[M]．北京:北京理工大学出版社，1993.
[4] 毛乃宏．天线测量[M]．西安:西安电子科技大学出版社，1990.
[5] 汤俊．分布孔径雷达阵列配置及角度估计[R]．清华大学,2010.
[6] 陈文晟，许小剑．三种虚拟阵元内插超分辨测向算法的性能对比[J]．北京航空航天大学学报，2011，37(5)：545－550,555.
[7] 韩树平，舒象兰．一种抑制栅瓣改善分辨力的宽带波束形成方法[C]．2005 年全国水声学学术会议论文集，2005：210－212.
[8] 丁鹭飞，耿富录．雷达原理[M]．西安:西安电子科技大学出版社，2002.
[9] 李兴华，顾尔顺．干涉仪解模糊技术研究[J]．现代防御技术，2008，36(3):92－96.

第6章

分布孔径雷达时间、频率、相位同步

在分布孔径雷达中，由于各单元孔径是分散布设的，因而各单元孔径间会存在时间同步误差及相位同步误差，这将严重影响相参参数（时间差和相位差）的估计精度，从而导致分布孔径雷达全相参性能的下降。为了实现系统的全相参，本章重点研究分布孔径雷达的时间同步及本振相参技术，并对分布孔径雷达时频相同步精度进行了分析，给出了相应的结论，以及同步技术的相关试验验证结果。本章内容可用于指导分布孔径雷达同步系统设计。

6.1 时间、频率、相位同步误差对相参合成的影响

单载频信号实现简单、应用方便，线性调频信号有大时间带宽积，两种信号广泛应用于雷达系统。本节基于单载频和线性调频信号阐述分布孔径雷达对时间同步和频率同步精度的需求。

6.1.1 时间同步误差

时间同步即发射信号时间沿对齐程度（校正系统误差后的情况），同步精度的高低直接影响分布式相参合成的效果，故时间同步精度是分布孔径雷达重要的指标参数。本小节以两单元孔径为例进行分析，考虑时间同步对相参合成的影响。

6.1.1.1 单载频信号

设两单元孔径发射单载频信号分别为 S_1 和 S_2，其表达式为：

$$\begin{cases} S_1 = \cos(2\pi f_c(t - \Delta t_1)) \\ S_2 = \cos(2\pi f_c(t - \Delta t_2)) \end{cases} \tag{6.1}$$

式中：f_c 为发射信号载频；Δt_1、Δt_2 为发射时间变化量。

发射信号在空间完成相参合成，合成结果数学表达式为

$$S=S_1+S_2=2\cos(\pi f_c(\Delta t_2-\Delta t_1))\cos(2\pi f_c t-\pi f_c(\Delta t_1+\Delta t_2)) \quad (6.2)$$

合成后信号幅度为 $2\cos(\pi f_c(\Delta t_2-\Delta t_1))$。为分析方便,引入合成效率概念——合成后信号幅度与理想最大值的比值,其表达式为

$$\rho=\frac{2\cos(\pi f_c(\Delta t_2-\Delta t_1))}{2}\times 100\% =\cos(\pi f_c(\Delta t_2-\Delta t_1))\times 100\% \quad (6.3)$$

以 X 频段信号为例,其信号载频为 10GHz,为使合成效率不小于 95%,则需满足

$$|\Delta t_2-\Delta t_1|\leqslant\frac{\arccos 0.95}{\pi f_c}=10.1083(\mathrm{ps}) \quad (6.4)$$

6.1.1.2　线性调频信号

设两单元孔径发射的 LFM 信号分别为 S_1 和 S_2,其表达式为

$$\begin{cases}S_1=\cos(2\pi f_c(t-\Delta t_1)+\pi\mu(t-\Delta t_1)^2)\\ S_2=\cos(2\pi f_c(t-\Delta t_2)+\pi\mu(t-\Delta t_2)^2)\end{cases} \quad (6.5)$$

发射波形在目标处进行相参合成,合成结果数学表达式为

$$\begin{aligned}S&=S_1+S_2\\ &=A_m\cdot\cos\left(2\pi f_c\left(t-\frac{\Delta t_1+\Delta t_2}{2}\right)+\pi\mu\left(t-\frac{\Delta t_1+\Delta t_2}{2}\right)^2+\pi\mu\frac{(\Delta t_1-\Delta t_2)^2}{4}\right)\end{aligned} \quad (6.6)$$

式中:A_m 为合成后信号幅度,且有

$$A_m=2\cos\left(\pi\mu(\Delta t_2-\Delta t_1)t+\frac{2\pi f_c\Delta t_2-2\pi f_c\Delta t_1+\pi\mu\Delta t_1^2-\pi\mu\Delta t_2^2}{2}\right) \quad (6.7)$$

信号 S 经匹配滤波后,峰值点位于$\frac{\Delta t_1+\Delta t_2}{2}$。为使合成效率不小于 95%,则需满足:当 $t=\frac{\Delta t_1+\Delta t_2}{2}$时,$\frac{A_m}{2}\geqslant 0.95$,即

$$\cos\left(\pi\mu(\Delta t_2-\Delta t_1)\frac{\Delta t_1+\Delta t_2}{2}+\frac{2\pi f_c\Delta t_2-2\pi f_c\Delta t_1+\pi\mu\Delta t_1^2-\pi\mu\Delta t_2^2}{2}\right)\geqslant 0.95$$

可求得

$$|\Delta t_2-\Delta t_1|\leqslant\frac{\arccos 0.95}{\pi f_0}=10.1083(\mathrm{ps})$$

X 频段合成效率与时间同步精度对应数值如表 6.1 所列,当时间差为 50ps 时两信号几乎相互抵消,对于相参合成是无法容忍的。因此,为了保证相参合成

效率不小于95%,同步精度必须高于10ps。

表6.1 合成效率与时间同步精度的对应数值关系

时间同步精度/ps	0	10	20	30	40	50
合成效率/%	100	95.11	80.9	58.78	30.9	0.0017

6.1.2 频率同步误差

频率同步是指每个单元孔径应具有相同的发射和接收频率。设两个单元孔径发射的线性调频信号为 S_1 和 S_2,其表达式为

$$\begin{cases} S_1 = \cos(2\pi(f_c + \Delta f_1)t + \pi\mu t^2) \\ S_2 = \cos(2\pi(f_c + \Delta f_2)t + \pi\mu t^2) \end{cases} \tag{6.8}$$

相参合成数学表达式为

$$\begin{aligned} S = S_1 + S_2 &= \cos(2\pi(f_c + \Delta f_1)t + \pi\mu t^2) + \cos(2\pi(f_c + \Delta f_2)t + \pi\mu t^2) \\ &= 2\cos(\pi(\Delta f_1 - \Delta f_2)t)\cos\left(2\pi\left(f_c + \frac{\Delta f_1 + \Delta f_2}{2}\right)t + \pi\mu t^2\right) \end{aligned} \tag{6.9}$$

合成后信号幅度为 $2\cos(\pi(\Delta f_1 - \Delta f_2)t)$,为余弦调制函数,调制频率为 $\Delta f_1 - \Delta f_2$。一般情况下,$|\Delta f_1 - \Delta f_2| \ll \mu T$,其中 T 为脉冲宽度。该调制函数对相参合成的影响可以忽略不计。进一步分析可知,频率同步误差对相参合成的影响类似于多普勒频率对线性调频信号的影响。线性调频信号的模糊函数为斜刀刃形,其多普勒容限较大,为保证合成效率,取多普勒模糊函数[4] $(\tau = 0)$ 的 3dB 值为频率同步误差的上限。

设线性调频信号带宽为 5MHz、脉宽为 20μs、载频为 10GHz,合成效率与频率同步精度对应的数值关系如表 6.2 所列。

表6.2 合成效率与频率同步精度的对应数值关系

频率同步精度/kHz	0	17.3	24.22	35.47	44.11	52.76
合成效率/%	100	95.11	90.45	80.4	70.84	60.14

通过分析可知,分布孔径雷达对于频率同步要求不高,仅需满足信号本身多普勒容限即可。同时,单载频信号与线性调频信号类似,两者的频率同步要求相同,不再详细推导。

6.1.3 相位同步误差

相位同步是指为实现信号相参合成,要求各单元孔径信号之间保持相位的相参性。设两单元孔径发射余弦信号分别为 S_1 和 S_2,其表达式为

$$\begin{cases} S_1 = \cos(2\pi f_c t + \phi_1) \\ S_2 = \cos(2\pi f_c t + \phi_2) \end{cases} \tag{6.10}$$

式中：ϕ_1 和 ϕ_2 为发射信号初相。

相参合成处理表达式为

$$S = S_1 + S_2 = 2\cos\left(\frac{\phi_1 - \phi_2}{2}\right)\cos\left(2\pi f_c t + \frac{\phi_1 + \phi_2}{2}\right) \tag{6.11}$$

合成后的信号幅度为 $2\cos\left(\frac{\phi_1 - \phi_2}{2}\right)$，合成效率表达式为

$$\rho = \frac{2\cos\left(\frac{\phi_1 - \phi_2}{2}\right)}{2} \times 100\% = \cos\left(\frac{\phi_1 - \phi_2}{2}\right) \times 100\% \tag{6.12}$$

为使合成效率至少大于95%，需满足

$$|\phi_1 - \phi_2| \leqslant 2 \times \arccos 0.95 = 36.3897^\circ \tag{6.13}$$

通过分析可知，系统对于相位同步精度要求较低。为实现合成效率不低于95%，两单元孔径相位差要求不超过36°即可。同时，线性调频信号与单载频信号类似，两者的相位同步精度相同，不再详细推导。

6.2　时间、频率、相位同步方法

时间、频率、相位同步包含时间同步和频率相位同步。时间同步完成时间信号在多点之间的同步，该时间信号可以是秒脉冲，也可以是用户特定的时间信号。频率相位同步完成频率信号在多点之间的同步，在保证信号频率稳定的同时，还要保证信号的相位维持稳定关系。

6.2.1　时间同步方法

根据传输介质不同可以将时间同步方法分为无线同步方法和有线同步方法。无线同步方法使用大气作为载体，将时间信号调制在射频或微波信号中进行传输，适合进行信号的远距离传输。有线同步方法使用电缆、光缆等介质作为载体，将时间信号调制在电信号或者光信号上进行传输，传输距离取决于具体使用介质和方法。

6.2.1.1　无线时间同步方法

目前常用的无线时间同步方法有微波双向传输法、全球定位系统(GPS)共视法和卫星双向传递法等。国际时间频率测量行业目前较常用的两种比较成熟

的方法是 GPS 共视法和卫星双向传递法。

图 6.1 是微波双向传输法示意图。在主站和副站分别放置原子钟,两站均具有微波发射/接收装置,两站将各自的时间同步信号发送到对方,各站接收到对方发来的时间同步信号后与本地原子钟产生的时间同步信号进行比对,测得时间差,对本地时间同步信号进行修正,从而将主站和副站的时间同步信号同步到一起。进行时间差测量的方法有很多,如计数法、时间数字转换法、相位测量法等,可以根据具体的精度要求进行选择。

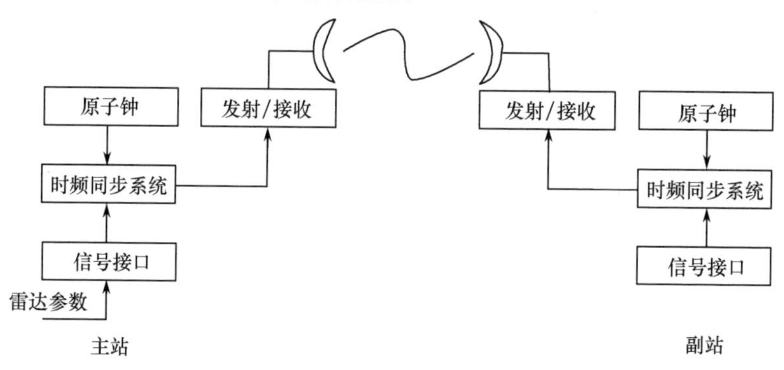

图 6.1 微波双向传输法示意图

计数法使用数字电路实现计数器,对两个脉冲信号进行时间间隔测量,该方法的测量精度取决于计数器的时钟周期 T_0。时间数字转换法是一种精密的时间间隔测量方法,该方法包含粗计数和精密计数两种测量机制:粗计数即普通计数法,如图 6.2(a)所示;精密计数利用延迟线单元对时间间隔很小的脉冲信号进行量化,得到更为精细的脉冲时间间隔,如图 6.2(b)所示。

自从 20 世纪 90 年代 GPS 出现以后,人们便开始使用 GPS 进行时间同步。图 6.3 是 GPS 共视同步法示意图。主站和副站分别由晶振、GPS 接收机、同步模块、计数器、控制器、频综器、数传设备组成。主站将 GPS 接收机接收到秒脉冲与本地控制器产生的同步信号进行时间间隔测量,将该测量结果通过数传设备传输到副站。副站也将 GPS 的秒脉冲与本地同步信号进行时间间隔测量。副站时间判决装置比对两站时间间隔从而得到两站的时间同步信息。该方法的参考信号为主站和副站的 GPS 秒脉冲,因此同步精度取决于两站的 GPS 接收机的同步精度。由于 GPS 共视法需要交换测量数据,实时传递精度不能体现于原子钟本身的质量,必须采用统计分析,对一定时间段内(一般需要 1 天以上)的数据进行事后处理,才能得到较好的定时结果。数据处理的方法通常为平滑滤波,比较常用的为卡尔曼滤波算法。

卫星双向时间频率传递(TWSTFT)法是目前精度较高的无线时间同步方法,其示意图如图 6.4 所示。1999 年,该方法用于国际比对计算国际原子时

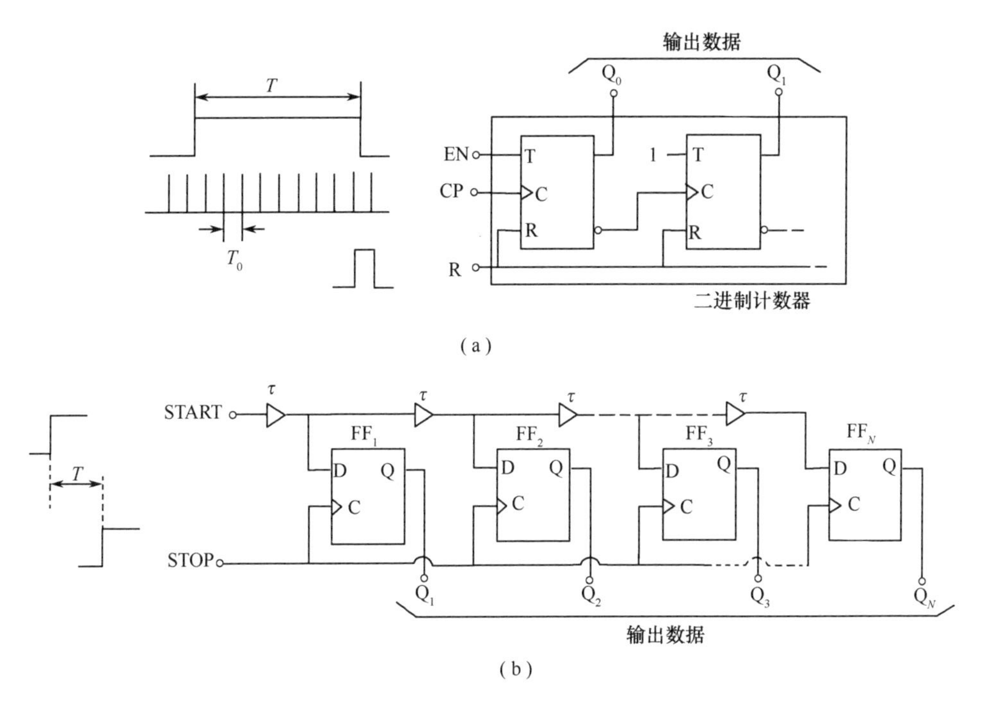

图6.2　计数法实现电路

(a)粗计数；(b)精密计数。

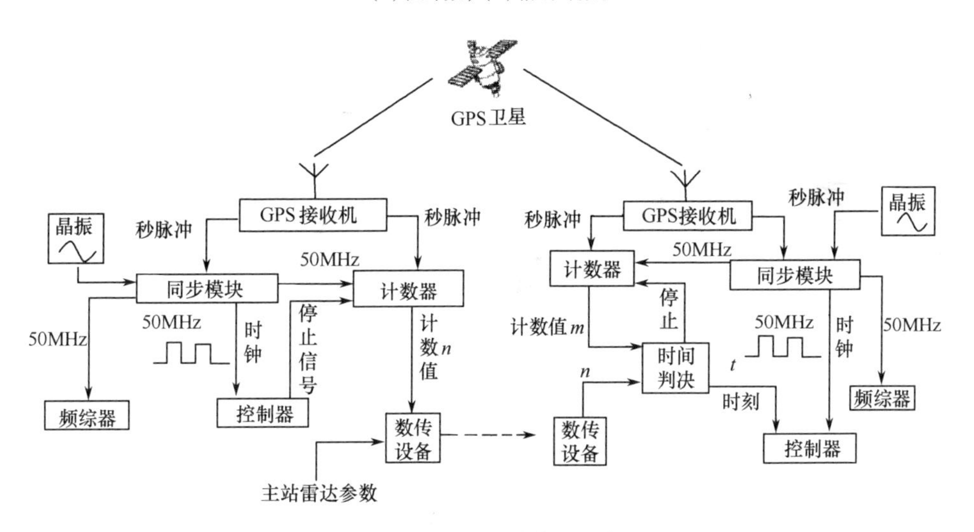

图6.3　GPS共视同步法示意图

(TAI)和协调世界时(UTC)组织。美国、欧洲和亚洲均组建了卫星双向比对网。亚太网由中国科学院国家授时中心(NTSC)和日本国家信息通信技术研究所(NICT)等组成。

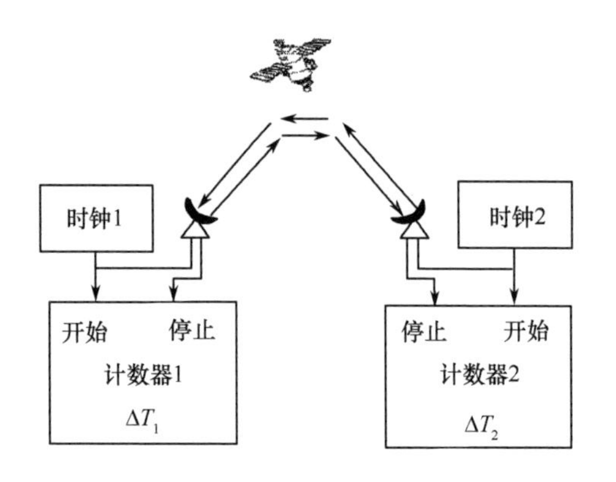

图 6.4　卫星双向传递法

TWSTFT 方法在主站和副站分别向卫星发射信号，通过卫星转发到对方站。在主、副站均包含原子钟和时间间隔测量装置，可以比对两站原子钟的时间差。由于信号传递路径对称，链路上所有传播路径的延时几乎都可以抵消，因此，该方法的时间同步精度很高，目前 TWSTFT 的同步精度可以达到 1ns。该方法由主、副站的发射接收装置、原子种和时间间隔测量装置以及卫星组成，优点是精度高，缺点是设备量大、成本昂贵。

表 6.3 对目前常用的微波双向传输法、GPS 共视法和卫星双向传递法三种时间同步方法进行了比较，包括同步精度、复杂性、成本、实时性等方面。卫星双向传递法的同步精度最高，但系统最复杂、成本最昂贵。GPS 共视法的系统复杂性和成本较低，同步精度居中，但同步精度实时性较差。微波双向传输法的系统复杂性和成本居中，同步精度较低。此外，GPS 共视法和卫星双向法均会用到 GPS 技术，该技术受控于国外，因此其安全性和可控性较低。

表 6.3　目前常用三种时间同步方法比较

时间同步方式	同步精度	复杂性	成本	实时性	其他
微波双向传输法	微秒量级	中	中	✓	
GPS 共视法	10ns	低	低	×	需要后期处理
卫星双向传递法	1 ~ 2ns	高	高	✓	设备复杂

6.2.1.2　有线时间同步方法

对于短距离同步需求，使用电缆作为介质是最适合的。因为使用电缆进行时间信号传输，无须进行调制和解调，可以将时间信号进行直接传输。图 6.5(a)是使用双绞线传输时间同步信号的传输示意图，发送器将单端信号转换为差分信号，经过双绞线进行传输后，在接收端，接收器将差分信号转换为单端信号。单端信号通常为 TTL 或 CMOS 电平。差分信号可以为 LVDS、CML、ECL 等电平。

除双绞线外，也可以使用同轴电缆传输时间信号，如图6.5(b)所示。将时间同步信号使用调制器调制在连续波上，使用同轴电缆进行传输，在接收端使用解调器将同步信号和载波信号解调出来，这种方法可以在单根电缆上同时传输两路信号。使用双绞线、同轴电缆进行时间信号传输的优点是简单易用；缺点是电缆传输损耗大，不适合远距离传输。

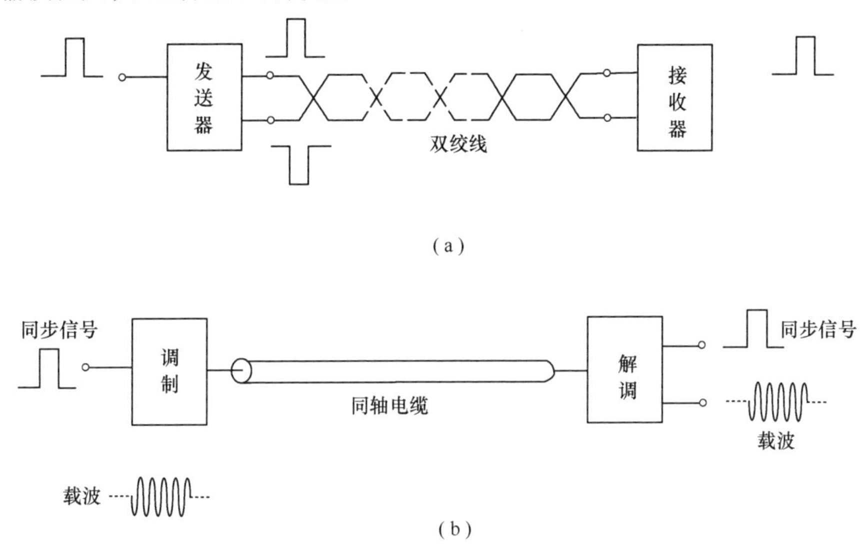

图6.5　电缆传输介质
(a)双绞线传输；(b)同轴电缆传输。

由于光纤具有质量小、价格低、信号损耗小等优点，非常适合信号的远距离传输，采用光纤实现时间同步信号的远距离、高精度传输已成为当前国内外时间频率测量相关机构研究的热点。

国外使用光纤进行时间同步传输最早起源于美国国家航空航天局(NASA)的深空探测计划。早在20世纪80年代，美国喷气推进实验室(JPL)的G. Lutes等人已经开始研究用于深空网(DSN)系统的光纤频率传输系统[1,2]。之后，美国国家标准与技术研究院(NIST)、日本NTT公司[3,4]、法国IN－SNEC公司、瑞典SP研究院和时频中心[5]均对光纤时间频率传输系统开展了大量研究。国内对该技术研究较晚，主要研究机构有解放军理工大学[6]、中国科学院上海光学精密机械研究所[7]、中国科学院国家授时中心[8,9]等。

光纤传输延时的基本表达式为$\tau = Ln_g/c$，其中，L为光纤长度，n_g为群折射率，c为真空中的光速。在实际工作时，光纤传输延时会受到温度变化影响。温度变化会引起群折射率n_g变化，同时会引起光纤的热扩张导致传输延时变化。由温度变化引起的光纤延时变化为

$$\Delta\tau = \frac{L}{c}\frac{\partial n_g}{\partial T}\Delta T + L\frac{n_g}{c}\alpha\Delta T = \left(\frac{1}{c}\frac{\partial n_g}{\partial T} + \frac{n_g}{c}\alpha\right)L \cdot \Delta T \tag{6.14}$$

式中：T 为光纤的温度；α 为光纤的热扩张系数。

定义(6.14)中

$$\Delta\tau' = \frac{\Delta\tau}{L \cdot \Delta T} = \frac{1}{c}\frac{\partial n_g}{\partial T} + \alpha\frac{n_g}{c} \tag{6.15}$$

参考文献[10]给出 $\Delta\tau'$实验结果为40ps/(K·km)。当传输距离为5km，光纤温度变化50℃时，温度引起的延时变化为10ns，因此必须对光纤引入的延时变化进行补偿。

目前国内外主流的光纤时间传输系统原理有三种：第一种为基于同步数字序列（SDH）光网络双向传输时间信号实现主、副站时间信号的同步[2,4]，如图6.6所示。双向SDH传输是将钟源产生的秒脉冲信号使用SDH适配器转换为SDH帧格式，再使用激光调制器对SDH格式数字信号进行传输。秒脉冲信号经过光纤由主站传输到副站，光纤受到温度变化、应力改变等影响，延时会发生变化，需要对该延时进行测量并补偿。由于主站和副站距离很远，为了测量光纤链路延时，需要将副站的秒脉冲信号同时发送到主站，在主站和副站同时进行测量，然后计算得光纤链路延时。通常在主站和副站各设置一个钟源，产生秒脉冲信号。

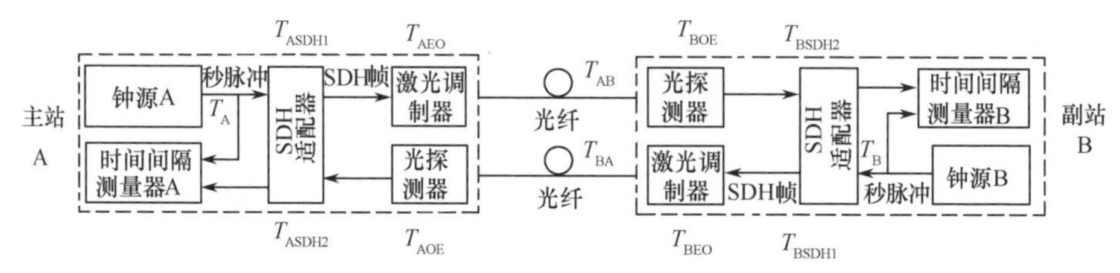

图6.6　双向SDH传输原理框图

主站和副站的时间间隔测量器A、B的计数结果分别为：

$$\mathrm{TIC}_A = T_{BSDH1} + T_{BEO} + T_{BA} + T_{AOE} + T_{ASDH2} + (T_B - T_A) \tag{6.16}$$

$$\mathrm{TIC}_B = T_{ASDH1} + T_{AEO} + T_{AB} + T_{BOE} + T_{BSDH2} + (T_A - T_B) \tag{6.17}$$

因此两地钟差为

$$\begin{aligned}\Delta T = T_A - T_B = [&(\mathrm{TIC}_B - \mathrm{TIC}_A) - (T_{ASDH1} - T_{BSDH1}) - (T_{AEO} - T_{BEO}) \\ &- (T_{AB} - T_{BA}) - (T_{BOE} - T_{AOE}) - (T_{BSDH2} - T_{ASDH2})]/2\end{aligned} \tag{6.18}$$

式中：TIC_A、TIC_B 分别为A、B两站时间间隔测量器测得的时间间隔；T_{ASDH1}、T_{BSDH1}分别为A、B两站的秒脉冲信号转换为SDH时间信号的延时；T_{AEO}、T_{BEO}分

别为A、B两站的电光转换延时；T_{AOE}、T_{BOE}分别为A、B两站的光电转换延时；T_{ASDH2}、T_{BSDH2}分别为A、B两站的SDH时间信号转换为秒脉冲信号的延时；T_{AB}为A站到B站光纤链路传输延时；T_{BA}为B站到A站光纤链路传输延时。

假设T_{AB}和T_{BA}相等，即$T_{AB}-T_{BA}=0$，那么

$$\Delta T\approx[(\mathrm{TIC}_B-\mathrm{TIC}_A)-(T_{ASDH1}-T_{BSDH1})-(T_{AEO}-T_{BEO})\\-(T_{BOE}-T_{AOE})-(T_{BSDH2}-T_{ASDH2})]/2 \tag{6.19}$$

式(6.19)中右边各项均可以测量得到。使用式(6.19)结果修正B地时钟与A地时钟之间的钟差，可使B地时钟与A地时钟同步。但实际SDH光纤链路中，A站到B站光纤链路和B站到A站光纤链路是不同的两个链路，其传输延时存在误差，即$T_{AB}-T_{BA}=\Delta_{error}$，当$\Delta_{error}$是变化量时，双向SDH传输的误差变大。通常该方法的同步精度仅能到1～2ns。

为了解决图6.7中两路光纤延时不相等带来的同步精度降低问题，提出了基于波分复用器(WDM)的双向传输方法，如图6.7所示。该方法使用WDM将两路光信号复用在一根光纤中进行传输，保证了A站到B站光纤链路和B站到A站光纤链路是相同光链路，从而提高了同步精度。

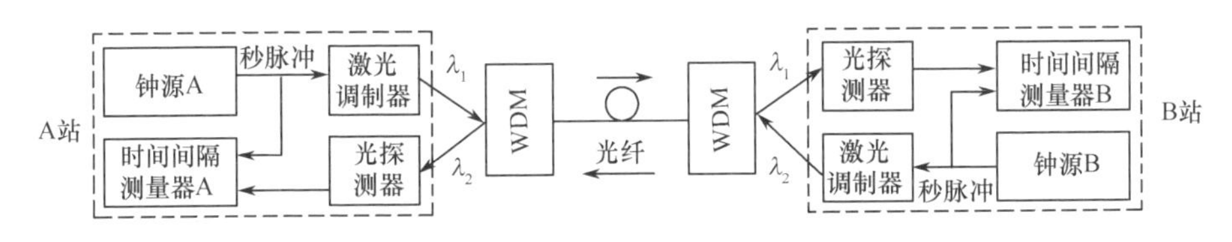

图6.7　基于WDM双向比对法原理框图

WDM双向比对法和双向SDH传输法共同存在的问题是在副站均需要一个高稳定度的钟源。对于分布式雷达系统，如果存在多个单元孔径，就需要多个高稳定度的钟源，这将大大提高同步系统的成本。图6.8给出一种基于WDM的RoundTrip法，该方法B站将收到的秒脉冲信号恢复，然后转发给A站，由A站计算得到总的时间间隔。RoundTrip法和前两种方法相比，只需要在A站进行测量就可以得到A、B两站时间差，且无论有多少个单元孔径，仅需要一个高稳定钟源，在保证性能的同时降低了时间同步系统成本。

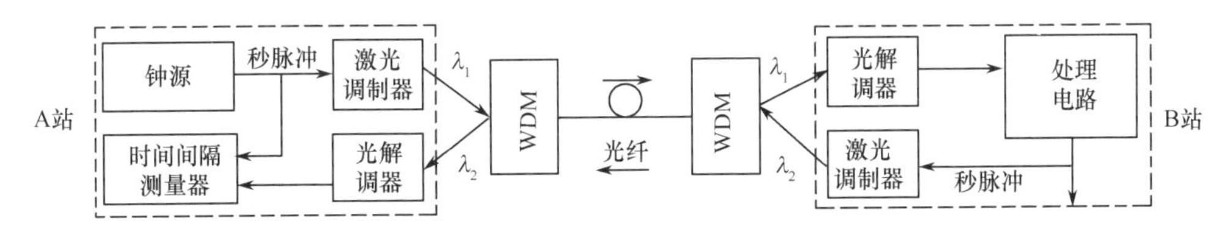

图6.8　光纤RoundTrip法原理框图

国内外基于上述三种方法实现的时间同步系统的性能指标见表6.4。单向SDH传输[4]的同步精度最差,仅20ns,双向SDH传输[2,5]的同步精度可以达到1~2ns,基于WDM双向传输法[3]和基于WDM的RoundTrip法[6]同步精度最高,可以达到亚纳秒。

表6.4 国内外光纤时间传输系统性能比较

方法	同步精度	距离	光纤温度变化	钟源	研究机构	年份
基于WDM双向	<100ps	50km	40℃	不详	日本NTT[3]	1998
双向SDH	~2ns	10km	70℃	铯原子钟	美国JPL[2]	1996
单向SDH	~20ns	175km	不详	铯原子钟	日本NTT[4]	2001
GPSCP和SDH	~1ns	560km	不详	氢原子钟	瑞典SP[5]	2010
RoundTrip法	<300ps	100km	室温下	恒温晶振	解放军理工大学[6]	2010

6.2.2 频率相位同步方法

6.2.2.1 无线频率相位同步方法

使用无线方法进行频率相位同步时,通常是基于时间同步进行的间接同步方法。图6.9给出了一种基于GPS共视法的频率同步方法[11]。该方法将GPS收到的秒脉冲信号与本地的秒脉冲信号进行时间测量,得到GPS同步信号和本地同步信号之间的时间差,使用D/A将该时间差转化为模拟信号控制铷钟的输出频率,从而将铷钟锁定在GPS信号上。经过GPS驯服铷钟后,频率稳定度由10^{-11}提升到10^{-12}量级[11]。

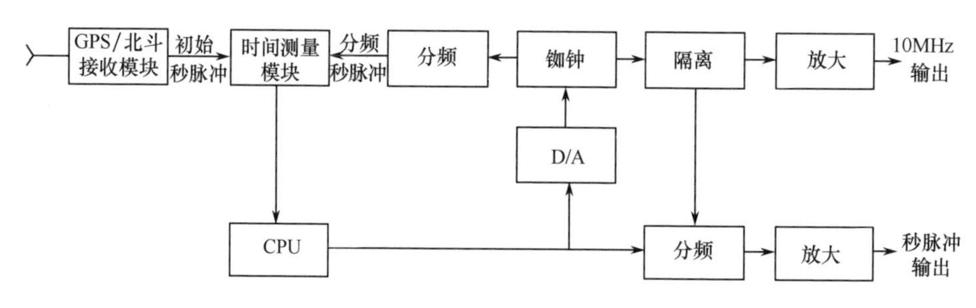

图6.9 GPS驯服铷钟原理框图

通过将主站和副站的铷钟分别锁定到各自的GPS可以实现主站和副站的频率同步。但是由于GPS共视法的时间同步精度只有几十纳秒的精度,因此该方法实现的频率相位同步精度并不高。

6.2.2.2 有线频率相位同步方法

最简单的有线时间同步方法是将主站的基准信号使用同轴电缆直接传给副站，副站使用接收到的基准信号作为唯一参考，产生新的频率信号，实现主站和副站的频率和相位同步。为了保证主站和副站相位的高精度同步，选用稳相电缆传输信号。图 6.10 是 TYPE72 型稳相电缆的相位—温度变化曲线。传输距离 27.4m 时，温度变化 25 ~60℃，TYPE72 稳相电缆引起的传输延时绝对变化量约为 40ps。可见，当主站和副站距离较远且电缆温度变化量较大时，必须要考虑电缆引入的相位变化。

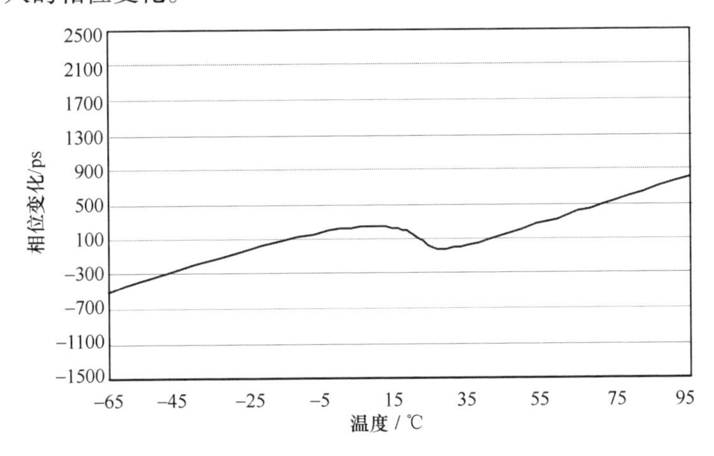

图 6.10 TYPE72 型稳相电缆的相位—温度变化曲线

当传输距离 27.4m 时，温度变化 25 ~60℃，如果使用光纤传输，根据光纤传输延时与温度、距离的关系可知，延时变化量约为 38ps。可见，短距离使用光纤和电缆传输相比，不会带来明显优点。但由于光纤质量小、信号损耗小，当需要进行远距离传输时，比较适合使用光纤传输。

国内外基于光纤传输的频率相位同步技术主要有三种，其区别在于相位补偿方法不同。第一种方法是基于光纤传输延时随温度和应力发生变化的特性，利用温控光纤 MDL 和压电陶瓷缠绕光纤 FST 对光纤传输延时进行补偿，采用该技术的单位有法国激光物理实验室[12-14]、中国计量科学研究院[15]、美国喷气动力实验室[16]、中国科学院上海光学精密机械研究所等。图 6.11(a)是法国激光物理实验室(LPL)于 2008 年研制的基于光纤传输的频率传输系统示意图[13]，光纤长度为双向 43km，传输频率包含 1GHz 和 900MHz 两种，主副站输入输出频率为 1GHz。本地端输入频率为 1GHz，使用 1550nm 直调激光器对 1GHz 信号进行调制并传输到远端，远端光探测器将 1GHz 光信号转换为电信号，同时远端 1GHz 振荡器锁定到远端接收到的 1GHz 信号上，且使用远端 1GHz 振荡器的

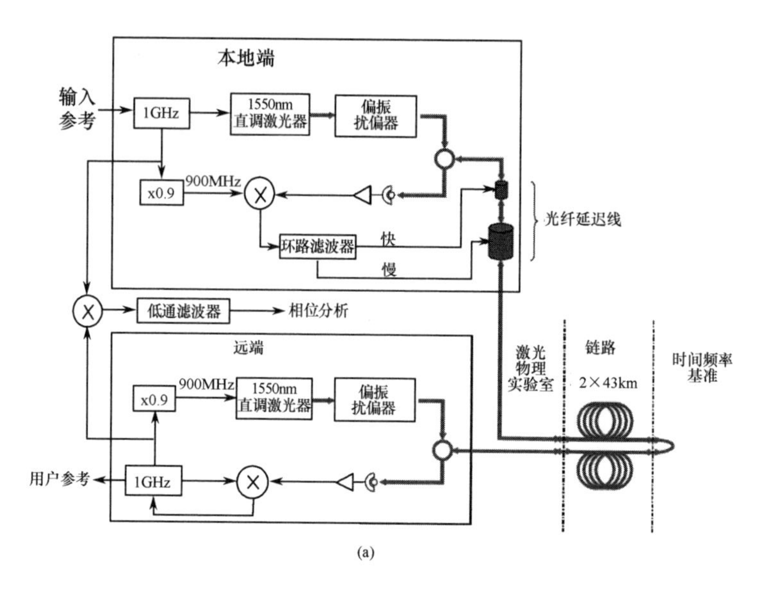

(a)

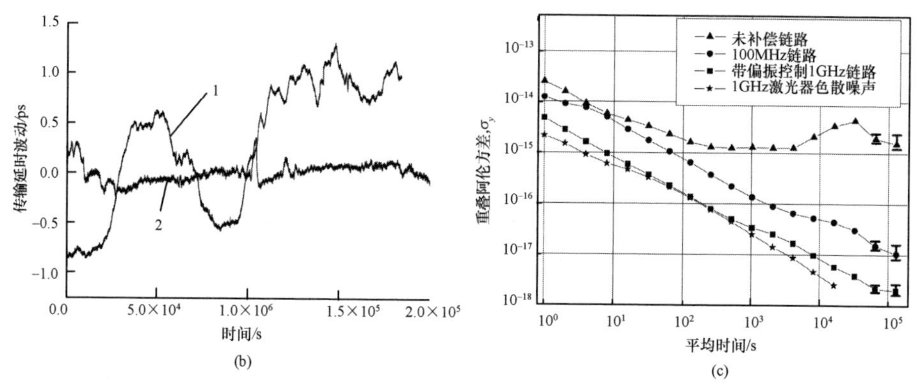

(b) (c)

图 6.11 法国 LPL 频率传输系统示意图

(a)系统示意图;(b)传输延时波动测试结果;(c)阿伦方差测试结果。

1GHz 信号产生 900MHz 信号,使用 1550nm 直调激光器发送到本地端。为了补偿光链路引入的相位波动,本地端将收到 900MHz 信号与本地 900MHz 信号混频,得到相位波动,根据检测到的相位波动控制光纤延迟线,对光链路延时进行补偿。使用的光纤延迟线分粗调和细调两种。粗调使用温控光纤,光纤长度为 4km,延时动态范围为 4ns,延时调整速度为 150ps/℃。细调使用压电陶瓷缠绕光纤,光纤长度为 15m,延时动态范围为 15ps。在实验室环境下进行测试,图 6.11(b)知两种配置下补偿后相位变化范围小于 2.5ps(光纤室温),由图 6.11(c)知补偿后长稳改善为 1×10^{-15}/1000s。图 6.12(a)是中国计量科学研究院于 2009 年研制的频率传输系统[15],与图 6.11(a)不同的是:该系统传输的频率为 9.2GHz;光纤长度为双向 10km;使用单模 G.652 光纤卷,波长为 1550nm;输入输出频率为 5MHz;

MDL 的补偿长度为 900ps，相应频率为 5Hz；FST 的补偿长度为 15ps，相应频率为 5Hz。在实验室环境下进行测试，图 6.12(b)是补偿前后两种情况下的相位波动曲线，补偿后相位波动和补偿前相比减小 1 ~2 数量级，由图 6.12(c)知补偿后长稳改善为 1×10^{-15}/s。

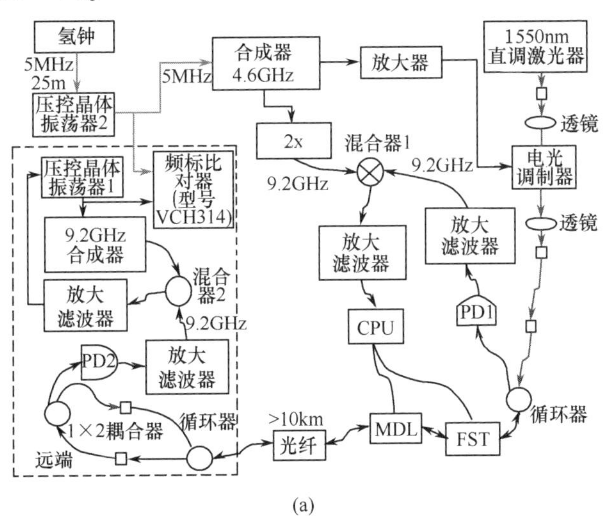

(a)

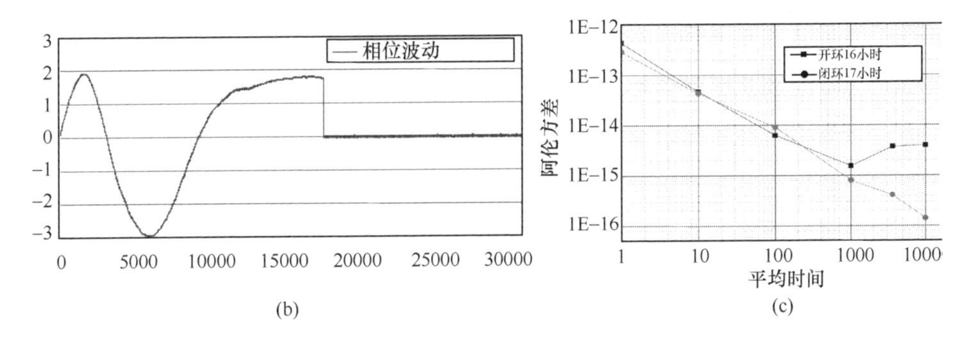

(b)　　　　(c)

图 6.12　中国计量科学院频率传输系统

(a)系统示意图；(b)补偿前后相位波动曲线；(c)光链路稳定性。

第二种相位补偿方法使用的是声光调制器(AOM)，AOM 的相位可以受电压控制，在光域实现相位调整。图 6.13(a)是法国 LPL 于 2009 年实现的基于 AOM 调整相位的频率传输系统[12]。本地端和远端均位于法国的 SYRTE 实验室，本地端光信号经过 43km 光纤后到达法国 LPL 实验室，然后经过 43km 光纤返回 SYRTE 处的远端。通过将 1.5μm 激光器稳定在具有超稳波长的 F－P 腔上，产生具有超稳波长的光信号。本地光信号传输到远端后，经过 AOM_2，将波长进行调整(对应频率偏移 70MHz)，得到的光信号功分为两路，一路输出，另一路返回到本地端。使用 AOM_2 对波长进行调整是为了在本地端区分“远端传输回来的光信号”和“本地端到远端传输过程反射回来的光信号”。在本地端将本地光信号和接收到的光信号拍频得到频率差为150MHz 的信号,利用该信号相位信息去调整 AOM_1 的相位从而实现光学相位补偿。本地端光信号和远端输出光信号由于都在 SYRTE 实验室,它们之间拍频得到110MHz 信号,对110MHz 信号测量,可以得到光链路的稳定度。如图 6.13(b)所示,86km 光链路,补偿前,短稳 5×10^{-14}/s,长稳 1×10^{-15}/1000s;补偿后,短稳 2×10^{-16}/s,长稳 6×10^{-19}/1000s。

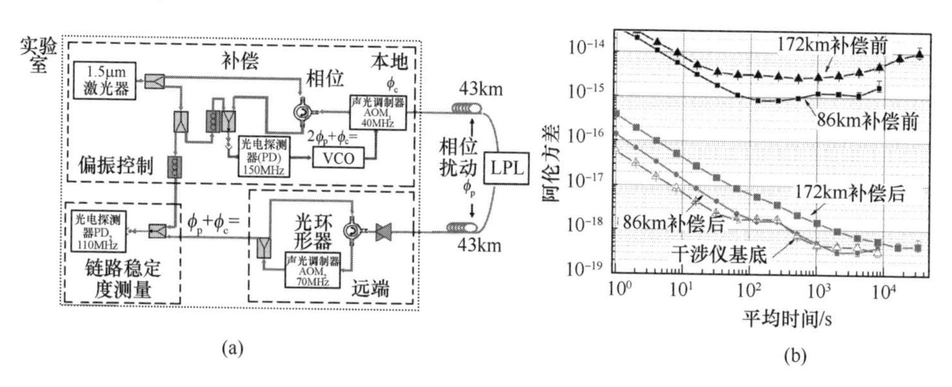

图 6.13　法国 LPL 频率传输系统[4]

(a)系统示意图;(b)阿伦方差测试结果。

第三种相位补偿方法通过在电域调整压控振荡器(VCO)的初始相位,实现对光纤相位的补偿。图 6.14(a)是 2009 年日本 NICT 研制的频率传输系统原理图[17]。本地压控晶体振荡器(VCXO)产生 100MHz 信号,10 倍频后产生 1GHz 信号,将该 1GHz 信号使用激光器调制到 1550nm 波长,传输到远端。本地 100MHz 压控振荡器的初始相位 ϕ_0 锁定在输入 1GHz 参考频率上,其初始相位为 ϕ_{ref}。在远端使用光探测器将 1GHz 光信号恢复为电信号,并使用低噪声放大器进行放大。远端 1GHz 信号相位为 $\phi_0+\phi_p=\phi_{ref}$。为消除光纤相位波动 ϕ_p 的影响,将远端的 1GHz 使用另外一种波长的激光器进行调制,使用光环路器实现来回光信号在同一根光纤中传输。本地输入的 1GHz 信号和接收到的 1GHz 信号混频得到相位波动量 ϕ_{e2},本地输入 1GHz 信号和 VCXO 产生 1GHz 信号混频得到相位波动 ϕ_{e1}。相位波动 ϕ_{e1} 和 ϕ_{e2} 同时控制 VCXO 实现远端相位和本地相位稳定。图 6.14(b)是室温环境下补偿前后本地和远端相位差变化比较,温度变化 3℃,补偿前相位变化小于 300ps,补偿后相位变化小于 20ps。图 6.14(c)给出补偿前后的阿伦方差,补偿前长稳 1×10^{-15}/1000s,补偿后长稳 1×10^{-16}/1000s。

国内外上述方法实现的频率同步系统的性能指标见表 6.5。三种方法相比:第一种方法使用 MDL 和 FST 补偿,补偿范围最大,相位补偿精度取决于 FST

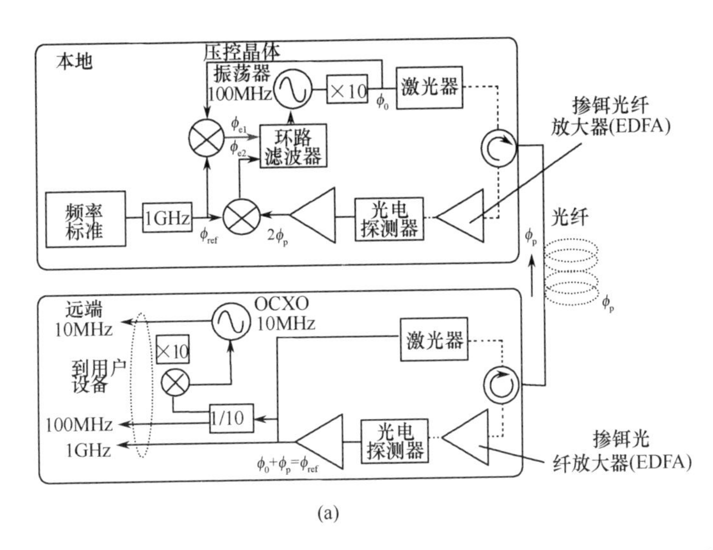

(a)

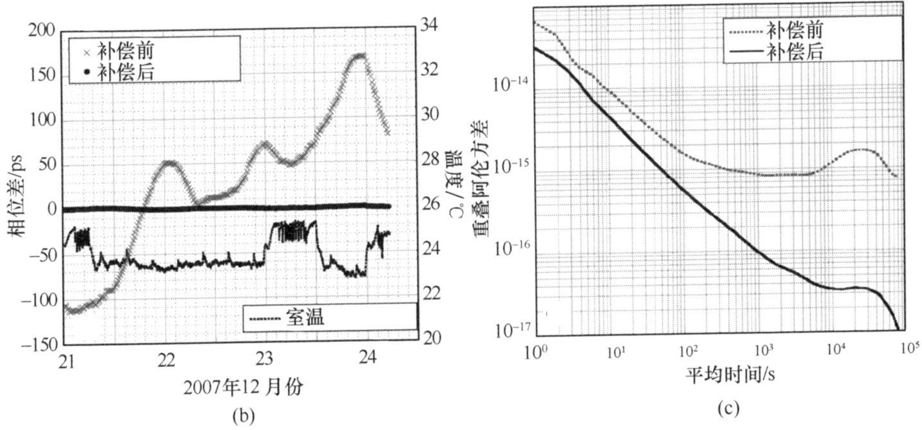

(b)　　　　(c)

图 6.14　日本 NIST 频率传输系统

(a)系统示意图；(b)补偿前后相位差；(c)补偿前后阿伦方差。

表 6.5　国内外光纤频率传输系统性能比较

补偿方法	长度/km	光纤传输环境	传输频率/GHz	补偿量	光纤温度变化	相位波动/ps	研究机构	年份
电域、VCO	10	室内	1	N/A	3℃	20	日本 NICT[17]	2009
AOM	43	城市	光	N/A	埋入地下	N/A	法国 LPL[12]	2009
MDL、FST	10	室内	9.2	900ps + 15ps	室温	N/A	中国 NIM[15]	2009
MDL、FST	43	室内	1/0.9	4ns + 15ps	埋入地下	2.5	法国 LPL[13]	2008

细调系统,但该方法的缺点是设备体积大、补偿速度慢,对于快速变化相位无法及时补偿;第二种方法使用 AOM 补偿,该方法直接传输的是激光信号,无法对100MHz 基准信号进行调制和传输,因此不适合本应用;第三种方法使用电域调整 VCO 初相实现补偿,补偿精度取决于锁相环路,优点是体积小,但是传输频率较高时,补偿范围受到鉴相特性限制。

6.3 时频相同步技术的试验验证

6.3.1 基于 GPS 共视法的时间同步技术试验验证

6.3.1.1 试验系统介绍

为了实现多部单元孔径的相参合成,需要统一的时间同步进行精确的延时相位控制和信号融合,分布孔径雷达各孔径之间的时间基准信号严格统一是相参合成的前提条件。基于 GPS 共视法的时间同步技术通常有直接同步、间接同步和独立同步,表 6.6 给出了这三种方式在原理上和特性上的对比。

表 6.6 多孔径天线收发时间同步技术比较

方案	描 述	特性及说明
直接同步	将发射机的触发脉冲经数传通道直接送给接收机	同步精度取决于数传通道引入的误差,可使用光纤卫星、短波和微波实现通信,要求系统使用配合式发射机
间接同步	在收发站各设一个相同的高稳定度时钟,以时钟作为时间基准实现同步	同步精度取决于所用时钟的高稳定度和两钟校准的周期,适用于采用固定发射脉冲重复周期和预先设定的伪随机序列的雷达系统。要求雷达使用配合式发射机
独立同步	采用辅助接收通道截获发射机的直达信号,从中提取同步信号,或从固定地物的散射杂波中提取同步所需的时间	可利用非配合照射源,通常难于获得较高的同步精度,仅用于告警和粗测

从性能、成本及实用等方面来考虑,本方案拟采用间接同步方法,各站使用高稳定的时钟源作为同步信号,使用前进行统一时间校准。

基于 GPS/北斗的时统系统工作原理如图 6.15 所示。GPS/北斗接收模块输出的秒脉冲信号短期稳定度差,需经过同步模块来提高秒脉冲信号的精度。此外,同步模块还输出 10MHz 基准信号,该信号送给雷达的频综系统,由频综系统给雷达各组成部分提供频率基准。

时统系统由 GPS/北斗接收模块、同步模块、时间测量模块、控制模块和电

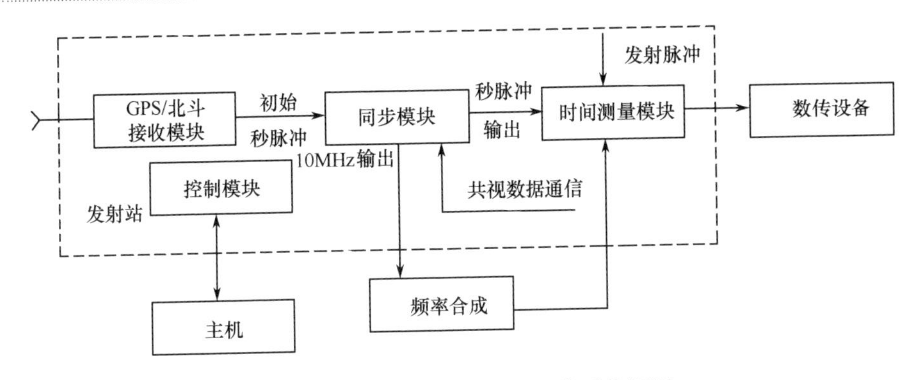

图6.15 基于GPS/北斗的时统系统框图

源组成。其中,GPS/北斗接收模块和同步模块形成高稳定的秒脉冲和10MHz基准信号,时间测量模块用于记录发射机发射雷达信号的当前时刻及时准确地通知接收机,并记录接收机回波到达的当前时刻。具体工作过程:在GPS/北斗接收机完成收星定位之后,输出标准的秒脉冲,将此秒脉冲与共视数据信息一起送入同步模块对本地钟进行同步,然后输出已同步的基准时钟信号(10MHz)。10MHz经过频率合成,输出的时钟送往时间测量模块作为计数时钟。发射站和接收站采用计数的方式分别计数,发射站和接收站计数的起始脉冲是相同的,都来自同步模块输出的秒脉冲。计数的终止脉冲分别来自发射脉冲和回波脉冲。发射站将其计数值和GPS的绝对时间、经/纬度、高度等信息通过数传设备传送到接收站端,接收站做相应的处理之后可获得两站的相对时间误差。

接收机在高速运动情况下容易产生GPS载波相位跟踪环路失锁,从而导致信息失效。卫星信号失锁可能有很多原因,例如卫星信号被障碍物暂时遮挡,接收机本身线路瞬时故障,导致基准信号无法与接收到的信号混频产生中频信号,或者产生的中频信号无法正确计数。此时,要利用接收机本身的秒脉冲或者高精度晶振来继续进行授时工作,直到接收机重新锁定信号为止。

在短时间内,GPS时钟并不存在累计误差。而通常的晶振时间间隔漂移较小,误差稳定,但存在较大的累计误差。GPS时钟与晶振时钟在特性上是互补的,因此,利用GPS/北斗可驯服铷钟单元进行精确授时是可行的。

时间同步试验通过测试两台GPS时间同步装置,对比其输出的秒脉冲信号,从而对比两台设备的同步精度,进而验证时间同步装置对分布式时间同步技术指标的达标情况(要求GPS的相对时间误差不超过±20ns)。

同步装置由GPS天线和时间同步设备构成,测试前将GPS天线安装在固定位置,接通电源,同步设备指示灯亮,开机10min后进行测试。

试验所需要的设备明细表见表6.7。

表 6.7 设备明细表

序号	设备	数量
1	GPS 时间同步装置(含电源线)	2
2	GPS 天线	2
3	GPS 天线至同步装置连接线	2
4	直流电源及电源线(12V/5A)	1
7	示波器及电源线	1
8	BNC 连接线	2
9	插排	1
10	试验车	1

测试对象为两台 GPS 时间同步装置,通过对比其输出的秒脉冲信号前沿延时从而获得两台设备的同步精度。

测试前将 GPS 天线安装在试验车上,两台同步装置均连接于示波器,连接图如图 6.16 所示。用其中一路秒脉冲信号前沿作为触发,实时观测两路秒脉冲信号的前沿延时并记录。

在试验过程中,分别在静态条件(车不动)和动态条件(油机启动,同时车运动)下对同步装置进行记录。

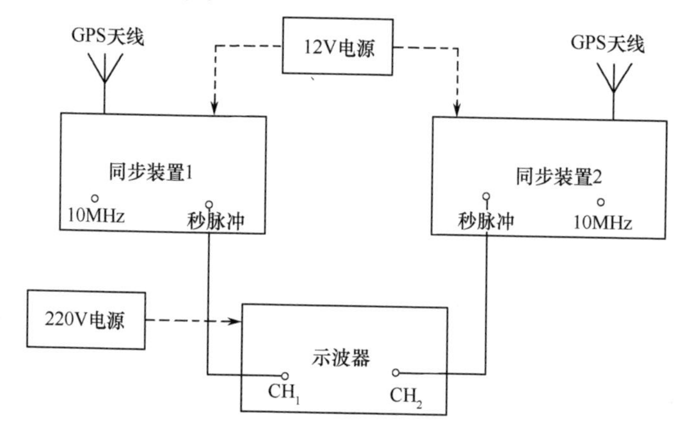

图 6.16 试验连接图

6.3.1.2 试验系统介绍

试验一:测试静止状态条件下的时间同步(不采用试验车)

将时间同步装置置于空地处进行测试,测试时间为 2h。将试验设备连接后开始测试,初始时刻 GPS 同步精度在 -30 ~ 30ns 的范围内进行漂移,随着时间的增加,GPS 同步精度逐渐减小,15min 后,GPS 同步精度维持在相对稳定状态,在 10 ~ 20ns 内进行漂移。

试验二:试验车启动状态条件下的时间同步(试验车静止)

试验车启动,试验车处于静止状态。对时间同步装置进行测试,测试时间为 2h。将试验设备连接后开始测试,初始时刻 GPS 同步精度较差,在 -110 ~ 110ns 的范围内进行漂移,随着时间的增加,GPS 同步精度逐渐减小,15min 后,GPS 同步精度维持在相对稳定状态,在 0 ~ 50ns 内进行漂移。

试验车振动,对 GPS 同步精度造成严重影响,主要是因为同步设备采用的晶振对振动较为敏感,其频率漂移和相位噪声等性能参数都将随振动而变化,进而影响同步设备的同步精度。

试验三:测试试验车启动状态且加减振器条件下的时间同步

为了尽量消除振动对 GPS 同步设备的影响,在试验车内装上减振器,将同步设备、示波器等安装在减振器上。

试验车启动,试验车处于静止状态。对时间同步装置进行测试,测试时间为 2h。开机 15min 后,GPS 同步精度维持在较为稳定的状态,在 0 ~ 20ns 范围内移动,从试验结果可以看出,减振器可以减弱油机振动对 GPS 同步装置的影响,从而改善 GPS 同步装置的精度。

经过上述试验可知,GPS 同步装置在静态条件下,同步精度较高,采用同步精度补偿,其精度可达 10ns,满足试验的技术指标。

当 GPS 同步装置位于启动状态下的试验车内,车的振动会导致同步精度恶化,同步精度在 50ns 范围内,通过减振器可改善同步精度,可达到 20ns,满足试验的技术指标。

6.3.2 基于光纤的时间频率相位同步技术试验验证

6.3.2.1 试验系统介绍

为了进行长基线分布式相参合成试验,设计了基于光纤的时间频率相位同步系统,采用两路光纤分别传输时间同步信号 T_{ref} 和频率基准信号 F_{ref}。为了达到高同步精度,同时兼顾体积、成本、可靠性等因素,时间频率相位的补偿均在电域实现。时间同步信号传输方案借鉴 RoundTrip 方法,并进行了设计改进。频率相位同步信号传输方案借鉴日本 NIST[17] 方法,并进行设计改进。为达到较大相位补偿范围,传输频率选择较低频率。

时间频率相位同步系统框图如图 6.17 所示[18,19],图中为主站到一个副站的基准信号 F_{ref} 和 ECL 同步信号 T_{ref} 的远距离传输,光纤传输距离为 1km(可支

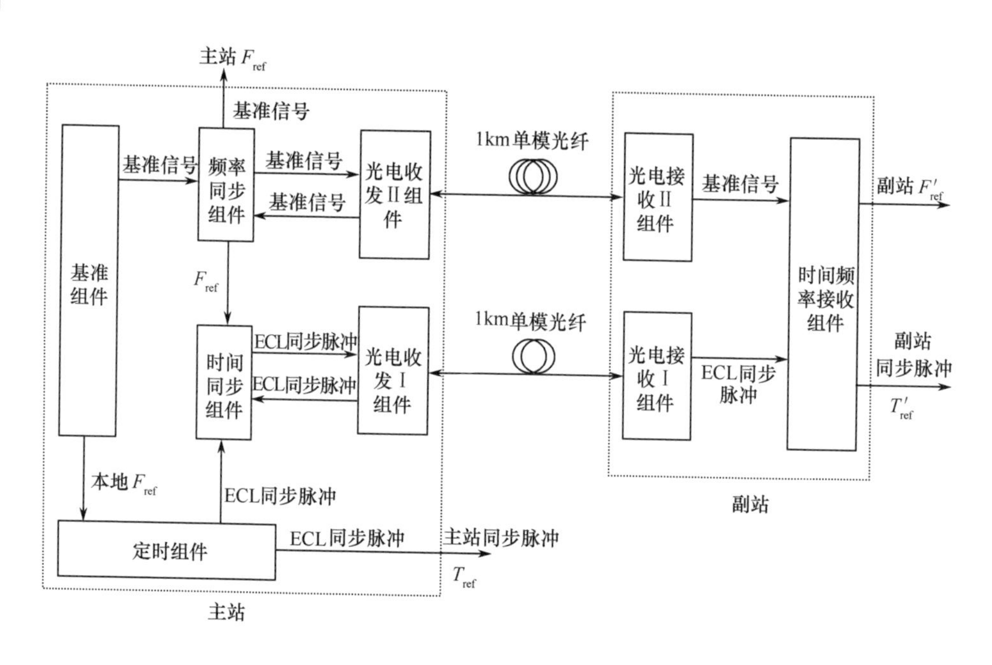

图 6.17　基于光纤传输的时间频率相位同步系统框图

持 5km)。主站部分包含定时组件、时间同步组件、频率同步组件、光电收发Ⅰ组件、光电收发Ⅱ组件五种组件。副站部分包含光电接收Ⅰ组件、光电接收Ⅱ组件、时间频率接收组件三种组件。对于分布孔径雷达,主站部分通常位于中心处理单元内部,副站部分通常位于单元孔径内部[20]。基准组件用来产生频率为 F_{ref} 的基准信号。定时组件用来产生多路 ECL 同步脉冲 T_{ref},其中一路供主站作为时间同步基准,其余用来传输到副站。时间同步组件、光电收发Ⅰ组件、光电接收Ⅰ组件、1km 单模光纤用来完成 ECL 同步信号的远距离传输。频率同步组件、光电收发Ⅱ组件、光电接收Ⅱ组件、1km 单模光纤用来完成基准信号的远距离稳相传输。副站的时间频率接收组件用来对副站收到的基准信号进行锁相输出得到副站的基准信号 F'_{ref},并对副站收到的 ECL 同步信号进行同步得到副站所需时间同步信号 T'_{ref}。主/副站基准信号 F_{ref} 和 F'_{ref} 保持相位、频率同步;主/副站 ECL 同步信号 T_{ref} 和 T'_{ref} 保持时间同步。

本系统的两个核心组件分别为时间同步组件和频率同步组件。时间同步组件使用 ACAM 公司的时间间隔测量芯片实现,时间测量精度(RMS)为 27ps。时间同步组件延时精度为 10ps。时间同步信号传输 LVPECL 电平,差分信号提高了抗干扰能力。频率同步组件的双反馈锁相环路使用 Hittite 公司的锁相环芯片实现,环路滤波器采用二阶无源比例积分滤波器,求和电路使用差分转单端运算放大电路实现。

两路光纤长度均为 1km，采用裸纤缠绕在光纤盘上，常温测试时，光纤盘位于室温环境。为验证系统对光纤温度变化带来延时的补偿性能，将图 6.17 中两个 1km 光纤盘放入温箱中进行测试。

6.3.2.2 试验结果分析

时间同步测试使用 Lecory WavePro 760Zi - A 6GHz 40GS/s 高速示波器对主、副站时间同步信号之间的时间差进行测试。温箱在 10 ~ 50℃ 范围进行温度变化，每隔 20℃ 进行一组测试，分别对补偿前和补偿后两种情况下主站时间同步信号和副站时间同步信号之间的时间差进行测试，测试结果如图 6.18 所示。光纤温度从 10℃ 变化到 50℃，补偿前主、副站时间差变化 1488ps，补偿后主、副站时间差变化 13ps。

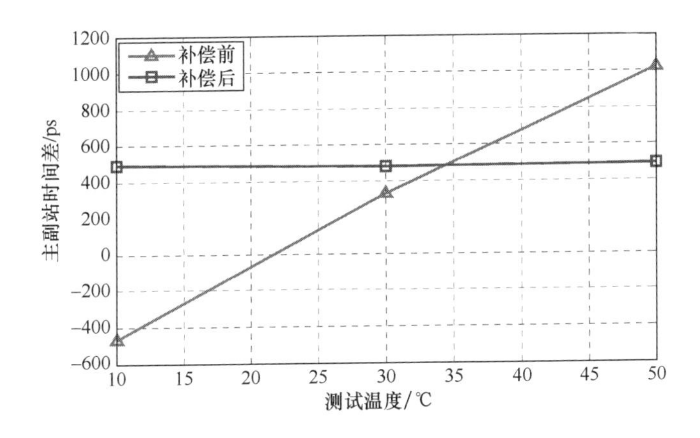

图 6.18 主、副站时间同步信号时间差随温度变化

相位同步测试使用 AV3629D 矢量网络分析仪，测试主、副站的基准信号之间的相位差。光纤置于室温环境，使用激光测温计实时测量光纤温度，同时使用矢网测量两站基准信号之间的相位差，测试结果如图 6.19 和图 6.20 所示。图 6.19 是光纤温度随时间变化曲线，2015 年 1 月 20 日 15 时 29 分开始测试，16 时 35 分结束。光纤温度变化范围 25.6 ~ 20.2℃，温度变化 5.4℃。图 6.20 是主、副站相位差随时间的变化曲线，对应图 6.19 的测试时间和测试温度，主站和副站的相位差变化 - 126.497° ~ - 126.031，变化量为 0.466°。如果不采用图 6.30 补偿方法，只使用光电收发 Ⅱ 组件和光电接收 Ⅱ 组件进行基准信号传输，1km 光纤温度变化 5.4℃，主站和副站的相位差变化约为 7.488°。对于 C 频段分布式相参雷达系统，为了达到合成效率 95%，需求的信号相位同步精度要求为 36°，已满足系统要求。

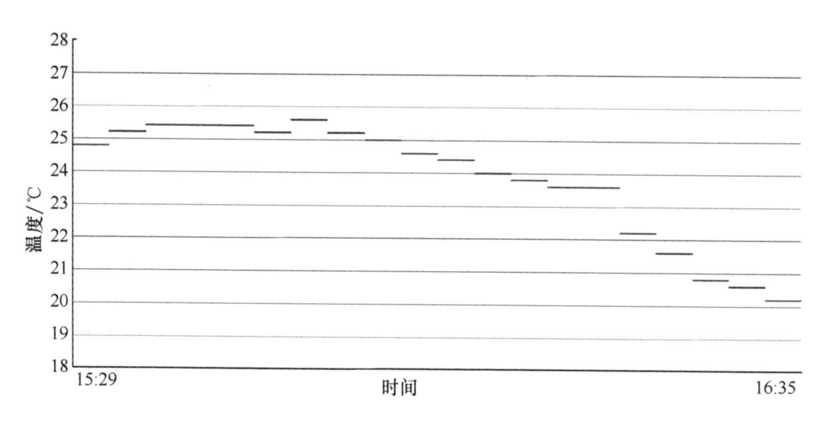

图 6.19　光纤温度随时间变化曲线

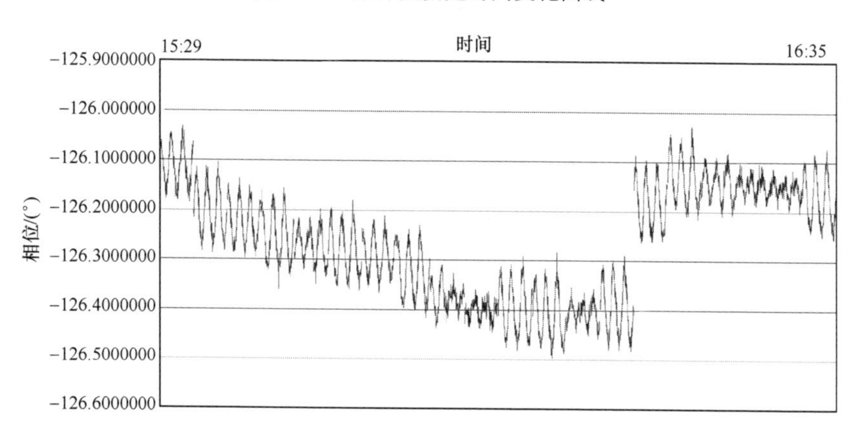

图 6.20　主/副站相位差随时间的变化曲线

参考文献

[1] Lutes G. Reference frequency distribution over optical fiber: a progress report[C]. IEEE 41st Annual Frequency Control Symposium, 1987: 161 - 166.

[2] Calhoun M, Kuhnle P, Sydnor R. Precision time and frequency transfer utilizing SONET OC-3 [C]. in proceedings of the 1996 International Meeting on Preceise Time and Time Intervals (PTTI 1996), Dec. 1996:339 - 347.

[3] Imaoka A, Kihara M. Accurate time/frequency transfer method using bidirectional WDM transmission[J]. IEEE Transactions on Instrumentation and Measurement, 1998, 47(2): 537 - 542.

[4] Kihara M, Imaoka A, Imae M, et al. Two-way time transfer through 2.4Gb/s optical SDH system[J]. IEEE Transactions on Instrumentation and Measurement, 2001, 50(3):537 - 542.

[5] Ebenhag S C, Hedekvist P O, et al. Measurements and Error Sources in Time Transfer Using

Asynchronous Fiber Network[J]. IEEE Transactions on Instrumentation and Measurement, 2010, 59(7):1918 - 1924.

[6] 丁小玉, 张宝富, 等. 高精度时间信号的光纤传递[J]. 激光与光电子学进展, 2010: 110601 - 1 - 7.

[7] 桂有珍. 时间频率信号光纤传递系统[R].2009 全国时间频率学术会议分会报告, 2009.

[8] 梁双有, 张健康, 李立中. 光纤时间传输及相位补偿[J]. 时间频率学报, 2008, 31(2): 147 - 156.

[9] 李孝峰, 梁双有, 张首刚. 光纤时间频率传输数字相位补偿方法[J]. 时间频率学报, 2009, 32(2): 115 - 119.

[10] Sliwczy'nskil L, Krehlik P, Lipinski M. Optical fibers in time and frequency transfer[J]. Measurement Science and Technology, 21 (2010) 075302: 1 - 11.

[11] 纪建华, 徐超. 双基地雷达时统系统的关键技术研究[C].2011 年学术交流论文,北京无线电测量研究所,2011.

[12] Kéféliana F, Jiangb H, Lopeza O, et al. Long-distance ultrastable frequency transfer over urban fiber link: toward a European network[J]. Proceeding of SPIE-The International Society for Optical Engineering, 2009, 7431:74310D-74310D-9.

[13] Lopez O, Amy-Klein A, Daussy C, et al. 86-km optical link with a resolution of 2×10^{-18} for RF frequency transfer[J]. European Physical Journal D, 2008, 48(1):35 - 41.

[14] Santarelli G, Narbonneau F, et al. High performance frequency dissemination for metrology applications with optical fibers[C]. Proceedings of the 2005 IEEE International Frequency Control Symposium and Exposition, 2005: 925 - 927.

[15] Chen Weiliang, Li Tianchu, Lin Pingwei, et al. Laboratory experiment of 9.2GHz frequency transfer with a fiber [C]. IEEE International Frequency Control Symposium, 2009: 715 - 720.

[16] Huang S H, Calhoun M, Tjoelker R. Optical links and RF distribution for antenna arrays[C]. International Frequency Control Symposium and Exposition, 2006:637 - 641.

[17] Fujieda M, Kumagai M, Gotoh T, et al. Ultrastable frequency dissemination via optical fiber at NICT[J]. IEEE Transactions on Instrumentation and Measurement, 2009, 58(4):1223 - 1228.

[18] 张建恩,白晓梅. 一种基于光纤传输的远距离高精度时间同步装置[R].2013 年学术交流论文,北京无线电测量研究所,2013.

[19] 梁俊杰,张建恩,白晓梅,等. 相位同步电路的设计与分析[R].2013 年学术交流论文,北京无线电测量研究所,2013.

[20] 高红卫,曹哲,文树梁,等. 分布式阵列相参合成雷达技术研究[C]. 空天防御雷达探测技术文集(一),2010:115 - 121.

第7章 分布孔径雷达系统设计

前面章节对分布孔径雷达的相关技术进行了描述,为系统验证分布孔径雷达原理的有效性及各关键技术研究方法的有效性,解决相参合成关键问题,推动技术向应用转化,开展原理样机研制与充分的试验验证奠定了基础。本章将对该体制雷达系统总体设计与主要组成分系统设计进行讨论,进而介绍典型分布孔径雷达系统设计案例,并对相关试验结果进行分析[1-6]。首先从总体设计出发,讨论单元孔径个数选择、基线长度选择、频段选择、系统拓扑结构、高低信噪比条件下相参合成流程设计及相参合成一致性标校等方面的问题,分析各方面的设计要求,为系统设计指标提供参考;然后在后续部分讨论分布孔径雷达主要分系统的设计要求,并提供设计参考指标,为该体制雷达的研制提供参考。

7.1 总体设计

7.1.1 单元孔径数选择

分布孔径雷达单元孔径数选择受如下因素影响:

(1) 战术指标。战术指标决定了雷达系统的探测距离和测量精度等指标,这些指标决定了雷达系统的设计和规模,间接决定了雷达系统单元孔径个数的选择。

(2) 作战使用。从作战使用角度出发,要求雷达装备操作简单、使用方便。此外,野战装备还需要雷达系统易于运输和快速集成。分布孔径雷达系统单元孔径个数越多,意味着系统设计更加复杂、数据交互更加频繁、站址选择和布阵优化需考虑的因素更多。因此,单元孔径个数选择要综合考虑作战使用要求。

(3) 相参合成算法。分布孔径雷达系统是“化整为零”朴素思想的结晶,多个单元孔径相参合成等效成一部大雷达的探测效果。假定等效大雷达规模、探测目标和距离固定,单元孔径接收到回波信号的质量(信噪比)与单元孔径数成反比,即单元孔径数越多,接收到的回波信噪比越低,相参合成难度越大,对相参合成算法提出了更高的要求，因此，单元孔径个数选择同样要考虑相参合成算法的能力。

(4) 系统运算能力。由于单元孔径数越多，系统需要运算的数据量就越大，因此系统的运算能力也决定着单元孔径数的选择。

(5) 资源调度。资源调度涉及了孔径之间时间空间资源分配、波形切换、跟踪回路闭合、信息交互、数据筛选、融合与处理等多方面，是雷达系统单元孔径数选择需要考虑的一个重要因素，资源调度的好坏直接决定了整个雷达系统作战效能的发挥。

7.1.2　基线长度选择

基线长度选择除与回波相参性和布阵优化有关，还受如下因素影响：

(1) 测角精度。基线长度在一定程度上决定了测角精度[7]，一般情况下基线长度越长测角精度越高。

(2) 阵面遮挡。雷达在对目标进行搜索和跟踪的过程中需要改变波束指向，单脉冲雷达通过机械调转改变波束指向，相控阵雷达既可以通过电扫也可以通过机械调转改变波束指向，综合战术指标和系统设备安全，无论哪种形式均需考虑阵面遮挡问题。基线长度是影响阵面遮挡的一个主要因素，需重点考虑。

(3) 时频同步传输。分布孔径雷达对时频同步提出了非常高的要求，而同步信号质量受传输介质、环境和温度变化等因素影响较大，导致信号传输距离受限，在进行基线长度选择的过程中，需考虑时频同步信号的传输距离。

分布孔径雷达由中心控制处理系统和多个单元孔径组成，系统拓扑结构如图7.1所示。

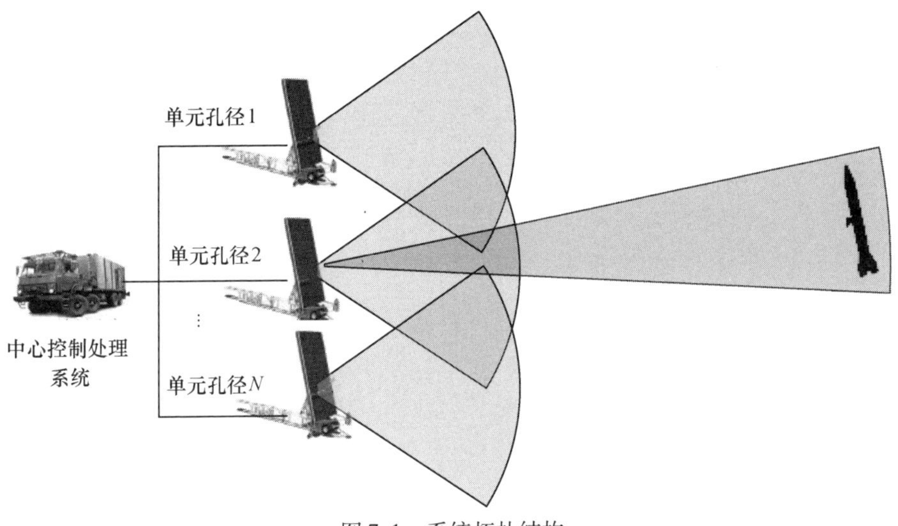

图7.1　系统拓扑结构

中心控制处理系统由中心主控、中心频综、中心信号处理和显控系统组成。

中心主控:完成对整个雷达系统的控制和资源调度,实现单元孔径间有序工作和有机协同,支持开展相参合成;完成相参处理模式下对跟踪目标的数据处理,实现距离、角度、速度和自动增益控制(AGC)回路的平稳闭合;完成数据处理和融合。

中心频综:为单元孔径提供时钟基准信号;为中心控制处理系统和单元孔径提供时间同步信号;产生幅度、相位和延时标校信号。

中心信号处理:完成接收相参与发射相参延时和相位参数的估计;完成搜索与跟踪状态下回波信号相参合成处理;完成联合阵列测角角误差提取。

显控系统:完成雷达系统工作状态与工作过程的管理与控制;完成与雷达主控计算机、信号处理系统的数据交互;完成目标回波一次信息和二次信息的显示;完成相参合成检测与跟踪结果显示;完成系统状态监测显示。

单元孔径除了具有与传统雷达相同的功能,还需具有如下功能:

(1)单元孔径雷达主控。单元孔径雷达主控具有接收中心主控控制字同时回送处理信息的功能。联合探测模式下,单元孔径雷达主控受控于中心主控,执行中心主控发送的控制命令;独立模式下,单元孔径雷达主控独自对本单元孔径雷达系统进行控制。

(2)单元孔径雷达频综。联合探测模式下,单元孔径雷达频综能够接收中心频综传送的时钟和同步信号。

7.1.3 频段选择

频段选择是雷达装备研制一项非常重要的工作,涉及的因素很多,分布孔径雷达频段选择仍然遵循常规雷达频段选择准则。此外,还需考虑时频同步精度指标的影响。时频同步指标是分布孔径雷达一项非常关键的技术指标,直接决定相参合成的效果。理论推导得到,频率越高对时频同步指标要求越高,例如频率选择在5GHz,时间同步要求在20ps量级,频率选择在10GHz,时间同步要求在10ps量级,因此频段选择要考虑当前时频同步技术所能达到的技术指标。

7.1.4 相参合成流程设计

根据作战需求,既要求分布孔径雷达具有高的目标测量精度和识别能力,也要求雷达系统能够远距离发现目标,并进行稳定截获和跟踪。为实现对目标的精确测量,需要接收到的回波信号具有较高的信噪比,在这种情况下通过相参合成处理能够改善目标的测量精度和识别能力;同时,为实现雷达系统远距离发现目标,会面临着“单元孔径雷达看不见,相参合成后看得见”的问题,在这种情况下单元孔径接收到的回波信号信噪比较低。为了充分发挥分布孔径雷达的技术优势,针对回波信号信噪比不同的情况,设计了两种不同的工作流程。

7.1.4.1　高信噪比条件下相参合成流程

工作过程分为四个阶段[8-21](图 7.2):

(1) 搜索阶段:单元孔径雷达自主搜索或接收外界引导信息,一旦有回波信号出现,单元孔径雷达可采用相参或非相参处理模式,提高对目标探测的信噪比。

(2) 截获阶段:分布孔径雷达采用相参处理方法实现对目标的探测。

(3) 跟踪阶段:雷达采用窄带对目标进行跟踪,窄带目标状态矢量用来指定宽带(需要时)波形的处理窗口。

(4) 相参跟踪阶段:相参合成处理时,雷达可采用窄带或宽带波形,为保证系统过渡的平稳性,带宽可逐步增加,最后过渡到宽带处理波形,宽带波形可用来对目标进行相参积累跟踪或宽带成像。

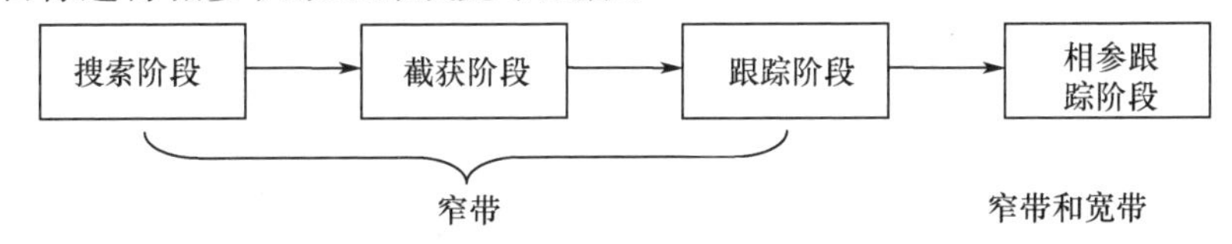

图 7.2　分布孔径雷达的四个工作阶段

值得说明的是,搜索与跟踪阶段中的相参/非相参处理可利用时间积累或多平台的探测信息进行积累。雷达在搜索与截获阶段,采用宽波束方向图与正交波形,各单元孔径雷达独立工作,并采用相参与非相参积累提高目标的信噪比,一旦目标截获成功,分布孔径雷达中心处理系统开始接收各单元的原始 I/Q 数据,并采用非相参处理方式进行积累,最后中心处理系统控制整个跟踪回路,并将目标状态矢量发送给各个单元。各单元孔径雷达不断地输出原始 I/Q 数据信息,中心信号处理计算各单元孔径雷达相参合成的参数,这样就提高了目标跟踪的信噪比、跟踪与成像质量。分布孔径雷达工作过程如图 7.3 所示。

7.1.4.2　低信噪比条件下相参合成流程

在这种情况下,雷达工作过程分为相参搜索、相参截获和相参跟踪三个阶段。

(1) 相参搜索阶段:在中心控制处理系统的统一控制和调度下,单元孔径雷达波束指向同一方位,发射相互正交的波形,并将接收到的回波信号送中心控制处理系统进行相参合成,中心控制处理系统负责目标确认和点迹提取等工作。

(2) 相参截获阶段:单元孔径雷达仍然受控于中心控制处理系统,发射相互正交的波形,中心控制处理系统负责目标证实和跟踪回路的建立。

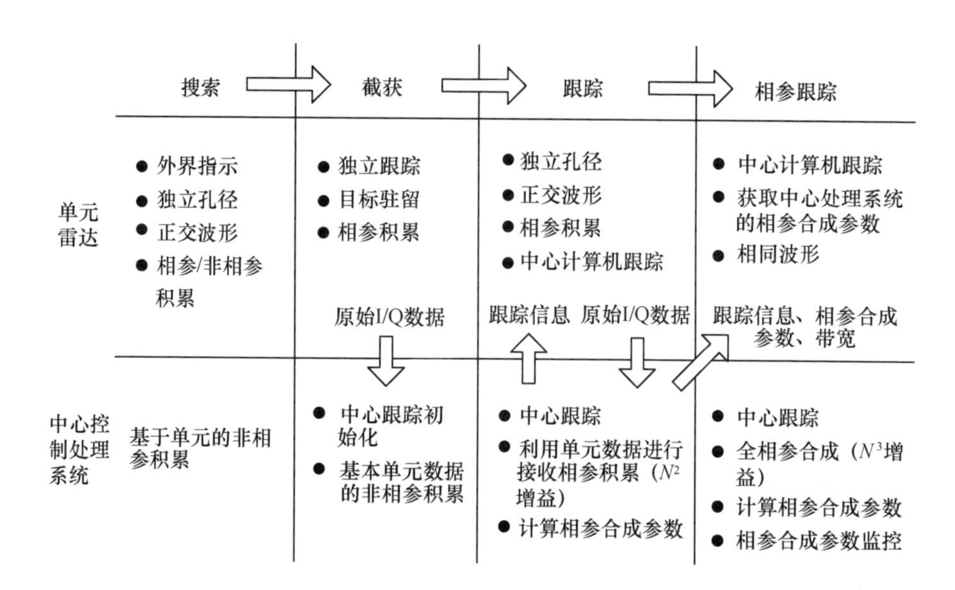

图 7.3　分布孔径雷达工作过程

(3) 相参跟踪阶段:初始阶段,单元孔径雷达发射相互正交的信号,该阶段为接收相参合成,当延时和相位估计精度满足一定要求的情况下,单元孔径雷达发射相同波形,称为收发相参合成阶段,实现回波信号 N^3 最大增益改善。信号带宽可依据跟踪任务和指标要求进行选择。

7.1.5　相参合成通道一致性标校

单元孔径雷达间通道一致性直接影响相参合成增益改善效果,同时影响着测角精度。根据分布孔径雷达体制特点和相参合成算法要求,需对接收通道和发射通道的幅度、相位和延时进行一致性标校。

7.1.5.1　接收通道幅度/相位标校

接收通道幅度/相位标校流程如图 7.4 所示,中心模拟器产生标校波形,通过功分器送入单元孔径雷达接收机和、方位差、俯仰差及监测通道,中心信号处理提取每个单元孔径雷达接收通道幅度/相位差值。

设测试通道的接收信号为

$$S_2 = I_2 + \mathrm{j}Q_2 = A_2\exp(\mathrm{j}\phi_2) \tag{7.1}$$

参考通道的接收信号为

$$S_1 = I_1 + \mathrm{j}Q_1 = A_1\exp(\mathrm{j}\phi_1) \tag{7.2}$$

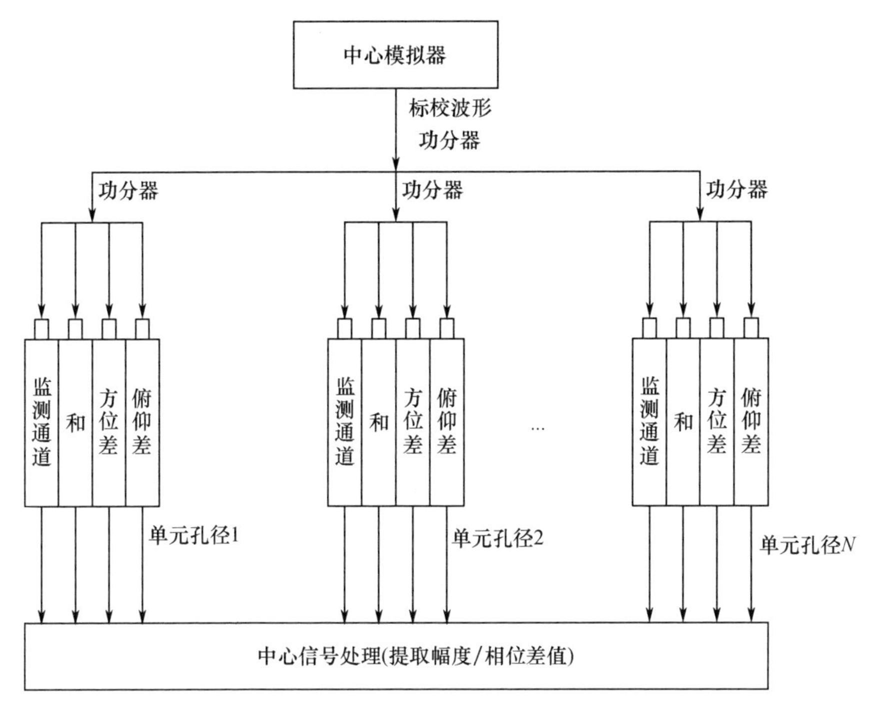

图 7.4　接收通道幅度/相位标校流程

则信号的比值为

$$\frac{S_2}{S_1}=\frac{A_2}{A_1}\exp(\mathrm{j}(\phi_2-\phi_1))=\frac{A_2}{A_1}\cos(\phi_2-\phi_1)+\mathrm{j}\frac{A_2}{A_1}\sin(\phi_2-\phi_1)=I_0+\mathrm{j}Q_0 \tag{7.3}$$

相位差为

$$\Delta\phi=\phi_2-\phi_1=\arctan(Q_0/I_0) \tag{7.4}$$

幅度差为

$$\Delta A=\frac{A_2}{A_1}=\frac{\sqrt{Q_2^2+I_2^2}}{\sqrt{Q_1^2+I_1^2}} \tag{7.5}$$

7.1.5.2　接收通道延时标校

接收通道延时标校流程如图 7.5 所示，中心模拟器产生一宽带 LFM 信号（带宽选择与延时标校精度有关），通过功分器送入单元孔径雷达和通道及发射监测通道，中心信号处理提取延时差值。

设基带 LFM 信号为

$$S_i(t)=\mathrm{rect}\left(\frac{t-t_i}{T}\right)\exp(\mathrm{j}(\pi\mu(t-t_i)^2+\varphi_i))\quad(i=1,2) \tag{7.6}$$

假设 $t_2>t_1$ 则两个信号的时域关系如图 7.6 所示。

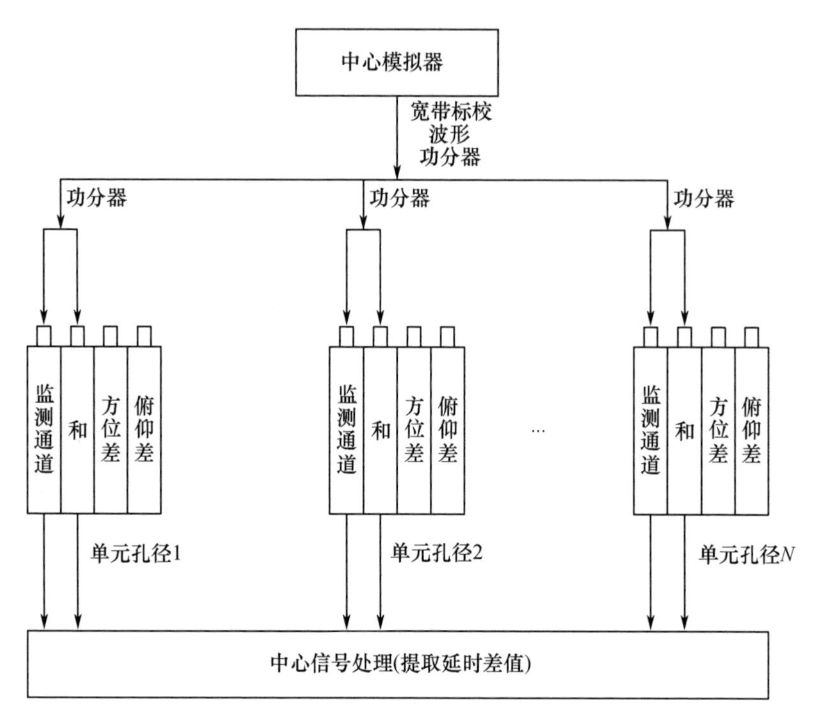

图 7.5　接收通道延时标校流程

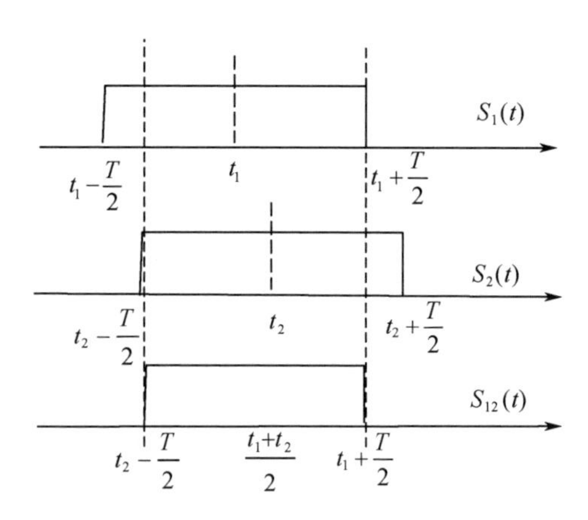

图 7.6　波形延时示意图

则两个信号的相关结果为

$$S_{12}(t)=S_1(t)S_2^*(t)=\mathrm{rect}\left(\frac{t-t_{12}}{T}\right)\exp(\mathrm{j}(2\pi f_{12}t+\varphi_{12}))\tag{7.7}$$

其中

$$\begin{cases} t_{12} = \dfrac{t_1 + t_2}{2} \\ f_{12} = -\mu(t_1 - t_2) \\ \varphi_{12} = \pi\mu(t_1^2 - t_2^2) + (\varphi_1 - \varphi_2) \approx \varphi_1 - \varphi_2 \end{cases} \tag{7.8}$$

即两个信号的相关结果为一单载频信号，令 $\Delta t = t_1 - t_2$，则频率为

$$f_\Delta = -\mu\Delta t \tag{7.9}$$

因此，把测延时差 Δt 转化为测频差 f_Δ。采用大调频率 LFM 信号来测小的延时。

设 $T = 5\times10^{-6}$s，$B = 1\times10^9$Hz，$\Delta t_{\min} = 10^{-12}$s，$\Delta t_{\max} = 0.1\times10^{-6}$s，则

$$\mu = \frac{B}{T} = 2\times10^{14}(\text{Hz/s}) \tag{7.10}$$

$$f_{\min} = \mu\Delta t_{\min} = 200(\text{Hz}), f_{\max} = \mu\Delta t_{\max} = 20\times10^6(\text{Hz}) \tag{7.11}$$

由于采样率 $f_s \geqslant 2f_{\max}$，故可取 $f_s = 40\times10^6$Hz。

要达到 $f_{\min} = 200$Hz 的频率分辨率，信号处理点数（FFT 插值）

$$N = f_s/f_{\min} = 2\times10^5 \tag{7.12}$$

标校状态，信号处理足以完成此运算。

7.1.5.3 发射通道幅度/相位标校

发射通道幅度/相位标校之前需对单元孔径雷达之间监测通道的幅度/相位差值进行补偿，标校流程如图7.7所示。单元孔径雷达在中心主控的控制下发射相同波形，经耦合器送入监测通道，中心信号处理提取幅度相位差值，提取算法与6.2节相同。

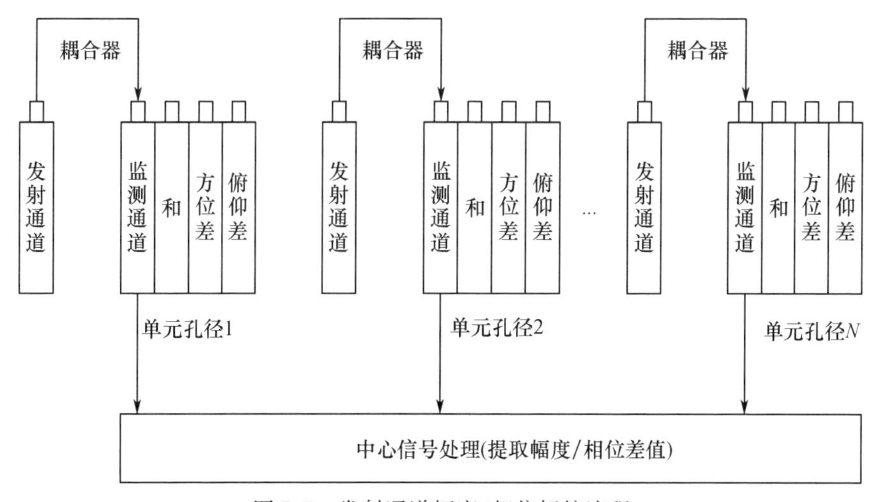

图7.7 发射通道幅度/相位标校流程

7.1.5.4　发射通道延时标校

进行发射通道延时标校之前需对单元孔径雷达之间监测通道延时差值进行补偿，标校流程如图7.8所示。单元孔径雷达之间同时发射相同的宽带标校波形，通过耦合器送入监测通道，中心信号处理提取延时差值，延时差值提取算法与6.2节相同。

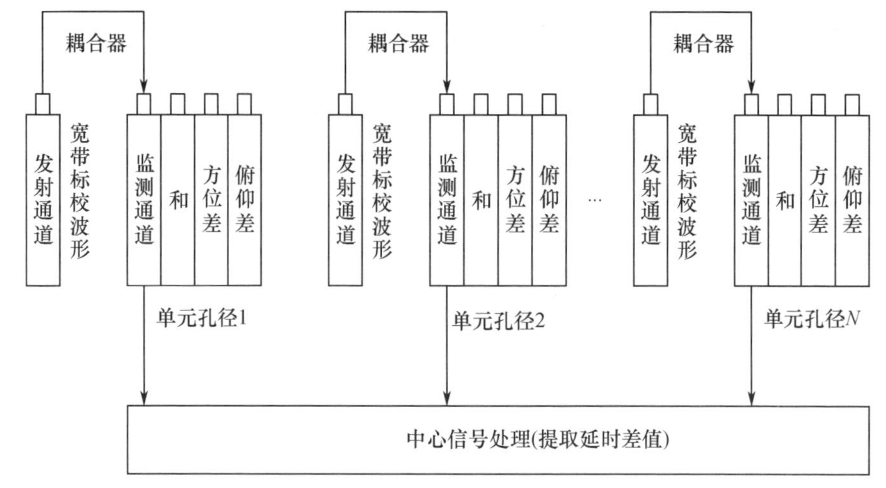

图7.8　发射通道延时标校流程

7.2　组成系统设计

7.2.1　中心控制系统

中心控制系统是分布孔径雷达的“神经中枢”，其硬件组成与常规雷达主控相似，包括雷达主控计算机、GPS授时系统、录取板和同步器板等硬件。其中：雷达主控计算机为雷达主控软件提供运行平台，实现雷达数据处理、系统监测、数据传输与系统控制等功能；GPS授时系统具备提供时间码的能力；录取板用于录取点迹、航迹和状态监测等数据信息，并具备在一个跟踪时间内完成数据录取的能力；同步器板用于接收频综系统提供的调度脉冲、驻留脉冲和发射基准脉冲。中心控制系统首先应具备常规雷达的功能：

（1）实现雷达数据处理、系统监测、数据传输与系统控制；

（2）实现中心控制处理系统与中心频综、中心信号处理、单元孔径雷达主控等系统的数据通信和指令控制；

（3）为各单元孔径雷达回波数据提供时间信息；

(4) 接收中心频综系统发送的同步信号;

(5) 具备点迹、航迹、状态监测等数据信息的存储功能。

分布孔径雷达的中心控制系统主要用于实现对各单元孔径雷达的全面管控,并在多单元孔径雷达联合工作模式下对目标的跟踪数据进行处理。由于分布孔径雷达技术的应用尚在研究阶段,雷达各种功能的应用需要不断的完善与更新,以提升系统整体性能,系统软件的体系结构建议采用层次化、模块化结构(图7.9),便于后续的功能修改和增加,以增强软件的可靠性和可扩展性。按功能可划分为设备驱动层、网络通信层、数据变换层、应用算法层及人机界面层。

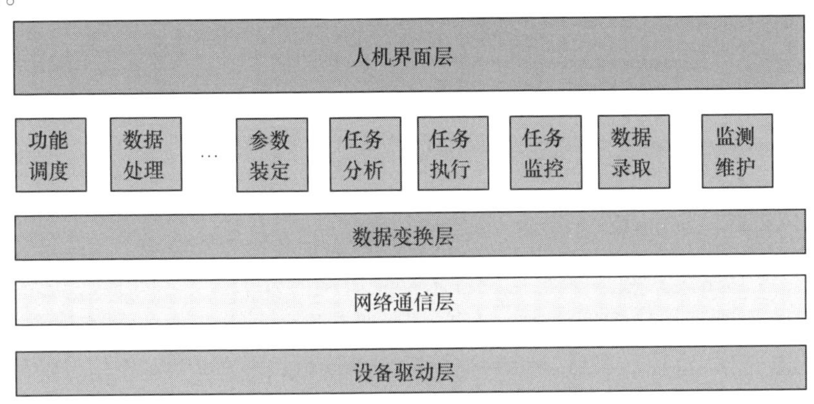

图7.9 软件层次化、模块化体系结构

分布孔径雷达中心控制处理系统除应具备常规雷达主控应具备的功能外,还需利用单元孔径雷达主控和中心控制系统,实现单元孔径雷达间的有序工作和有机协同,实现独立与联合、接收相参与收发相参等模式的功能切换和时分控制,同时应具备系统的性能评估功能,以支撑系统的逐步改进与完善,最终实现系统全相参。因此,其应具备一些分布孔径雷达中心调度特有的功能。具体功能如下:

(1) 控制各单元孔径雷达间的有序工作和有机协同、收发各单元孔径雷达的控制字和回送字,实现对各单元孔径雷达发射机、波控机和伺服等的一致性调度,支持开展相参合成。

(2) 支持接收相参与收发相参两种处理模式,完成相参处理模式下的标校、工作、调试和维护等不同状态的管理控制和有效处理。

(3) 完成相参处理模式下对跟踪目标的数据处理,实现距离、角度、速度和AGC回路的平稳闭合。

(4) 实现相参处理模式下对跟踪数据和信息的录取,航迹数据含有GPS时间信息。

（5）收集中心控制处理系统的相关监测信息，掌握系统的工作状态。

分布孔径雷达系统的工作模式如图7.10所示。

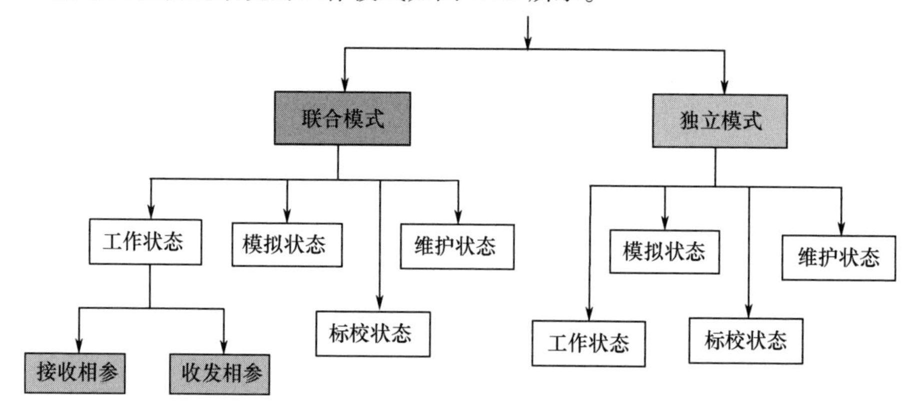

图7.10　分布孔径雷达系统的工作模式

系统整体上设置联合与独立两大类工作模式。独立模式下，单元孔径雷达独立完成常规雷达的各项功能，完成自身的回路闭合等效多部雷达；联合模式下，中心控制系统控制各单元孔径雷达相互协同工作，相互之间紧密联系，等效一部雷达。单元孔径雷达使用中心控制处理系统的时间同步和相参本振，实现同时相参工作，且控制天线波束始终指向同一区域，在空间中实现信号的发射相参合成，并对接收回波进行接收相参合成处理，此时单元孔径雷达和中心控制处理系统并行工作。在联合模式下，中心控制软件为适应独立工作与相参工作的不同使用要求，需设置工作、模拟、标校和维护四种状态，并分别在各状态下完成各系统控制与联合数据处理。

（1）工作状态：执行任务的状态，可跟踪标校塔。在联合模式下又可分为接收相参状态或收发相参状态。

（2）模拟状态：利用机内射频模拟器模拟产生回波进行工作的状态，既可检查除天馈系统以外的所有雷达设备硬件和工作软件，也可作为软件调试及汇报演示的状态。

（3）标校状态：系统进行幅度、相位和延时标校的状态。

（4）维护状态：包括单项测试、单过程调试、非实时监测等状态。此状态可跟踪标校塔、检查幅相一致性、测试S曲线及天线方向图、雷达系统跟踪稳定性及自动跟踪性能等。

7.2.2　中心频综系统

中心频综系统由宽带频综系统与窄带频综系统组成，主要由晶振、波形产生、第一本振、第二本振、发射上变频、控制与监测、电源等模块组成，是雷达系统全相参、低相噪、宽窄带多波形、多频点、捷变频的高性能雷达频率综合器。其主要用途：在中心控制处理系统的控制下，为单元孔径雷达频综系统提供高稳定性时钟、同步和基准等信号，以控制各单元孔径雷达信号在目标处实现同时同相叠加，完成相参合成。单元孔径雷达间同步信号相对精度是系统实现全相参的关键，中心频综系统应具备如下功能：

（1）为各单元孔径雷达频综系统提供基准与同步信号。

（2）具备联合标校的宽窄带波形产生功能。

（3）具备多路正交回波模拟功能（至少两路）。

（4）支持波形下载，方便更换调制波形。

其中，为了在工作前对整个雷达系统的相参合成功能进行验证，需设计中心模拟器，用于模拟接收相参模式下的多路正交回波信号，各单元孔径雷达接收机对回波信号进行信号采样、A/D 转换和数字下变频等处理，将回波信号送入单元孔径雷达信号处理系统和中心信号处理系统，并对各路回波进行匹配滤波和相参合成等处理，完成该模式下的系统功能模拟验证。

联合标校功能为在系统进行联合工作模式前，对各单元孔径雷达接收机接收通道进行联合标校而产生相应的标校波形，主要标校通道间的幅相一致性与延时一致性，使得系统可获得更高的相参合成增益及相参合成效率。

下面以 C 频段分布孔径雷达为例，给出中心频综系统设计相关技术指标，以供参考：

（1）波形产生的计数与发射基准触发脉冲要严格同步，由时间游离引起的距离抖动（包括不同的开机时间与开机后距离的误差）不大于 2m。

（2）频率准确度不大于 3×10^{-6}，建议采用 48 位以上数字频率综合器。

（3）两单元孔径雷达系统的时间同步精度应满足不大于 18ps，以保证系统全相参效率达到 95%。

7.2.3　中心信号处理系统

中心信号处理系统主要由数字脉冲压缩器、回波信号处理器、距离与角度误差提取器、一维实时成像器、信号处理同步器、智能控制板和一次信息传输装置等部分组成。需要具备接收来自接收机的 3 路数字信号，完成回波信号的脉冲压缩、动目标处理、目标检测与点迹合并处理、距离与角度误差提取、一维距离成像、数据录取等常规处理功能。

分布孔径雷达包括接收相参与收发相参两种工作模式。其中，在接收相参合成模式下，进行多单元孔径雷达间信号的相对延时和相位估计是实现分布式相参合成的前提与核心，频段越高，参数估计和处理的难度越大。远距离截获时要面临“单个单元孔径雷达看不见，合成以后可看见”的问题，需要解决低信噪比条件下的高精度参数估计难题,在总功率孔径积不变的情况下,单元孔径雷达数目越多,面临的信噪比越低,合成难度越大。因此,在运行延时和相位的某些复杂估计算法时,需要完成多次循环的匹配搜索,每个循环要分别进行三个矢量的复数加权,三个矢量求和,求绝对值,并求最大值,因此应具备大规模实时信号处理能力。信号处理能力要满足 10ps 量级的延时估计精度需求。然后,在完成延时和相位参数估计后,系统转到收发相参合成阶段,中心信号处理系统还需对已估参数进行参数外推,控制各路发射波形的延时和相位,在目标处实现信号的空间叠加。

此外,当发射相同波形实现收发相参后,需要进行相参性监测,如果合成效果不佳,就需转回接收相参模式,更新延时和相位参数,然后过渡到收发相参模式。因此,延时与相位相干参数的实时监测和闭环更新功能对系统的相参合成性能显得尤为重要。同时,为了进行大数据量的接收与发送,信号处理板需具备光纤收发功能,支持对接收机等组件进行数据传输与通信控制的收发功能。

中心信号处理系统应具备的主要功能如下:

(1) 完成接收相参与发射相参延时和相位参数的估计。

(2) 完成搜索与跟踪、窄带与宽带状态下的分布式阵列相参合成处理。

(3) 发射相参状态下,一是利用多通道回波信号相关处理进行相参性的监测,二是利用不同驻留采用正交波形进行监测。

(4) 完成相参合成联合标校状态下的信号处理与参数提取。

(5) 对发射监测信号进行处理,完成发射通道的一致性监测。

(6) 对分布式相参合成效果进行监测。

7.2.4 其他系统

除需满足以上关于中心控制系统、中心频综系统和中心信号处理系统等组件的相关要求外,分布孔径雷达的各单元孔径雷达分系统,如单元孔径雷达主控、频综、信号处理和天伺馈系统等设计,在满足系统总体电气需求的前提下,也应充分保证相关结构设计和分系统指标的一致性。此外,各单元孔径雷达辐射功率的一致性和波束掉转的相对精度等问题,也是直接影响相参合成效果的重要因素。因此,各单元孔径雷达的天伺馈、发射机、数字 TR 组件等系统也需要满足一定的一致性设计要求。本节同样以 C 频段雷达为例,对以上分系统的一致性指标进行简要说明。具体要求如下:

(1) 对于承担雷达功率辐射工作的发射机或数字 TR 模拟器,首先需在结构和电气指标等方面采用一致性设计;其次各单元孔径雷达的发射通道也应满足如下的一致性指标,即相对延时误差≤18ps(随机误差)、相对相位误差≤12°、相对幅度误差≤1dB。

(2) 为保证分布孔径雷达相参合成性能,各单元孔径雷达天线阵面的结构设计、电气指标和方向图等指标需保证一致,同时,各单元孔径雷达阵面间的一致性误差也应尽可能小,即相对相位误差≤12°(最大值)、相对幅度误差≤1dB(最大值)、相对延时误差≤18ps(最大随机误差)、噪声标准差≤1dB(最大值)、噪声均值≤0.1dB(最大值)。

(3) 为保证雷达的机动性和阵面指向的一致性,系统需具备快速精确标校功能,即对于C频段雷达,其信号波长 λ 为厘米级,各单元孔径雷达间的阵面指向一致性标校精度应小于 $\lambda/10$,达到毫米级。同时,对于机扫的单脉冲或连续波雷达,各单元孔径雷达的伺服闭环性能也应满足一定控制精度要求,以1.5Hz带宽及线性范围内的阶跃输入条件下为例,品质指标应满足静态误差≤0.2mrad(均方根值)、振荡次数≤2、过渡过程≤3.0s(稳定在±5%阶跃值范围内),以及对保精度的角速度和角加速度的目标,伺服系统的动态跟踪均方根误差值小于1mrad。对小角速度(0.03(°)/s)的目标,伺服系统应平稳转动,不允许有抖动或振荡现象存在。

7.3 试验设计与验证

从2004年开始,北京无线电测量研究所对多孔径相参合成雷达进行跟踪,开展了初步的概念研究,搭建了多个室内和室外原理实验平台,开展了两单元($N=2$)相参合成试验,初步验证了多孔径射频合成的基本原理[1-6]。

7.3.1 原理试验

7.3.1.1 C频段两单元线馈试验

利用北京无线电测量研究所的高波段数字组件、3台信号源和1台中心控制处理计算机搭建了室内分布孔径雷达演示试验平台(图7.11),用于分布孔径雷达 N^2 相参合成原理验证。

图7.12和图7.13给出了高信噪比和低信噪比情况下的试验结果。两种情况均实现了接收相参合成,获取了 N^2 即6dB的信噪比增益改善,从而验证了接收相参合成机理,也初步验证了相参合成算法,尤其是低信噪比条件下的相参合成性能。

7.3.1.2 C频段两单元空馈试验

搭建了C频段两单元雷达单脉冲体制相参合成空馈试验系统,如图7.14所

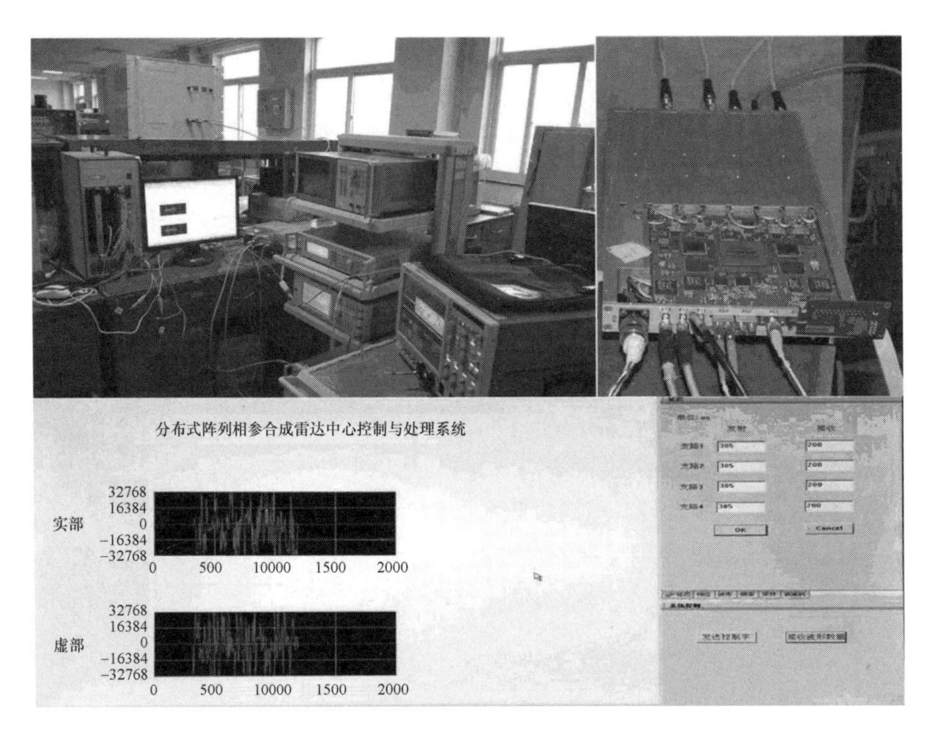

图 7.11　分布式相参合成室内试验系统

示，该试验系统采用一个中心处理系统和两个单元雷达的框架结构。

利用该试验系统开展了分布式孔径相参空馈试验，该试验分为接收相参和收发相参合成两部分。在接收相参阶段，单元雷达发射正交波形，对回波信号进行匹配接收处理和实时参数估计，实测信噪比增益改善约为 5.76dB（理论值为 6dB），如图 7.15 所示。在接收相参基础上，系统转入收发相参阶段，单元雷达发射相同波形，通过控制其中一路发射信号的相对延时和相位，使两单元雷达信号同时同相到达目标，实现发射相参；同时，在接收端进行参数估计与补偿实现接收相参；实测信噪比增益改善均值超过 8.44dB（理论值为 9dB），如图 7.16 所示。本试验率先在国内成功验证了分布式相参合成原理的可行性。

7.3.1.3　P 频段接收相参跟踪试验

利用 P 频段相关设备搭建分布式孔径相参合成试验平台，开展对过航飞机的相参合成试验（图 7.17）。该试验平台由主站、副站和电子设备方舱组成，为一发双收体制。在雷达软件系统进行相参合成适应性改造后，完成了对进港过航飞机的跟踪试验，在跟踪过程中实时完成了双收回波信号的合成，取得接收相参合成 3dB 增益改善，验证了对于复杂动态目标的 N 接收相参合成原理与合成算法。

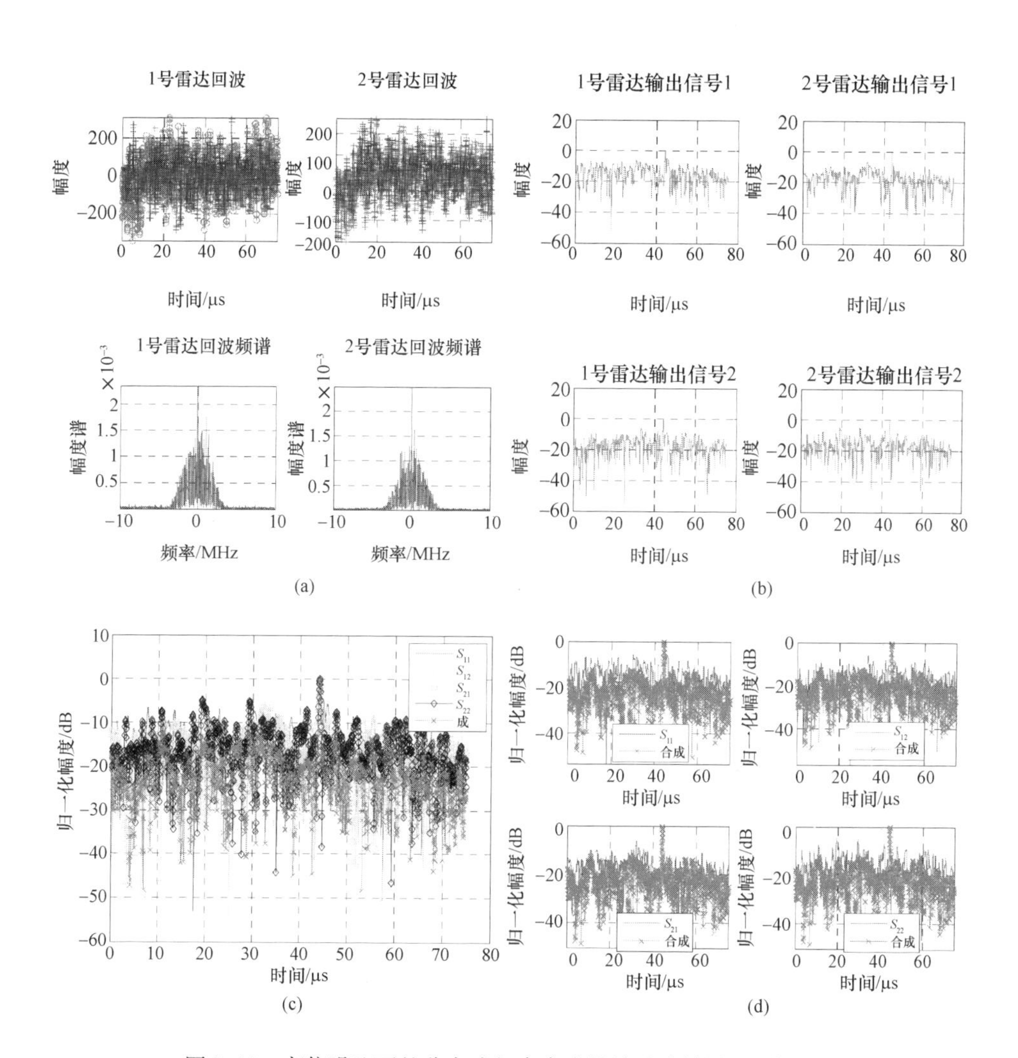

图7.12 高信噪比下的分布式相参合成线馈试验结果(见彩图)

(a)两接收通道信号的时域信号及其频谱；(b)合成前各条回波的脉压输出；(c)合成效果比对(整体)；(d)合成效果比对(单独)。

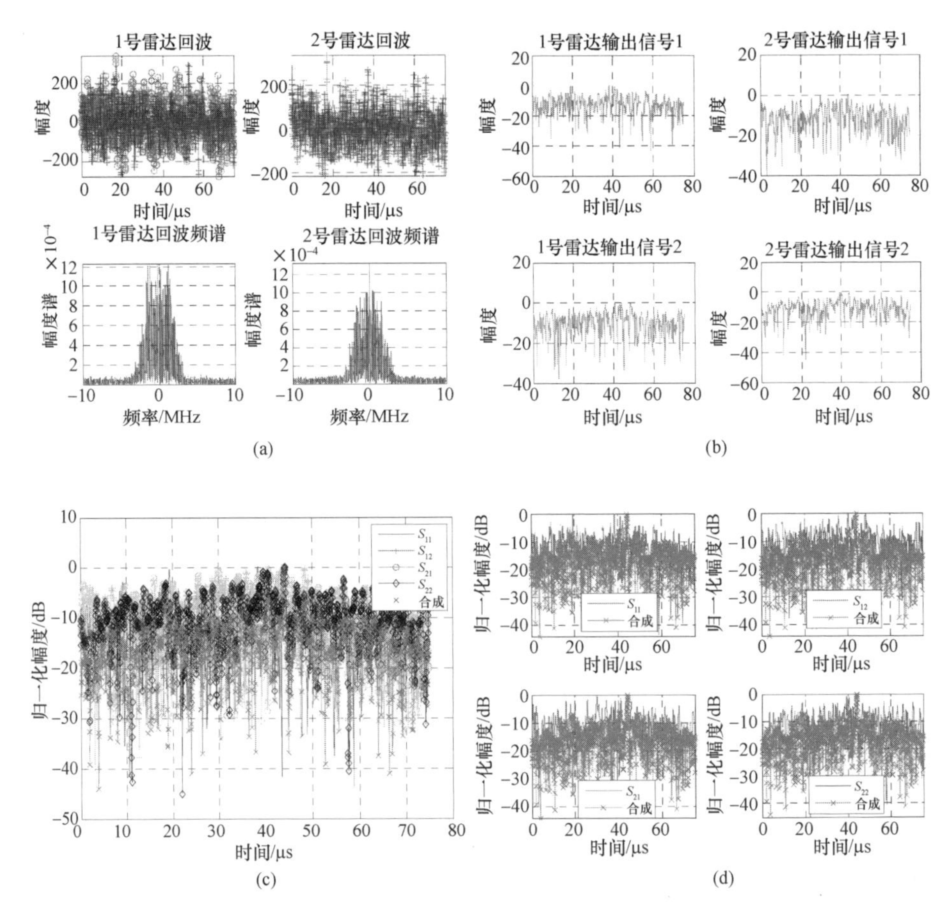

图 7.13　低信噪比下的分布式相参合成线馈试验结果(见彩图)

(a)两接收通道信号的时域信号及其频谱;(b)合成前各条回波的脉压输出;(c)合成效果比对(整体);(d)合成效果比对(单独)。

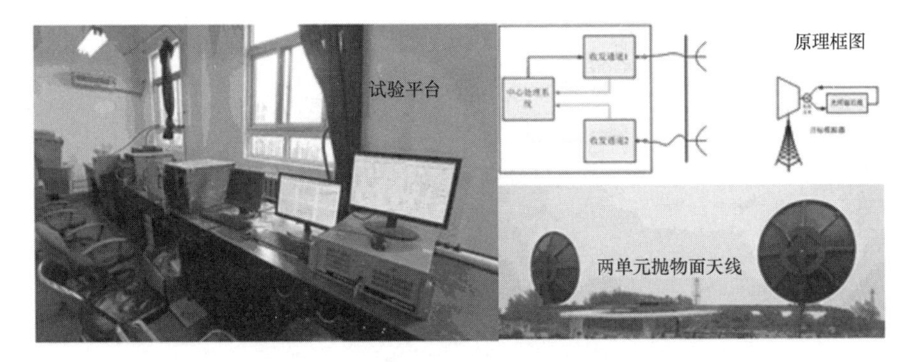

图 7.14　C 频段两单元相参合成空馈试验

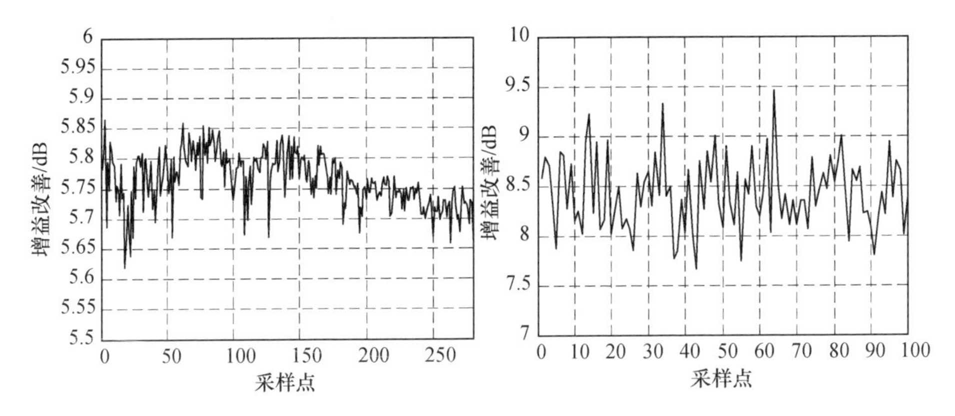

图 7.15　接收相参合成增益改善　　　图 7.16　收发相参合成增益改善

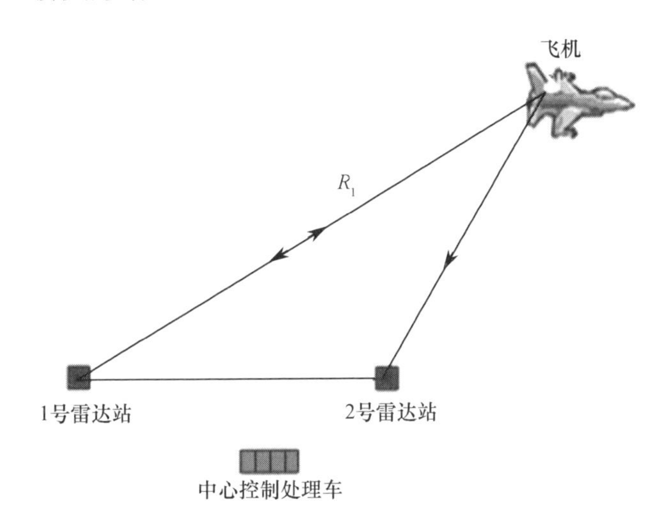

图 7.17　P 频段跟飞示意图

7.3.2　原理样机跟飞试验

为了在不同体制、不同频段对分布孔径雷达技术进行全面验证，北京无线电测量研究所分别研制了 C 频段相控阵体制、C 频段单脉冲体制和 X 频段相控阵体制雷达原理样机，如图 7.18 所示。利用雷达原理样机，率先在国内实现了收发全相参模式下对运动目标的稳定跟踪，验证了多项关键技术，为分布孔径雷达技术的深入研究打下了良好的基础。

7.3.2.1　接收相参合成跟踪试验

在接收相参合成阶段，两单元雷达发射相互正交的波形。每个单元雷达既接收自己发射的信号，也接收另一单元雷达发射的信号。利用两单元雷达的发

(a)

(b)

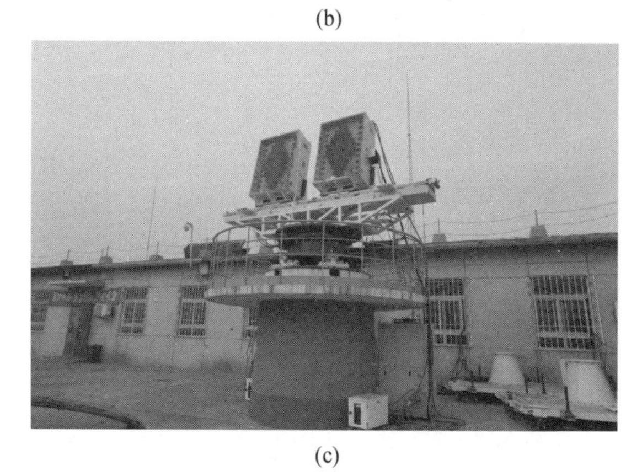

(c)

图 7.18　雷达原理样机实物图

(a)C 频段相控阵；(b)C 频段单脉冲；(c)X 频段相控阵。

射信号在每个单元雷达上对接收到的信号进行匹配滤波处理可得到两路输出，将两单元雷达的四路输出信号进行相参合成处理实现接收相参。与静止目标不同,运动目标与雷达之间的几何关系是时变的,从而造成了两单元雷达发射信号

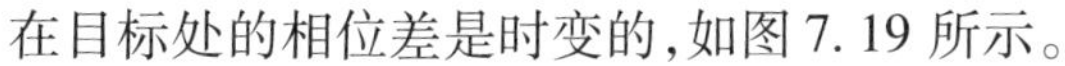
在目标处的相位差是时变的,如图 7.19 所示。

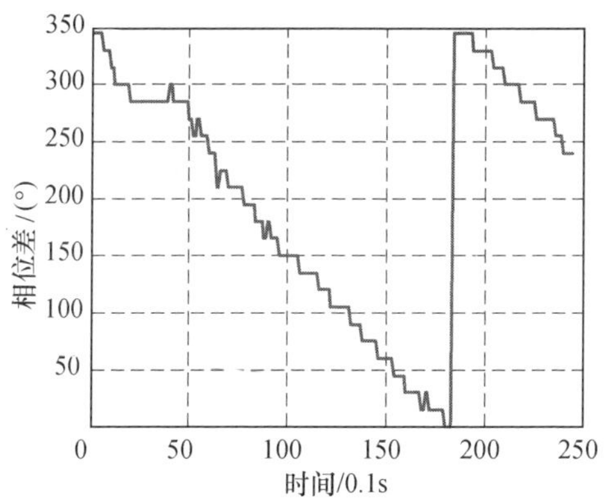

图 7.19 运动目标的相位差变化情况

利用相位差对四路输出信号进行调整后相加并统计其信噪比,相比于单部雷达的回波信噪比,对运动目标的接收相参合成处理后所得回波信噪比增益如图 7.20 所示,从图中可以看出已接近理论值 6dB 增益改善。

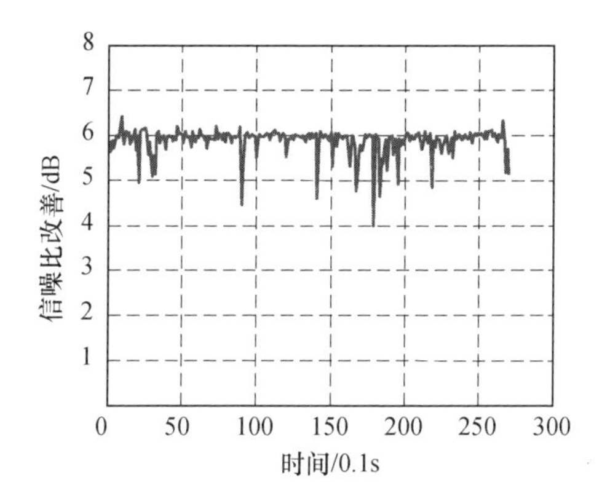

图 7.20 接收相参合成信噪比增益改善

7.3.2.2 收发相参合成跟踪试验

在收发相参合成阶段,两单元雷达均发射相同的信号,首先通过调整发射信号的初始相位实现两路信号在目标处相参合成实现发射相参,此时回波信号能量得到增强;然后调整两单元雷达回波相位实现接收相参。理论上,相比于单部雷达,发射相参合成后回波信号幅度改善 6dB,收发相参合成后回波信号幅度改善 12dB。图 7.21 为试验结果,从图中可以看出,发射相参回波信号幅度改善均值为 5.76dB,收发相参回波信号幅度改善均值为 11.82dB,达到了较为理想的结果。

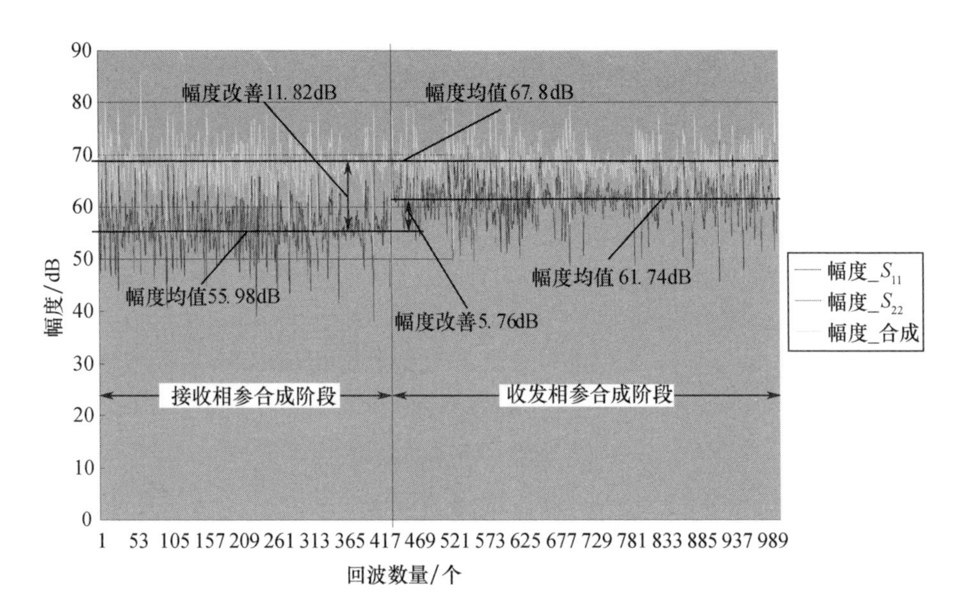

图 7.21　接收相参和收发相参阶段信号幅度变化情况(见彩图)

与接收相参合成试验一致,收发相参合成阶段两单元雷达发射信号在目标处的相位差也是时变的(图 7.22),因此,发射信号相位控制值是时变的。

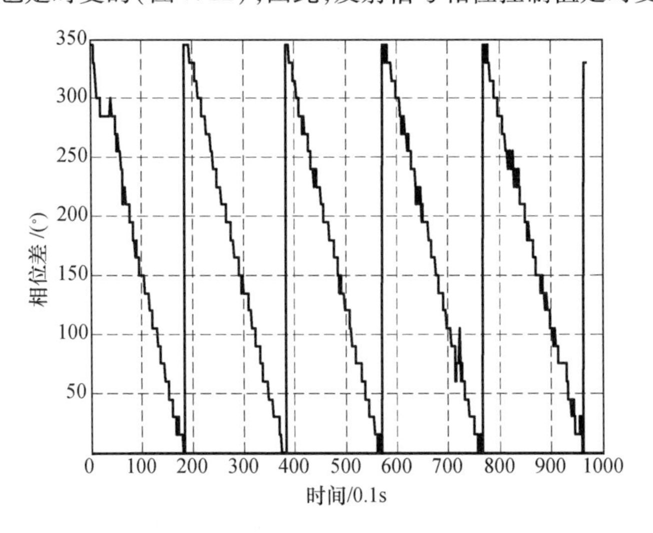

图 7.22　收发相参合成阶段的相位差变化情况

在接收相参和收发相参合成阶段对过航飞机的跟踪航迹如图 7.23 所示,航迹连续性较好,无断批失跟情况,目标跟踪稳定。通过图 7.23 还可以发现,相参合成跟踪距离较单元雷达有明显提升,体现了相参合成的技术优势。

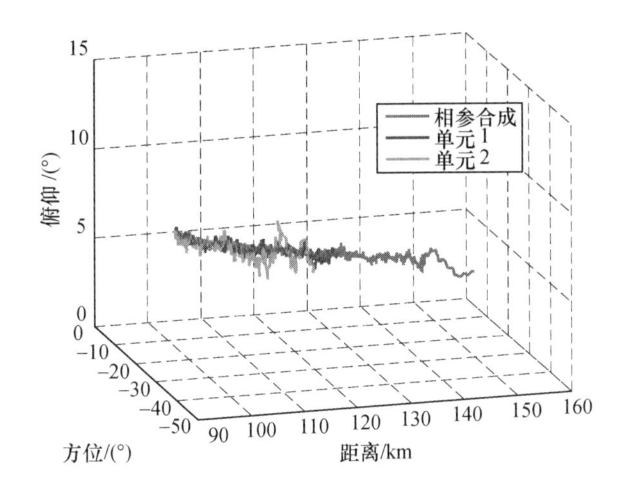

图7.23　相参合成运动目标跟踪航迹图(见彩图)

7.3.3　实装雷达高速目标跟踪试验

为了进一步对相参合成技术进行验证,利用现役两部X频段实装雷达开展了分布式相参合成高速运动目标的跟踪试验,图7.24为试验系统示意图,图7.25为试验结果。从试验结果可以看出,针对高速运动目标,实现了收发全相参模式下的稳定跟踪,收发相参合成信噪比改善接近理论值9dB,从而验证了针对快速运动目标,参数估计与控制算法的有效性以及距离、角度跟踪回路闭合的可行性。

图7.24　试验系统示意图

通过一系列静止标杆、飞机及高速运动目标试验,充分验证了分布式孔径相参合成原理的可行性、各关键技术研究方法的有效性,有力支撑了该体制雷达技

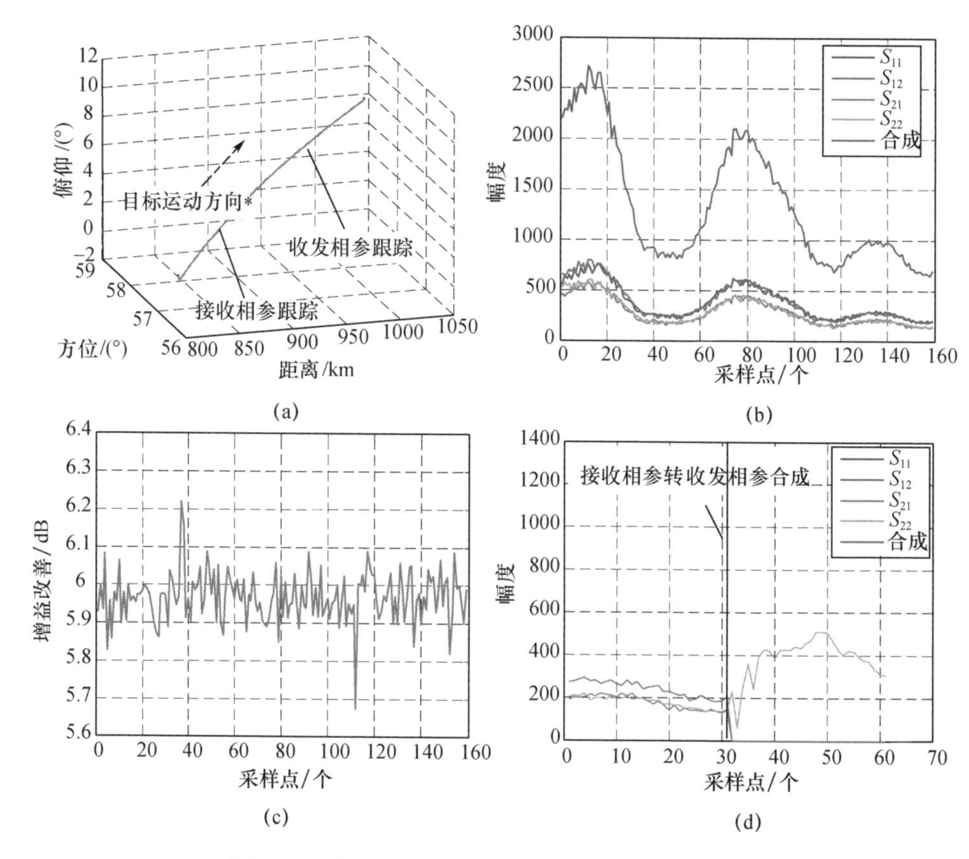

图 7.25　高速运动目标相参合成试验结果(见彩图)
(a)相参合成航迹图;(b)接收相参幅度改善;
(c)接收相参合成信噪比增益改善;(d)收发相参合成幅度改善。

术的研究进度,为推动该体制雷达技术的背景应用与工程实现奠定了坚实的基础。

7.4　基于精确位置标定的分布孔径雷达

分布孔径雷达除采用实时参数估计方法获取发射相参所需的延时、相位值外,还可以通过雷达基线与波束指向间的几何关系直接计算发射相参所需参数值,后者实现的前提是精确位置标定。本节将对基于精确位置标定的分布孔径雷达技术进行介绍。

7.4.1　基本原理

图 7.26 为分布孔径雷达几何关系示意图,单元孔径间距为 D,波束指向角

为 θ,发射信号波长为 λ。为了使发射的电磁波同时同相到达目标在目标处实现相参合成,需要控制发射信号的延时和相位,根据雷达与波束指向之间的关系,满足远场条件下,延时相位控制总量为

$$\Delta\varphi = \frac{2\pi D\sin\theta}{\lambda} \tag{7.13}$$

通过式(7.13)可以看出,要获得控制相位值,需要对孔径之间的基线距离进行标定,标定精度一般为 $\lambda/10$。

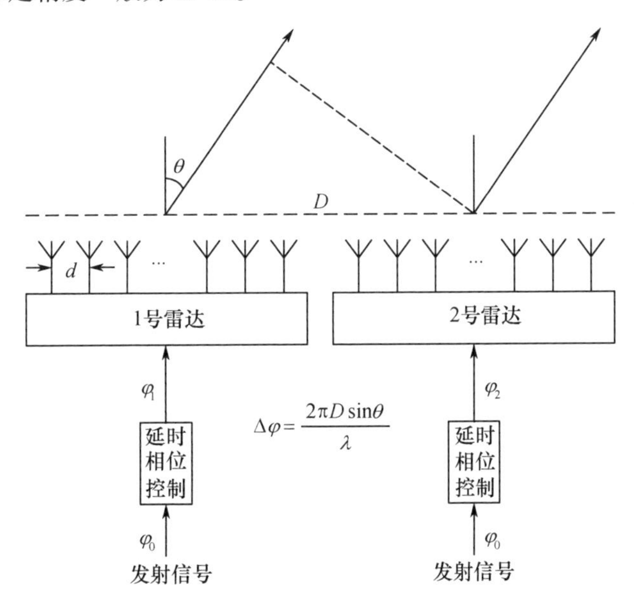

图 7.26　分布孔径雷达几何关系示意图

7.4.2　基线和阵面指向标定

图 7.26 只给出了一维线阵的几何关系,在实际应用中需要考虑两维几何关系,除需要对基线距离进行标定外,还要对阵面指向进行标定。本节给出基于激光跟踪仪的基线和阵面指向标定方法。

7.4.2.1　激光跟踪仪测量原理

激光跟踪仪利用激光角分辨率高和测距精度高的特点对目标进行定位。激光跟踪仪由激光发射和接收装置、激光感应球、空间分析软件和显示设备组成。其工作原理如图 7.27 所示。

首先将激光收发设备放置于合适的位置,调平设备,然后将激光感应球放到欲测量的位置,激光收发设备发射激光照射感应球,并接收感应球反射的激光,

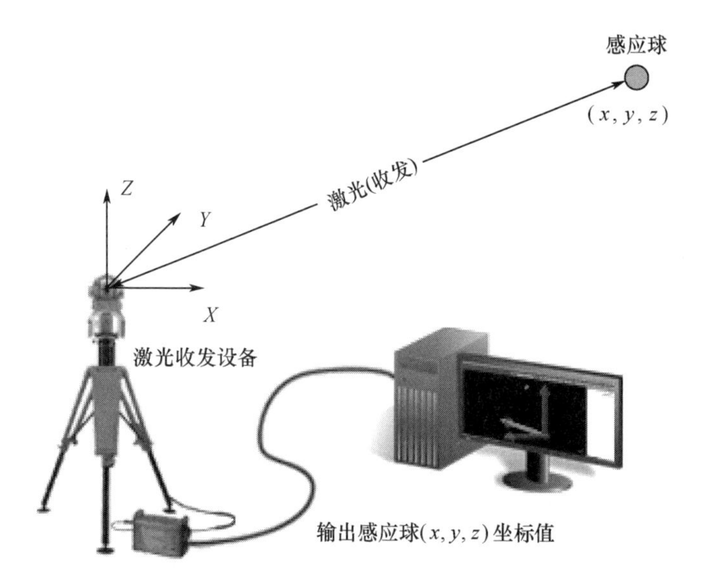

图 7.27　激光跟踪仪工作原理

对激光信号进行处理,输出感应球所在位置的坐标(x,y,z)①,完成对目标位置的测量。

7.4.2.2　阵面指向测量

阵面指向测量示意如图 7.28 所示,将激光感应球分别放置于天线阵面的不同位置,记录感应球的坐标位置,根据三点确定一个平面的原理,感应球最少放置于阵面的三个不同位置,条件允许的情况下尽量多放几个位置。

坐标信息处理流程如图 7.29 所示,根据感应球的坐标信息拟合出阵面所处的平面并求出平面的法线方向,在 $OXYZ$ 笛卡儿坐标系中,将法线方向转换为阵面的方位向和俯仰向。

单元孔径之间测量流程一致,以一个单元孔径为基准,根据每个单元孔径对应的方位和俯仰值调节伺服机构使阵面指向一致。

标校过程与坐标变换如下所述。以激光跟踪仪的测量坐标系作为平台坐标系,测量得到两个阵面法线矢量分别为 $\boldsymbol{n}_1=[x_{n1},y_{n1},z_{n1}]^{\mathrm{T}}$,$\boldsymbol{n}_2=[x_{n2},y_{n2},z_{n2}]^{\mathrm{T}}$,如图 7.30 所示。

阵面法线指向的标校可在平台坐标系中完成,两个阵面的法线在平台极坐

① $OXYZ$ 笛卡儿坐标系的建立是以激光收发设备所在的位置为中心,垂直于地平面的方向为 Z 轴,X 轴和 Y 轴平行于水平面且相互垂直。

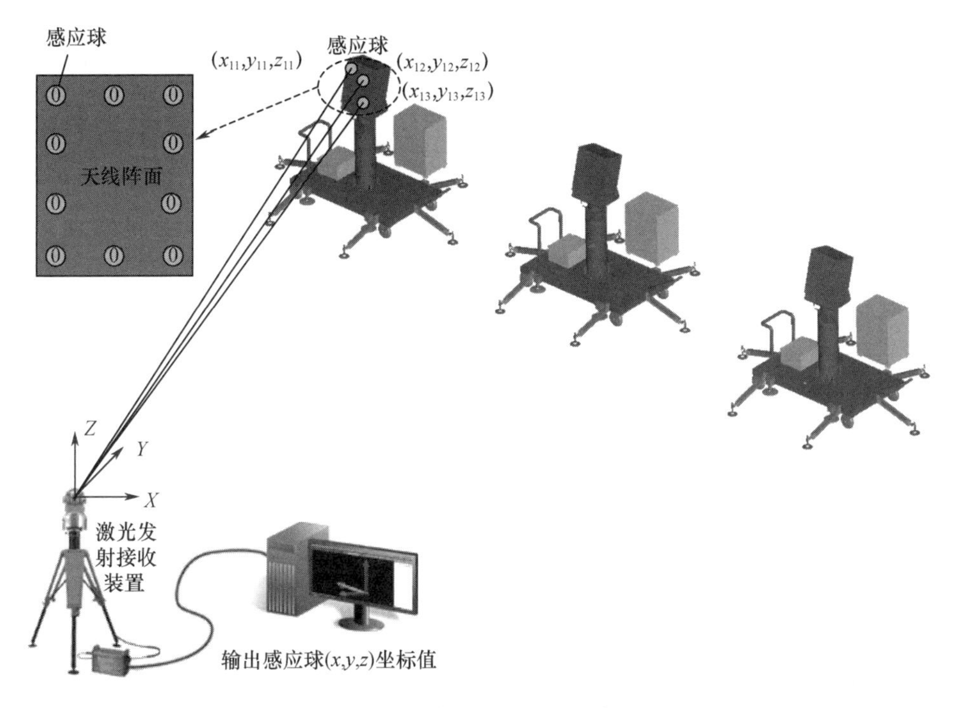

图 7.28　阵面指向测量示意图

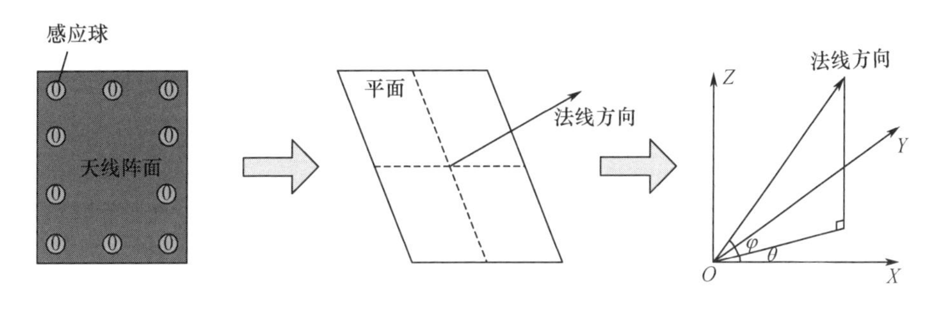

图 7.29　坐标信息处理流程

标系中平台方位角 φ_1、φ_2 与平台俯仰角 θ_1、θ_2 分别为

$$
\begin{cases}
\varphi_1 = \arccos \dfrac{x_{n_1}}{\sqrt{x_{n_1}^2 + y_{n_1}^2}} \\
\theta_1 = \arcsin \dfrac{z_{n_1}}{\sqrt{x_{n_1}^2 + y_{n_1}^2 + z_{n_1}^2}}
\end{cases}
\tag{7.14}
$$

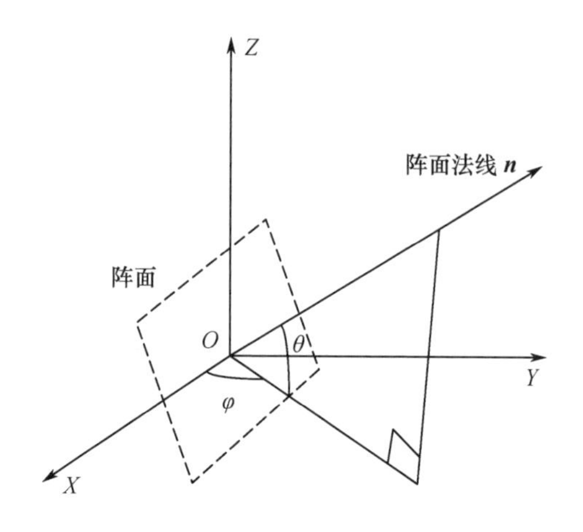

图 7.30　平台坐标系

$$\begin{cases}\varphi_2 = \arccos \dfrac{x_{n_2}}{\sqrt{x_{n_2}^2 + y_{n_2}^2}} \\ \theta_2 = \arcsin \dfrac{z_{n_2}}{\sqrt{x_{n_2}^2 + y_{n_2}^2 + z_{n_2}^2}}\end{cases} \tag{7.15}$$

两个阵面法线指向之差为

$$\begin{cases}\Delta\varphi = \varphi_2 - \varphi_1 \\ \Delta\theta = \theta_2 - \theta_1\end{cases} \tag{7.16}$$

通过对阵面 2 的法线指向进行校正，可实现阵面指向的标校。

7.4.2.3　单元孔径间基线长度测量

完成单元孔径阵面指向一致性调节后，进行单元孔径基线长度测量，图 7.31 为基线长度测量示意图，以三单元孔径为例进行分析。

将感应球放置于阵面的中心位置，分别记录三个单元孔径阵面中心位置的坐标信息(x_1, y_1, z_1)、(x_2, y_2, z_2)、(x_3, y_3, z_3)，则基线长度为

$$\begin{cases}d_1 = \sqrt{(x_1 - x_2)^2 + (y_1 - y_2)^2 + (z_1 - z_2)^2} \\ d_2 = \sqrt{(x_1 - x_3)^2 + (y_1 - y_3)^2 + (z_1 - z_3)^2}\end{cases} \tag{7.17}$$

7.4.3　工程应用中的问题

本节所述基于精确位置标定的分布孔径雷达，无需参数估计，因而具有信号处理要求低的优势。这种体制在工程应用中仍有下述问题需要解决：

(1) 标定精度要求高，以 X 频段雷达为例，标定精度为 2.5 ~4mm。

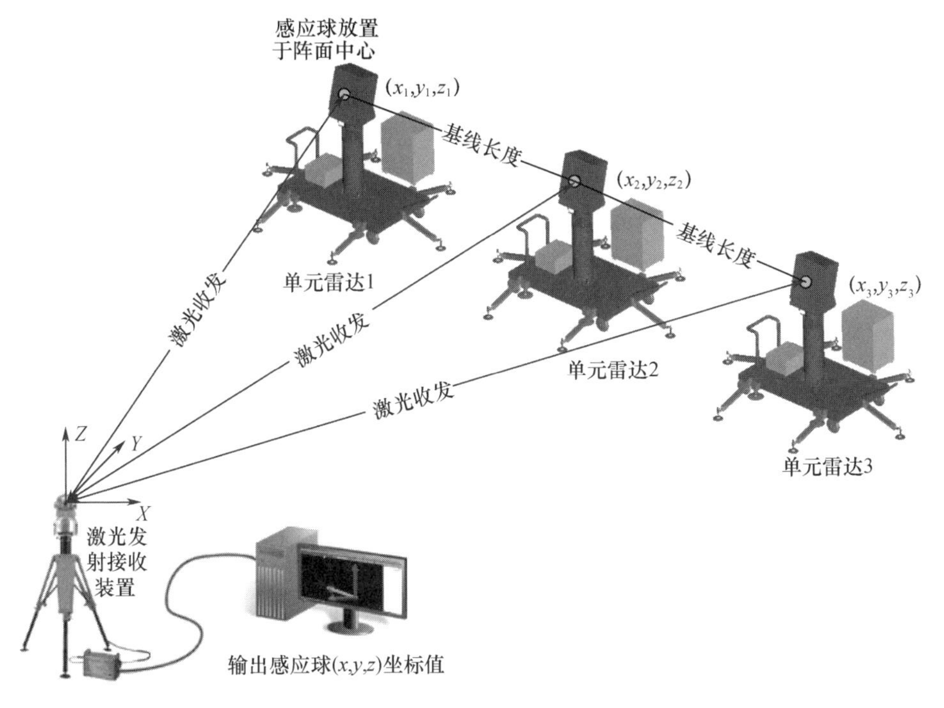

图 7.31　基线长度测量示意图

（2）战场保障条件要求高，不适合于条件恶劣的野外战争。

（3）受天气环境影响较大，如风等气象现象。

（4）战前准备时间长，不适合紧急情况下快速机动响应。

参考文献

[1] 高红卫，曹 哲．基于四通道数字 TR 组件的正交波形产生与合成[C]．第十一届全国雷达学术年会论文集．长沙，2010.

[2] Gao H W，Chao Z. Study on distributed aperture coherence-synthesizing radar with several experiment results[C]. Proceeding of 2011 IEEE CIE International Conference on Radar，Chengdu，2011：84 – 86.

[3] 高红卫，曹哲．分布式阵列相参合成雷达基本研究与原理验证[C]．第十二届全国雷达学术年会论文集，武汉，2012：129 – 134.

[4] 曹哲，柴振海．分布式阵列相参合成雷达技术研究与试验[J]．现代防御技术，2012，40(4)：1 – 11.

[5] Gao H W，Cao Z. Development of distributed aperture coherence-synthetic radar technology [C]. IET International Radar Conference 2013，Xi'an，2013：129 – 134.

[6] 鲁耀兵，张履谦，周荫清，等．分布式阵列相参合成雷达技术研究[J]．系统工程与电子技术，2013，35(8)：1657 – 1662.

[7] 陈根华，陈伯孝，杨明磊．分布式相参阵列及其二维高精度方向估计[J]，电子与信息学报，2012，34(11):2621－2627.

[8] Ahlgren G W. Next generation radar concept definition team final report[R]. MIT Lincoln Laboratory, Jun., 2003.

[9] Cuomo K M, Coutts S D, McHarg J C, et al. Wideband aperture coherence processing for next generation radar(NexGen)[R]. Tehnical Report ESC-TR200087, MIT Lincoln Laboratory, Jul., 2004.

[10] Sun Peilin, Tang Jun, He Qian, et al. Cramer-Rao bound of parameters estimation and coherence performance for next generation radar[J]. IET Radar Sonar & Navigation, 2013, 7(5):553－567.

[11] Tang Xiaowei, Tang Jun, He Qian, et al. Cramer-rao bounds and coherence performance analysis for next generation radar with pulse trains[J]. Sensors, 2013, 13:5347－5367.

[12] Zeng Tao, Yin Pilei, Liu Quanhua. Wideband distributed coherent aperture radar based on stepped frequency signal: theory and experimental results[J]. IET Radar Sonar & Navigation, 2016, 10(4):672－688.

[13] Yin Pilei, Yang Xiaopeng, Liu Quanhua, et al. Wideband distributed coherent aperture radar[C]. 2014 IEEE Radar Conference, May, 2014:1114－1117.

[14] Yin Pilei, Yang Xiaopeng, Zeng Tao, et al. Robust time synchronization method based on step frequency signal for wideband distributed coherent aperture radar[C]. 2013 IEEE International Symposium on Phased Array Systems & Technology, Oct. 2013:383－388.

[15] 殷丕磊,张洪纲,翟腾普,等．基于 Kalman 滤波的分布式全相参雷达的相参参数估计方法[J]. 北京理工大学学报，2016(03):282－288.

[16] Yin Pilei, Yin Wen, Li Hui, et al. Estimation method of coherent efficiency of distributed coherent aperture radar based on cross-correlation[C]. 2015 IET International Radar Conference, Oct. 2015:1－5.

[17] Yang Xiaopeng, Yin Pilei, Zeng Tao. Mainlobe interference suppression based on large aperture auxiliary array[C]. Asia-Pacific Conference on Antennas and Propagation, Aug. 2012: 317－318.

[18] Yang Xiaopeng, Yin Pilei, Zeng Tao. Time and phase synchronization for wideband distributed coherent aperture radar[C]. 2013 IET International Radar Conference, Apr. 2013: 638－642.

[19] Yang Xiaopeng, Yin Pilei, Zeng Tao, et al. Phase difference estimation based on orthogonal signals for distributed coherent aperture radar[C]. 2013 International Conference on Radar, Sep. 2013: 576－580.

[20] 殷丕磊,杨小鹏,曾涛．分布式全相参雷达的相位差跟踪技术[J]. 信号处理，2012，29(3):313－318.

[21] 曾涛,殷丕磊,杨小鹏,等．分布式全相参雷达系统时间与相位同步方案研究[J]. 雷达学报，2013，2(1):105－110.

第8章 分布孔径雷达新技术

随着信号处理技术、同步信号传输技术的发展,分布孔径雷达已经不局限于短基线、同一频段、单一平台,长基线、多频段、网络化的分布孔径雷达概念已经被提出。大规模高速实时信号处理技术的发展,为多个单元孔径相参处理算法的工程实现提供了保证。分布孔径雷达的基本组成元素是单元孔径,充分挖掘单元孔径的潜力,可使分布孔径雷达处理能力提升到一个新的台阶。与雷达新技术的融合使分布式孔径相参合成技术可在更广的领域进行拓展。本章对分布孔径雷达新技术进行了介绍,首先在多平台、多频段、多视角及长基线领域对分布式孔径相参技术进行了拓展及展望,然后介绍了信号处理及雷达阵面领域方面的新技术,从而更好地支持分布式孔径相参技术的发展,以期使分布式孔径相参雷达体制迸发出更大的能量。

8.1 复杂平台的分布孔径相参技术

8.1.1 概述

前面研究的分布式孔径相参合成技术均是基于地面静止雷达,在未来的研究中,可以将分布式孔径相参合成技术扩展到不同的雷达平台上,如舰船、飞艇、飞机、卫星等,并结合平台数量及种类的不同,开展一个平台上以及多个平台间的分布式孔径相参技术。首先,在一个平台上的不同部位可以分置安装多个单元雷达,例如,可以分别在飞机的机头、机翼,或者舰艇的前方及侧方等部位安装单元雷达,通过分布式孔径相参技术将单元雷达的信号及目标回波融合处理以实现孔径相参,从而提高雷达的探测性能。进一步,可以将分布式雷达的平台由一个扩展到多个,针对同一类型的多个平台或者不同类型的多个平台进行分布式孔径相参,例如,可以将多艘编队航行的舰艇、多架编队飞行的飞机以及多个卫星上的雷达进行分布式孔径相参合成,充分利用多个平台的探测信息,提高雷达的探测性能,从而进一步扩展了分布式孔径相参的应用。

为了在飞机、飞艇等对外形设计有严格要求的平台上开展分布式孔径相参合成，需要突破能与平台载体共形设计的机会相控阵技术。机会数字阵雷达(ODAR)是一种以近距离高速无线数据通信与控制技术为基础、能与平台载体共形设计、具有灵活的数字波束形成能力和实时环境感知与适应能力的新型相控阵雷达系统。无线传输是机会相控阵的特色，与机会相控阵技术的融合，使分布孔径雷达的应用更加丰富，在动平台中应用该技术成为可能。

8.1.2 国内外研究现状

当前，国内外开展的分布式孔径相参技术研究均是针对地面静止雷达，例如，林肯实验室的原理验证样机以及 Kwajalein 靶场的两部 AN/MPS－36 雷达组成的分布式系统均是地面静止雷达，而对于复杂运动平台的分布式孔径相参合成技术尚未开展研究。但是，人们对机会数字阵雷达、智能蒙皮等技术的研究，将有助于复杂平台分布式孔径相参技术的推进和发展。

以代号为“祖姆沃特”级的新一代多任务先进驱逐舰(未来美国海上隐身“三剑客”之一，如图 8.1 所示)为设计原型，美国海军研究生院(NPS)提出了机会数字阵列雷达的概念，旨在改进雷达性能并使其检测范围能够超过 1000km，已在美国导弹防御局支持下开展了技术深化研究。ODAR 以平台隐身性设计为核心，以阵列技术为基础，兼具搜索、跟踪、火控、引导、通信等功能于一体，具备灵活的工作模式(如 PA 模式、MIMO 模式、Ubiquitous 模式等)，采用“机会性”方式智能化工作。该雷达采用分布式波束形成技术，并用无线技术代替传统链路，从而实现大容量数据传输，其阵列单元随机分布并嵌入作战平台的开放区域。与传统相控阵雷达相比，机会数字阵雷达的主要特点：一是天线阵列单元排列可与载体共形或分布于载体形成的开放空间；二是在利用部分阵列单元感知环境特性的基础上，通过灵活的波束形成，实现与环境特性的匹配探测；三是将传统相控阵雷达系统中通过线缆传输的各类信号通过无线传输方式实现，这些信号包括时序信号、控制信号、监测信号、数字回波信号和通信信号等。ODAR 集中了目前先进的数字化技术，具有诸多优越性，是多功能、高性能和实时性雷达的主要研究方向，正处在实验室方案论证和部分技术实验验证阶段，技术上正在开展方向图综合、数字波束形成和信号同步传输等课题研究。

由于采用无线方式代替有线方式进行控制与传输，减少了传输线和连接器件等硬件，机会数字阵雷达易于实现小型化；无线传输可实现对天线阵列每个单元的直接控制，使得单元任意分布条件下的波束综合成为可能，因此有利于实现大型相控阵雷达阵面的巧妙布局和雷达与平台共形设计；无线传输可实现对天线单元和子阵的灵活控制，雷达系统可动态控制天线阵列中的部分单元工作于环境感知状态，实时采集和处理战场环境信息，据此控制雷达全系统工作状态和参数,实现对战场环境的实时感知和对环境的自适应工作。

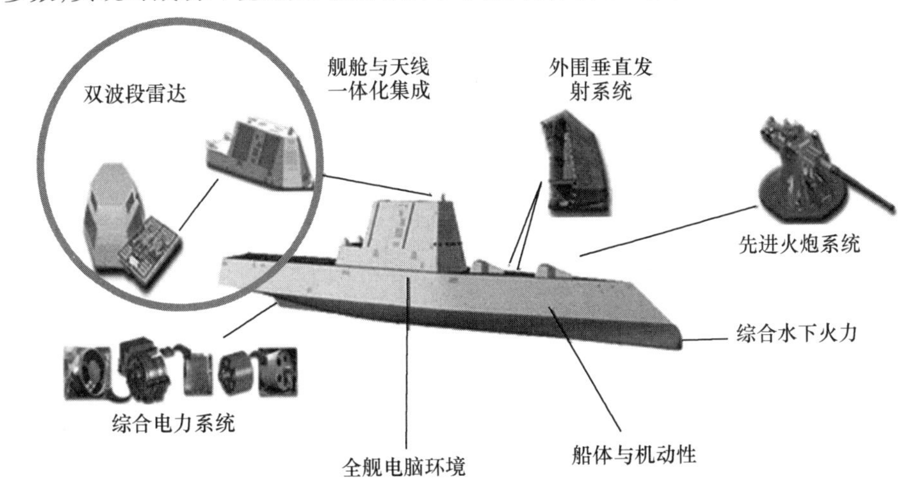

图 8.1　“祖姆沃特”级多任务先进驱逐舰

美国空军在 1985 年提出了智能蒙皮的新技术构想,指在航天器、军舰、潜艇的外壳内植入智能结构,包括探测元件、微处理控制系统和驱动元件,用于监视、预警、隐身和通信等。美国空军、海军等科研机构都投入大量人力和物力进行可行性预研。在此基础上,Baratault 和 Josefsson 等人提出了未来“智能蒙皮”天线的设想[1,2],在继承相控阵天线技术的基础上,通过设备后端的控制与信号处理单元来实现天线波束的自适应。与此同时,美国的诺斯罗普公司和 TRW 公司也在合作研制“智能蒙皮”新型天线。这种新型天线嵌在整个飞机的外表面。利用 F/A－18 战斗机进行了两次飞行试验,被试验的新型天线埋置在 F/A－18 战斗机右垂尾的特制鳍状顶端结构中,由新型热固性和芯状复合材料组成。相比于传统天线,其通信信噪比提高到 15～24dB。这项技术还能减小飞机的质量和阻力,提高飞行性能,同时改善了飞机的通信、导航和识别能力,整体天线也降低了雷达反射信号。

20 世纪 80 年代末,法国国家航空航天研究院(ONERA)、汤姆逊无线电公司和达索电子公司对分布式天线(智能蒙皮天线)进行了研究,这种机载雷达的发射天线被安装在垂直安定面内,而接收天线则安装在飞机前缘内。2002 年,ONERA 和 Thales 公司防空部联合对这种天线进行了实验室试验,ONERA 负责对整个功能(雷达、电子对抗、通信、频谱监视)的天线电磁建立模型,Thales 公司则负责对飞行器结构多层蒙皮内的有源单元进行综合。已经综合成的一种天线在 2002 年和 2003 年进行了地面试验,分析了在有源结构控制环境中如何纠正在飞行中产生的各种振动形式情况下的信号偏差。

国内高校及科研院所等机构对机会阵雷达、智能蒙皮技术也开展了研究,并取得了一些研究成果[3-8]。但当前的研究仍处于概念介绍等初级阶段,还需要进一步开展关键技术深化研究,内涵还需要丰富,外延还需要延伸,在深化理论研究的基础上适时对关键技术开展试验验证。

8.1.3 关键技术

8.1.3.1 同一平台上的分布式孔径相参雷达技术

将多部单元孔径安装在同一个平台上,如在舰船的正面及侧面、飞艇的下面及侧面或者飞机的机头及侧翼,以此构造一个分布式系统。为保证雷达平台隐身及气动性能的要求,需采用机会相控阵技术将雷达天线与载体平台共形设计。针对在同一个平台上的分布式系统,需研究根据目标的位置及观测环境按需选择天线孔径、调度天线孔径的波束指向形成综合方向图、相参参数的实时在线估计,攻克近距离无线通信与控制技术、无线控制数字阵列 T/R 模块技术、机会相控阵列天线及波束形成技术、战场环境自适应感知技术、中央控制单元及资源灵巧调度技术等关键技术,以实现同一平台上多个单元孔径的联合探测。

8.1.3.2 不同平台间的分布式孔径相参雷达技术

针对编队航行的舰船、飞艇或飞机等雷达平台,在各个雷达平台上均将获得目标的信息。为了充分利用不同平台所获得的目标信息,可以将多个平台上的雷达进行分布式孔径相参处理,从而提高对目标信息的获取(图 8.2)。相对于同一平台,不同平台间的分布式孔径相参技术需要攻克多个平台间的系统同步技术,以实现多个平台上雷达系统的时间、频率、相位及波束指向同步;需攻克无线高速大容量数据传输及通信技术,以保证雷达回波数据、控制指令等能够在各平台之间进行实时有效地传输,最终实现多个平台上单元孔径的联合探测。

(a)

(b)

图 8.2 不同平台间的分布式孔径相参技术
(a)舰船; (b)飞机。

8.2　多频多视角的分布孔径相参合成技术

8.2.1　概述

雷达距离分辨率与雷达信号带宽成反比,因此通过增加信号带宽可以提高距离分辨率,得到更为精细的目标信息。由于工程技术的限制,利用单部雷达来获取超大带宽是非常困难的。越宽视角的目标回波数据对于雷达成像越有利,受制于雷达及目标位置关系,通常无法获得大视角的目标回波数据。基于带宽外推技术和带宽内插技术,使得由多个频段的数据合成大带宽成为可能;通过将不同视角下的目标回波信息进行融合处理可获得大视角的目标回波数据,从而为目标检测和识别提供更多的信息。

分布式系统多单元雷达的阵列结构,使得其在多频段、多视角合成方面具有先天的优势。根据雷达发射频段以及雷达视角的不同组合,可以划分为相同视角不同频段、不同视角相同频段以及不同视角不同频段三种情况(相同视角相同频段的情况见前面章节),如图 8.3 所示。

实现两部单元雷达的窄带数据合成宽带数据以及将两路小角度数据融合成一路大角度数据,前提是两段数据相干。而由于分布式各单元雷达与目标的距离或视角不同,导致两单元雷达接收数据存在非相干量,因此,如何去除这些非相干的因素并进行数据融合处理,进而得到超分辨的目标二维像是需要解决的关键问题。

本小节对多频多视角的分布式孔径相参合成技术本进行阐述[9,10],以期对读者有所帮助。

8.2.2　国内外研究现状

在多部雷达数据相干处理方法方面,MIT 的 Cuomo 等人[11-13]提出了一种多部雷达数据相干处理的方法,利用 AR 模型对数据建模并进行相干处理,如图 8.4 所示。该方法直接用非线性优化的方法估计非相干量,计算量大且容易陷入局部优化。文献[14]提出了一种基于全相位快速傅里叶变换(FFT)的相位估计方法。此外,梁福来[15]提出了基于几何绕射(GTD)模型的数据相干方法,然而该方法要求子波段数据长度相同。刘承兰[16]利用两段回波数据做互相关处理得到相位的估计。但上述方法存在以下三个问题:要求用于相关的两段数据样点数相同;由于未做抑制噪声的处理,做互相关处理存在很大的误差;若是用于相关的数据点长度较短,也会引起很大的误差。北京无线电测量研究所也开展了两部雷达数据相干处理的研究,针对民航客机目标采用 C 频段和 X 频段进

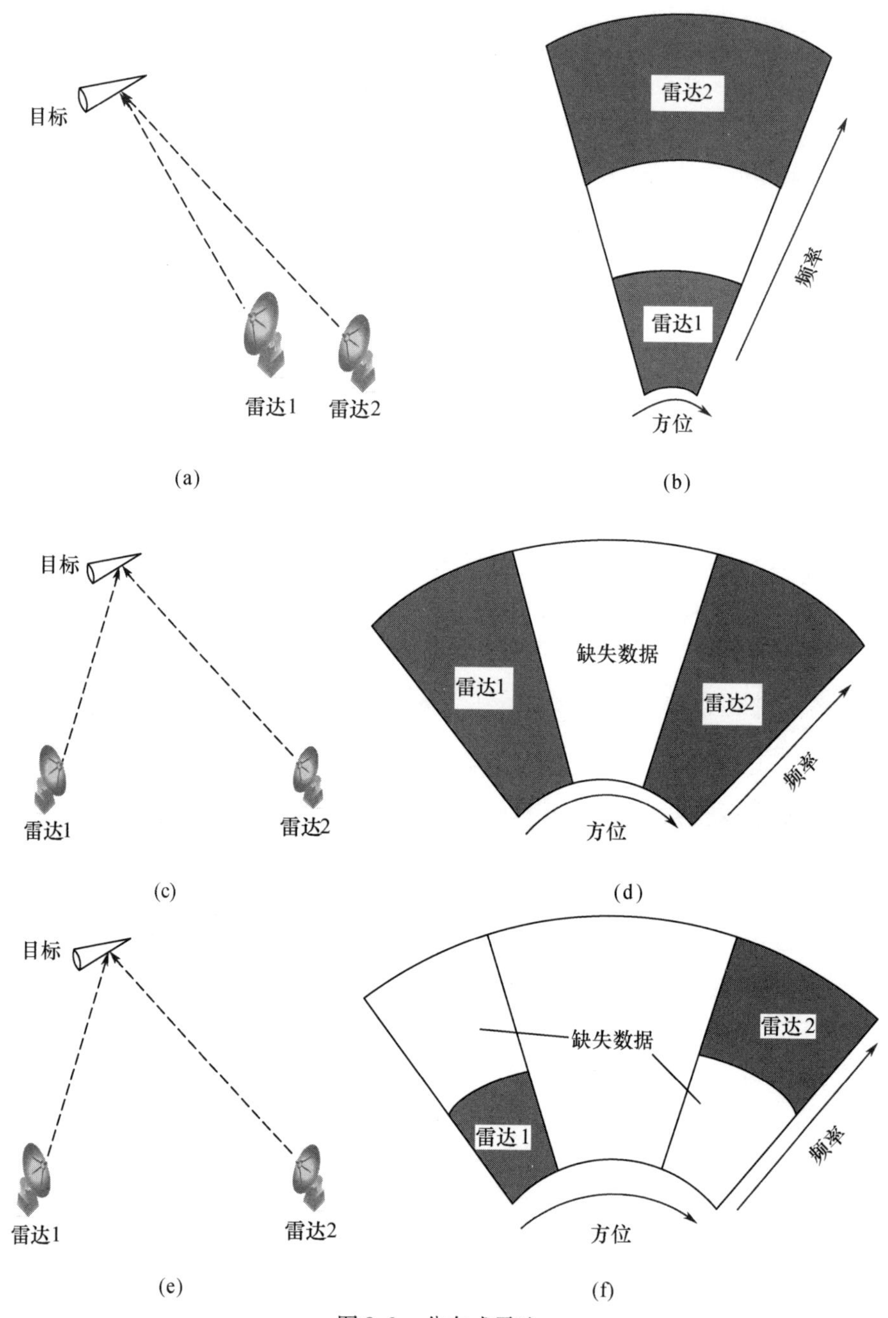

图 8.3　分布式雷达

(a)相同视角下雷达目标位置关系图；(b)相同视角不同频段回波数据；
(c)不同视角下雷达目标位置关系图；(d)不同视角相同频段回波数据；
(e)不同视角下雷达目标位置关系图；(f)不同视角不同频段回波数据。

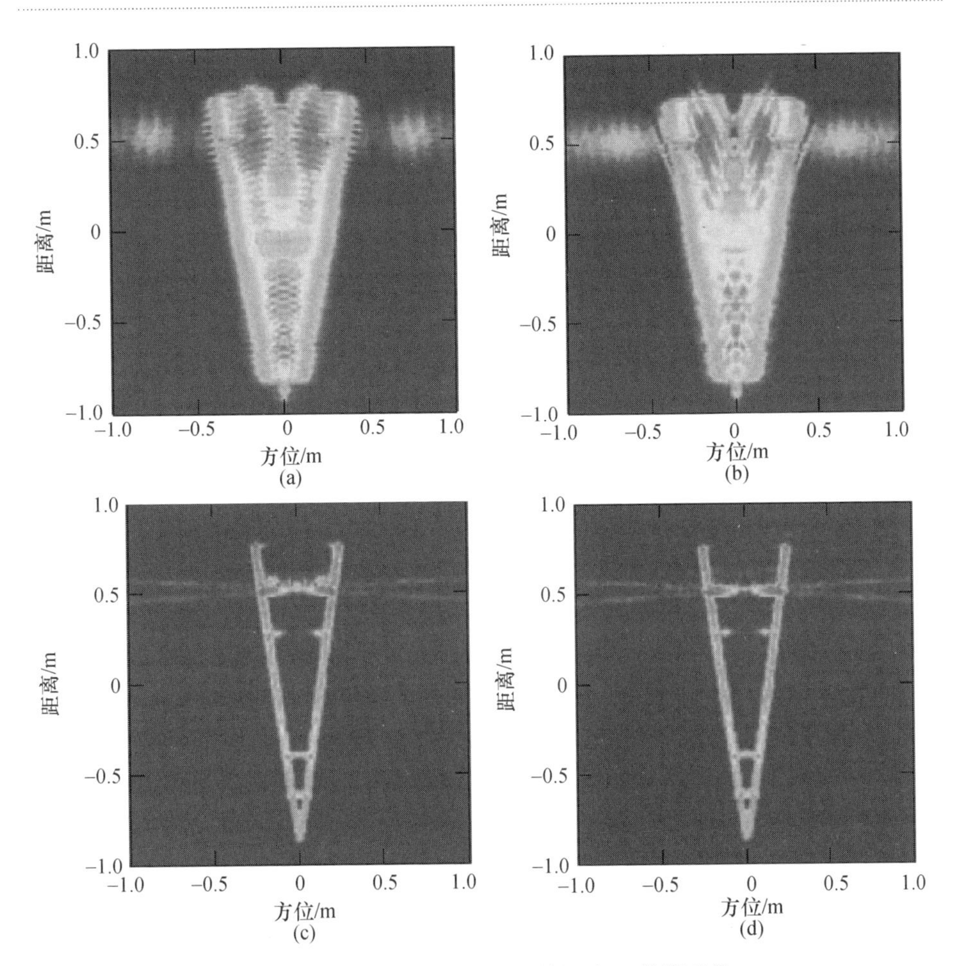

图 8.4　MIT 数据相干处理所得目标二维距离像

(a)13 ~ 14GHz 回波数据；(b)16 ~ 17GHz 回波数据；
(c)12 ~ 18GHz 回波数据；(d)图(a)、(b)的数据相干处理结果。

行了合成成像处理试验(图 8.5),取得了较好效果。

在多部雷达数据融合算法方面,包含有非参数谱估计算法[17-21]、参数化谱估计算法[9,22-24]和 Lp 范数正则化方法[25]。Li 等人[17]利用 Burg 算法估计线性预测的参数,并用迭代方法获取参数的精确结果,但凹口数据不能大,同时要求已知数据是相干的。文献[18,19]给出了一种基于最小加权范数(MWN)的方法来优化一维孔径外推结果的方法,但该方法并不一定适用于数据小和凹口大的情况。佛罗里达大学[20,21,26]利用非参数化的滤波器组方法,提出了凹口数据幅度相位联合估计(GAPES)算法对缺失数据进行估计,但缺失凹口数据不能太大,且计算耗时巨大,不适用于实时处理的应用场景。文献[22,23]提出了一种一维凹口数据状态空间方法用于估计参数化模型的参数值,进而对凹口数据进

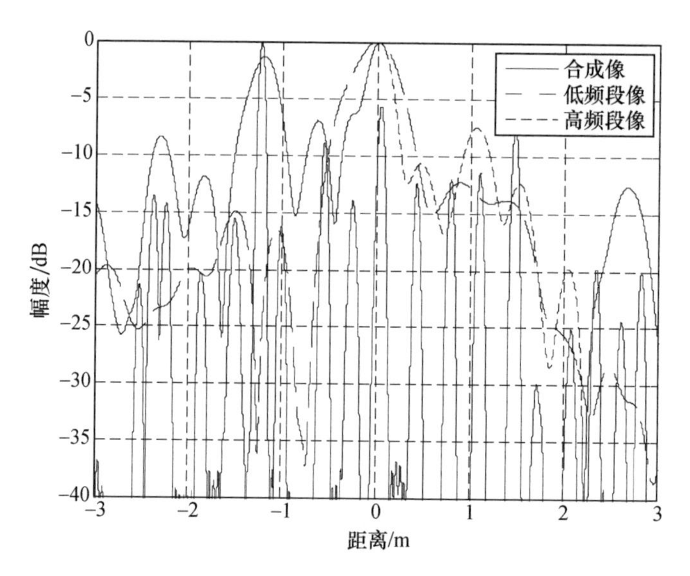

图 8.5　飞机目标一维距离像

行估计。文献[25,27]提出了 Lp 范数($0 < p < 1$)正则化方法,可用于稀疏孔径和带宽的估计,然而对于 p 的选择仍然是一个未解决的问题,在缺失数据较多的情况下,仿真表明正则化方法得到结果并不理想。

由于复杂目标后向散射包含多种机理[28,29],主要有镜面反射、表面不连续处散射(棱边、角、尖顶)、多次散射(凹腔体或角反射器)、表面微分不连续处(频率越高,贡献越小)、爬行波或阴影边界散射(完纯导体平滑曲面,能量衰减正比于频率的增长)及行波散射(鼻锥向入射,细长的物体,如线、橄榄体和扁长球体)。如何对目标散射场精确建模是进行数据相干和融合处理的第一步。为此,首先引入复指数(CE)模型[30,34],利用该模型对目标回波数据建模,提出了一种基于降噪互相关(DNCC)[35]方法的多部分布式雷达回波信号相干处理技术,并利用二维凹口数据状态空间方法融合不同波段、不同角谱数据,从而提升目标成像的两维分辨率,实现多频段雷达合成超分辨 ISAR 成像。

8.2.3　关键技术

下面分别针对相同视角不同频段、不同视角相同频段以及不同视角不同频段三种情况下的分布式相参雷达数据相干处理及数据融合进行分析。

8.2.3.1　相同视角不同频段的分布式雷达

分布式系统两单元雷达邻近配置,发射不同频段的信号观测目标,对分布式系统的两个不同波段雷达测得的目标频率响应进行融合处理获得更宽波段的目

标频率响应,进而获得更高距离分辨率的目标一维距离像。假设两部雷达的频率响应[36]为

$$E_1(f,n)=\sigma_c(f+f_1,\phi_{1,n})\times\left[\exp(j\psi_1)\cdot\exp\left(-j\frac{4\pi f_1}{c}R_1(n)\right)\cdot\right.$$
$$\left.\exp(-j2\pi f\tau_1)\cdot\exp\left(-j\frac{4\pi f}{c}R_1(n)\right)\right] \tag{8.1}$$

$$E_2(f',n)=\sigma_c(f'+f_2,\phi_{2,n})\times\left[\exp(j\psi_2)\cdot\exp\left(-j\frac{4\pi f_2}{c}R_2(n)\right)\cdot\right.$$
$$\left.\exp(-j2\pi f'\tau_2)\cdot\exp\left(-j\frac{4\pi f'}{c}R_2(n)\right)\right] \tag{8.2}$$

式中:σ_c为目标某个散射中心的散射强度;f_1、f_2分别为雷达 1 和雷达 2 的起始频率;$\phi_{1,n}$和 $\phi_{2,n}$分别为雷达 1 和雷达 2 照射目标的方位角,由于是邻近配置雷达,两个角度近似相等。

为了评估非相干量对两频段数据融合带来的影响,分别仿真分析幅度偏移、固定相位偏移和线性相位偏移对数据融合的影响。取 4.8°方位角入射的目标子波段后向散射场数据,全波段为 3 ~ 9GHz 数据,两个子波段分别为 3 ~ 4.5GHz、7.5 ~ 9GHz。在低频子波段上加入非相干量,信噪比设为 30dB。

首先分析幅度偏移的影响。在低子波段加入幅度为 3 的偏移,无相位偏移(图 8.6(a)),图 8.6 (b)示出了原始全频段数据和合成全频段数据的比较(后面给出数据合成算法),可以看出低子频段的幅度非相干量使得合成数据与原始数据幅度上存在相应的偏移,且该偏移量一般同幅度非相干量成正比。

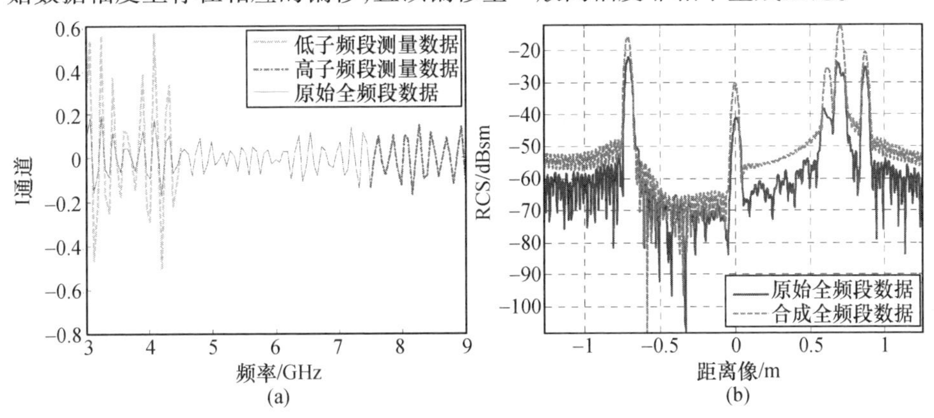

图 8.6　原始频段和幅度偏移建模数据比对

(a)原始频段和高低子频段数据比对;(b)原始频段和合成频段距离像比对。

然后分析固定相位偏移的影响。在低子波段加入固定相位为 π/6 的偏移,无幅度和线性相位偏移(图 8.7(a)),图 8.7 (b)示出了原始全频段数据和合成全频段数据的比较,可以看出低子频段的固定相位偏移使得散射中心的强度会

发生了变化,但散射中心的位置并没有发生改变。

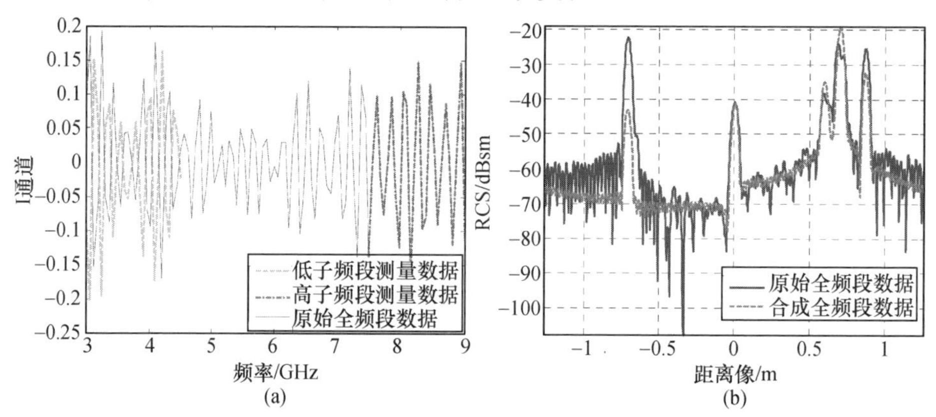

图 8.7　原始频段和固定相移建模数据比对

(a)原始频段和高低子频段数据比对;(b)原始频段和合成频段距离像比对。

最后分析线性相位偏移的影响。在低子波段加入线性相位为 π/6 的偏移,无幅度和固定相位偏移(图 8.8(a)),图 8.8(b)示出了原始全频段数据和合成全频段数据的比较,可以看出低子频段的线性相位非相干量导致散射中心的位置、个数和幅度均发生变化。

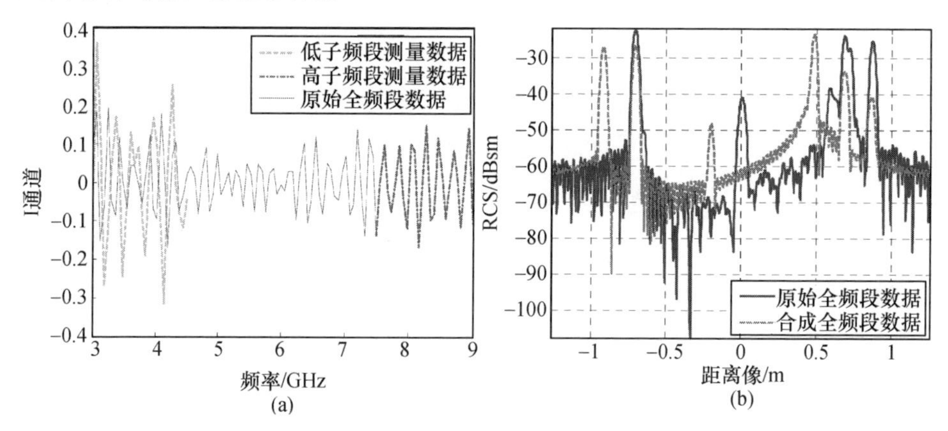

图 8.8　原始频段和线性相移建模数据比对

(a)原始频段和高低子频段数据比对;(b)原始频段和合成频段距离像比对。

从以上分析可以看出,非相干量会对合成全频段数据产生影响,降低合成性能。因此,应首先对分布式两单元雷达的回波数据进行相干处理,然后进行两频段数据融合。

1)分布孔径雷达多频段回波相干处理算法

文献[9]给出了一种子波段相干处理的方法,其直接采用相干函数法同时估计三个非相干量，计算量大且容易陷入局部优化。文献[15]给出了一种利用强散射中心极点信息的差异来估计非相干量的方法，该方法基于 GTD 模型且要求数据长度相同，否则估计的散射中心可能不同，无法做极点平均处理。为此，研究了一种新的 DNCC 的相干处理方法：首先采用 CE 模型建模抑制噪声，再利用互相关法估计线性相位。图 8.9 示出了分布式雷达两频段数据的相干处理流程。

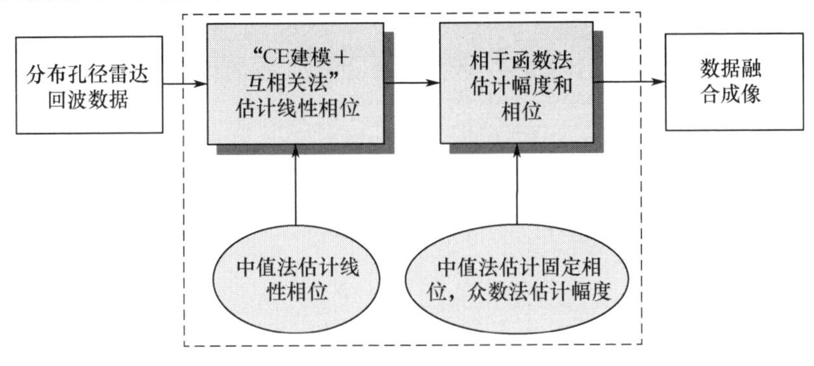

图 8.9　分布式雷达两频段数据的相干处理流程

假设目标频率响应为 $y(k)$，设雷达 1 和雷达 2 的回波频谱为目标频率响应与高斯白噪声的叠加：

$$y_{n1}(k)=Ay(k)\exp(\mathrm{j}\psi)\exp(\mathrm{j}(k-1)\varphi)+v(k)\quad(k=1,2,\cdots,N_1)\tag{8.3}$$

$$y_{n2}(k)=y(k)+v(k)\quad(k=N-N_2+1,\cdots,N)\tag{8.4}$$

式中：A、ψ 和 φ 分别为幅度、固定相位和线性相位非相干量；N_1 和 N_2 为雷达 1 和雷达 2 接收数据的长度。

相干算法步骤如下：

(1) 利用 CE 模型对两个子波段累积角内所有方位的数据分别建模，假设共有 N_a 个方位角，利用状态空间法(SSA)[37]估计参数，分别获得抑制噪声后的信号 $y_1(k)$ 和 $y_2(k)$。忽略建模误差，有

$$y_2(k)\approx\frac{1}{A}y_1(k)\exp(-\mathrm{j}\psi)\exp(-\mathrm{j}(k-1)\varphi)\tag{8.5}$$

(2) 对抑制噪声后信号补零至相同长度，再做互相关处理，即

$$R(n)=\frac{1}{N_a}\sum_{k=1}^{N_a}y_2(k)y_1^*(k)\exp\left(\mathrm{j}\frac{2\pi}{N_a}(k-1)(n-1)\right)\quad(n=1,\cdots,N_a)\tag{8.6}$$

将式(8.5)代入式(8.6)得

$$R(n)=\frac{1}{A\cdot N_a}\exp(-\mathrm{j}\psi)\sum_{k=1}^{N_a}|y_1(k)|^2\exp\left(\mathrm{j}\frac{2\pi}{N_a}(k-1)\left(n-1-\frac{N_a}{2\pi}\varphi\right)\right)\quad(n=1,\cdots,N_a)\tag{8.7}$$

当 $n=N_{\mathrm{a}}\varphi/2\pi+1$ 时,式(8.7)同相相加,$R(n)$取得最大值,故方位角估计值为

$$\varphi_i=\frac{2\pi}{N_{\mathrm{a}}}(n-1) \tag{8.8}$$

在累积角范围内对多个方位角处理可得最终估值为

$$\varphi_{\mathrm{opt}}=\underset{i=1,\cdots,N_{\mathrm{a}}}{\mathrm{median}}\{\varphi_i\} \tag{8.9}$$

式中:median 表示中位数函数。

观察式(8.7)取 $R(n)$ 的相位可得到固定相位的估计。但实际中受到噪声和建模误差的影响估计精度不高,因此下面利用相干函数法获取固定相位的估计。

(3) 定义相干函数 C_{F},利用步骤(2)中估计的线性相位补偿 $y_1(k)$,并利用优化方法获取幅度和固定相位的估计,即

$$C_{\mathrm{F}}=\sum_{k=0}^{N_1-1}\left|\frac{1}{A}y_1(k)\exp(-\mathrm{j}\psi)\exp(-\mathrm{j}(k-1)\varphi_{\mathrm{opt}})-y_2(k)\right|^2 \tag{8.10}$$

在所有方位角联合估计幅度和相位,有

$$A_{\mathrm{opt}}=\underset{i=1,\cdots,N_{\mathrm{a}}}{\mathrm{mode}}\{A_i\} \tag{8.11}$$

$$\psi_{\mathrm{opt}}=\underset{i=1,\cdots,N_{\mathrm{a}}}{\mathrm{median}}\{\psi_i\} \tag{8.12}$$

式中:mode 表示众数的函数。

利用所得到的幅度和相位估计值对回波数据进行补偿,即可实现两频段数据的相干处理。

2) 分布式雷达多频段回波融合处理算法

在相干处理的基础上对每个子波段的数据做数据融合处理,即可得到超分辨的 ISAR 像。图 8.10 示出了基于二维凹口数据状态空间算法的分布式雷达多波段数据融合处理算法流程。

假设分布式两单元雷达的子波段回波数据长度分别为 N_1 和 N_2,子波段凹口数据间隔为 N_{g}。两相干回波数据为

$$\boldsymbol{Y}_{b1}=\begin{bmatrix} y(1,1) & y(1,2) & \cdots & y(1,N_1)\\ y(2,1) & y(2,2) & \cdots & y(2,N_1)\\ \vdots & \vdots & & \vdots\\ y(M,1) & y(M,2) & \cdots & y(M,N_1)\end{bmatrix} \tag{8.13}$$

$$\boldsymbol{Y}_{b2}=\begin{bmatrix} y(1,N_{\mathrm{g}}+N_1+1) & y(1,N_{\mathrm{g}}+N_1+2) & \cdots & y(1,N_{\mathrm{g}}+N_1+N_2)\\ y(2,N_{\mathrm{g}}+N_1+1) & y(2,N_{\mathrm{g}}+N_1+2) & \cdots & y(2,N_{\mathrm{g}}+N_1+N_2)\\ \vdots & \vdots & & \vdots\\ y(M,N_{\mathrm{g}}+N_1+1) & y(M,N_{\mathrm{g}}+N_1+2) & \cdots & y(M,N_{\mathrm{g}}+N_1+N_2)\end{bmatrix} \tag{8.14}$$

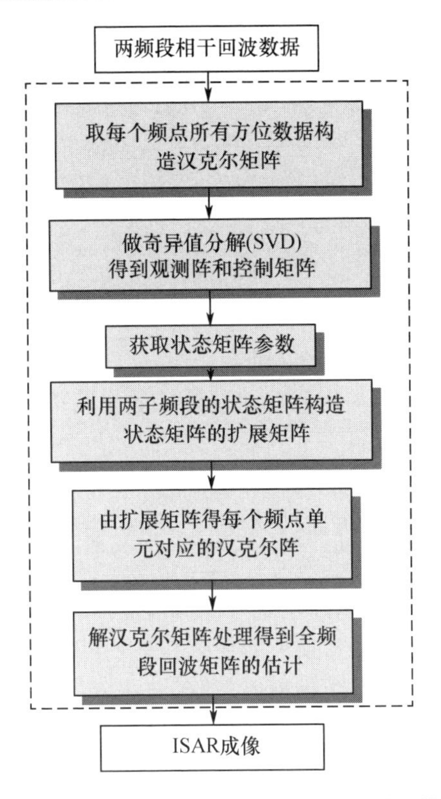

图 8.10　基于二维凹口数据状态空间分布式雷达多波段数据融合处理流程

对每个子波段回波数据做状态空间处理可得到状态矩阵($\boldsymbol{A}_{ci},\boldsymbol{B}_{ci},\boldsymbol{C}_{ci}$),同时可得到列增强阵

$$\boldsymbol{H}_{bi}^{\mathrm{col}}=[H_1^{\mathrm{col}}\quad H_2^{\mathrm{col}}\quad\cdots\quad H_{N_i}^{\mathrm{col}}]_{bi}(i=1,2)\tag{8.15}$$

构造扩展矩阵有

$$\boldsymbol{A}=\begin{bmatrix}\boldsymbol{A}_{c1} & \\ & \boldsymbol{A}_{c2}\end{bmatrix}\tag{8.16}$$

$$\boldsymbol{B}=[\boldsymbol{B}_{c1}\quad \boldsymbol{B}_{c2}]^{\mathrm{T}}\tag{8.17}$$

$$\boldsymbol{C}=[\boldsymbol{H}_{b1}^{\mathrm{col}}\quad \boldsymbol{H}_{b2}^{\mathrm{col}}]\tilde{\Gamma}_N^*(\tilde{\Gamma}_N\tilde{\Gamma}_N^*)^{-1}\tag{8.18}$$

式中:N 为已知波段和缺失波段采样点之和;$\tilde{\Gamma}_N=[\boldsymbol{B},\cdots,\boldsymbol{A}^{N_1-1}\boldsymbol{B},\cdots,\boldsymbol{A}^{N-N_2}\boldsymbol{B},\cdots,\boldsymbol{A}^{N-1}\boldsymbol{B}]$。

设构造矩阵 $\boldsymbol{C}=[\boldsymbol{C}_{c1}\quad \boldsymbol{C}_{c2}]$,则状态矩阵 $\boldsymbol{B}$ 可写为

$$\boldsymbol{B}=(\tilde{\Omega}_N^*\tilde{\Omega}_N)^{-1}\tilde{\Omega}_N^*[\boldsymbol{H}_{b1}^{\mathrm{col}}\quad \boldsymbol{H}_{b2}^{\mathrm{col}}]^{\mathrm{T}}\tag{8.19}$$

式中

$$\widetilde{\Omega}_N=[\boldsymbol{C}^{\mathrm{T}},\cdots,(\boldsymbol{CA}^{N_1-1})^{\mathrm{T}},\cdots,(\boldsymbol{CA}^{N-N_2})^{\mathrm{T}},\cdots,(\boldsymbol{CA}^{N-1})^{\mathrm{T}}]^{\mathrm{T}}$$

因此,包括所有频点的汉克尔矩阵可表示为

$$\boldsymbol{H}_n^{\mathrm{col}}=\boldsymbol{CA}^{n-1}\boldsymbol{B}(n=1,\cdots,N) \tag{8.20}$$

解汉克尔矩阵可以得到全频段回波矩阵每一列的估计,即

$$\boldsymbol{Y}_{eb}(:,n)=\begin{bmatrix}\boldsymbol{H}_n^{\mathrm{col}}(1:d_r-1,1)\\ \boldsymbol{H}_n^{\mathrm{col}}(d_r,:)^{\mathrm{T}}\end{bmatrix}(n=1,\cdots,N) \tag{8.21}$$

式中:$\boldsymbol{Y}_{eb}(:,n)$为矩阵第 n 列所有行数据;$\boldsymbol{H}_n^{\mathrm{col}}(1:d_r-1,1)$为取矩阵第一列的前 d_r-1 行的数据,d_r为矩阵 $\boldsymbol{H}_n^{\mathrm{col}}$行的维数。

分布式雷达 ISAR 成像采用直接对估计后的全频段回波数据做二维 FFT 来实现。

3)分布式雷达多频段回波融合实验验证

本节利用弹头物理光学等效棱边流(POEEC)数据对多频段回波融合算法的有效性和准确性进行验证。

利用弹头仿真数据分别在大积累角度和小积累角度情况下进行成像分析,其中,大角度成像能够得到目标精细的轮廓特征,可以较为明显地对算法进行验证,而小角度成像与实际的应用场景更为贴近。

(1)大角度成像。采用弹头 POEEC 12~18GHz HH 极化数据,分布式两单元雷达发射子波段分别为 13~14GHz 和 16~17GHz,步进频率为 10MHz,数据累积角为 −100°~100°,步进角度为 0.25°。利用已知稀疏子波段数据合成带宽为 6GHz 的超大带宽数据。图 8.11(a)、(b)给出了弹头子波段 ISAR 像,此时并不能得到弹头完整的轮廓信息。图 8.11(c)、(d)分别给出了原始波段、一维 GSSA 和二维 GSSA 融合数据的成像结果,与原始全波段成像结果相比,利用一维 GSSA 和二维 GSSA 方法都可以得到目标的精细特征;而且相对于一维 GSSA,二维 GSSA 得到的目标 ISAR 像微弱的杂散更少,从而验证了二维 GSSA 算法的优越性和有效性。

(2)小角度成像。为了模拟真实雷达情况,在小角度下对弹头 POEEC 12~18GHz HH 极化数据作 ISAR 成像仿真,分布式两单元雷达子波段分别为 13~14GHz 和 16~17GHz,步进频率为 10MHz,在低子波段加入线性相位偏移 45°及幅度偏移因子 5 的非相干量,累积角度为 10°~20°,步进角度为 0.5°。信噪比设为 20dB。图 8.12 分别给出了低子波段、高子波段、全波段和相干融合成像结果。可以看出,仅利用一个波段成像分辨率较低,而相干融合成像可以获得与全波段比较接近的超分辨率 ISAR 像,从而获取目标更为精细的特征。

8.2.3.2 不同视角相同频段的分布式雷达

与多波段数据相干处理类似,多角谱处理是利用多个小积累角度的数据段

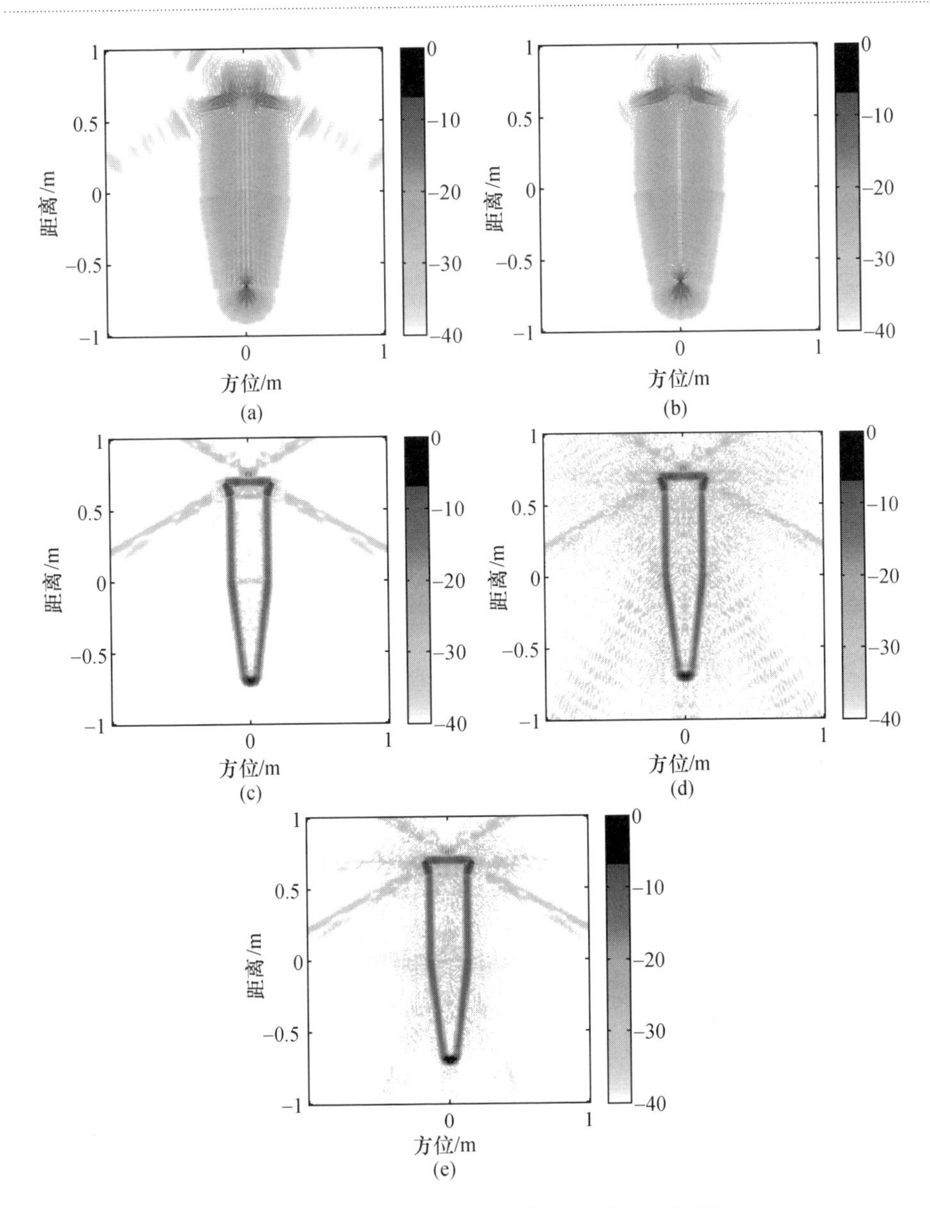

图 8.11　弹头不同频段的二维 ISAR 像(大角度)
(a)低子波段成像；(b)高子波段成像；
(c)原始全波段成像；(d)一维 GSSA 融合成像；(e)二维 GSSA 融合成像。

做融合处理,以获得大积累角度回波数据,从而提高目标的方位向分辨率。对于实际目标而言,由于强的镜面散射、棱边绕射和阴影区绕射[29]等电磁散射特性影响,将使得不同方位入射的目标散射特性产生大的差异,导致不同视角回波数据不相干。为了实现不同角谱数据的有效融合,需要首先进行多角谱数据相干

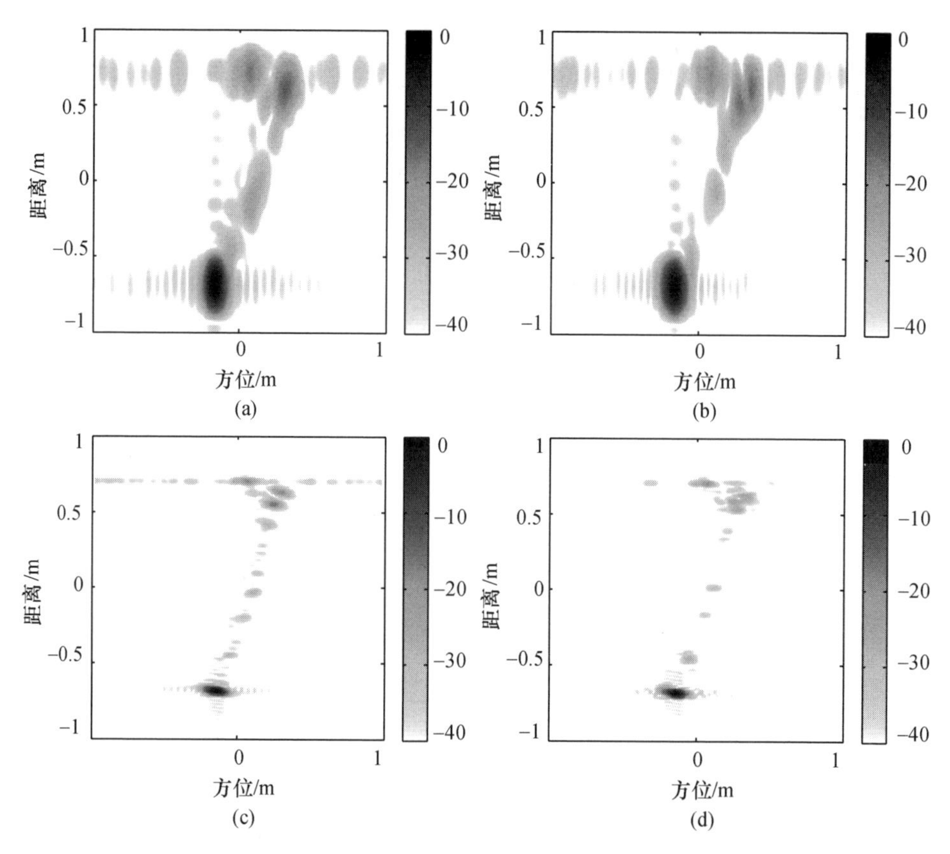

图 8.12　弹头不同频段的二维 ISAR 像(小角度)
(a)低子波段成像；(b)高子波段成像；(c)全波段成像；(d)相干融合成像。

处理,然后进行回波数据融合。

1）分布式雷达多角谱回波相干处理算法

在分布式雷达中,两单元雷达角谱数据之间的非相干量估计过程如图 8.13 所示。选取单元雷达 2 的回波信号当作参考信号,取两单元雷达的一对数据做相干,待所有的方位数据完成相干处理后,利用统计方法得到最优的非相干量估计。具体相干处理过程与两频段回波数据相干处理类似,此处不再赘述。

2）分布孔径雷达多角谱回波融合处理算法

对于分布式多角谱相干数据,利用二维 GSSA 算法对多角谱数据做凹口的内插和外推。图 8.14 示出了分布式雷达多角谱数据融合处理流程,与多频段回波融合处理类似,唯一的区别是汉克尔矩阵的构造方法不同:此处选择的是每个方位的所有频点数据,而多频段处选择的是每个频点的所有方位数据。

3）分布孔径雷达多角谱回波融合实验验证

本节利用弹头物理光学等效棱边流数据,对多角谱回波融合算法的有效性

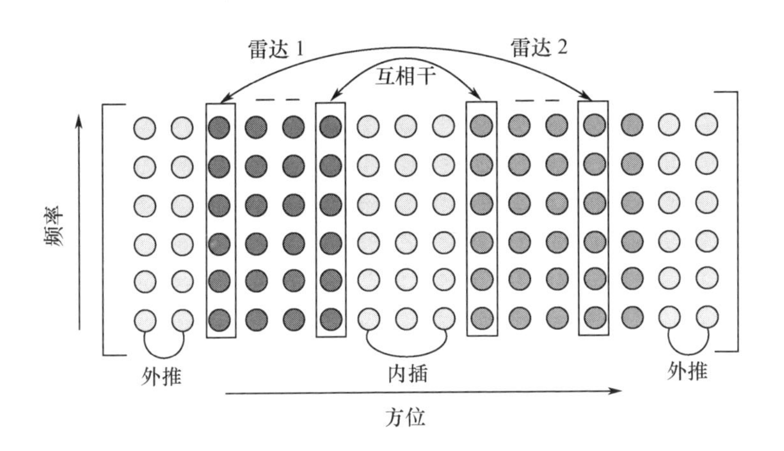

图 8.13 两单元雷达角谱数据相干处理

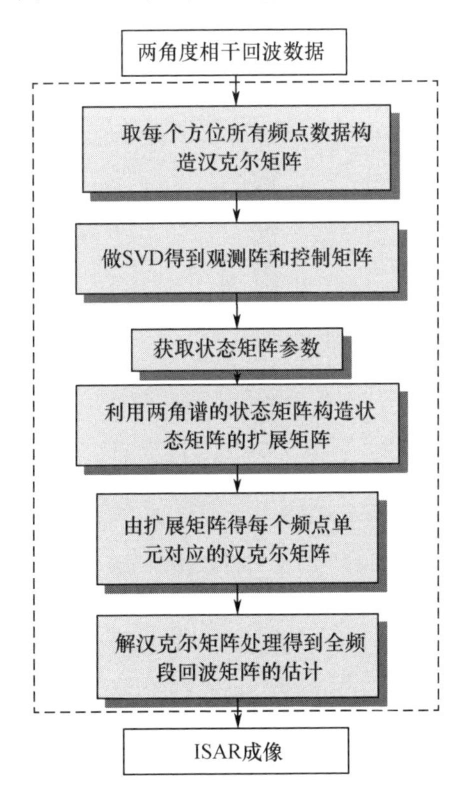

图 8.14 分布式雷达多角谱数据融合流程

和准确性进行验证。

采用弹头物理光学等效棱边流电磁计算数据作仿真,假设两雷达均发射中心频率为 10GHz、信号带宽为 1GHz 的 HH 极化信号,步进频率为 50MHz。鼻锥向入射目标扫描角为 0～180°，步进角度为 0.25°。两雷达角谱分别为 3°～6°和 9°～12°，全角谱为 2°～14°。信噪比为 20dB。在低子角谱调制线性相位为 60°、幅度增益为 5 的非相干量。图 8.15 分别给出了低子角谱、高子角谱、全角谱和相干融合成像的结果。可以看出，仅利用一个角谱成像分辨率较低，而利用相干融合成像可将弹头底部的两个散射中心分离开来，获得了与全角谱接近的方位分辨率，相比于子角谱，获取了分辨率更高的 ISAR 像。

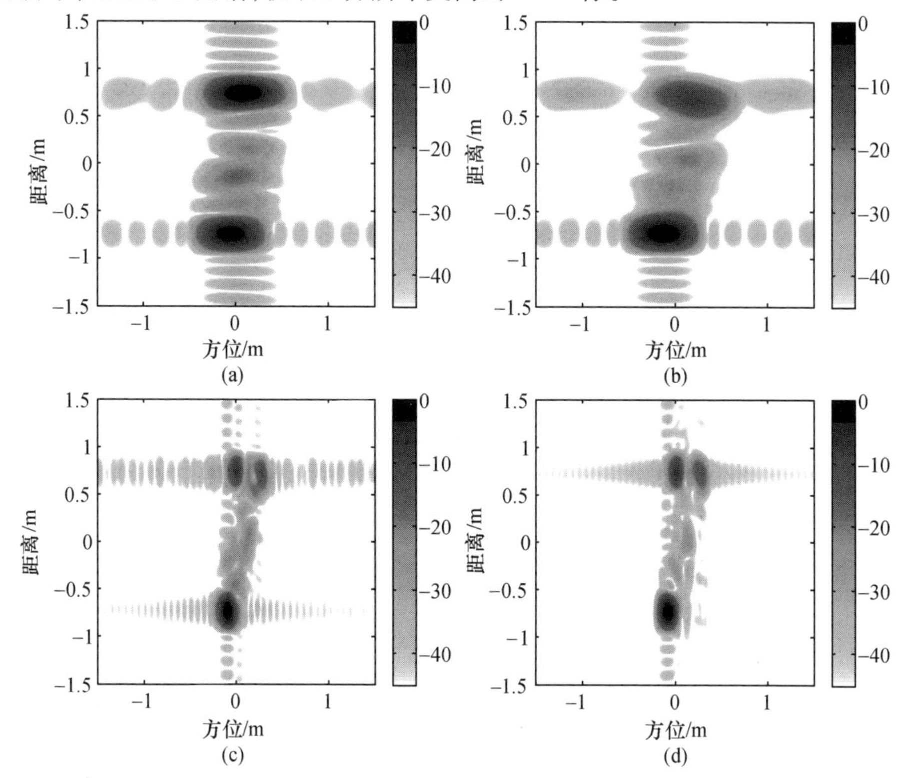

图 8.15　弹头不同角谱的二维 ISAR 像

(a)低子角谱成像；(b)高子角谱成像；(c)原始全角谱成像；(d)相干融合成像。

8.2.3.3　不同视角不同频段的分布雷达

前面分别研究了相同视角不同频段、不同视角相同频段的分布式雷达目标特性增强技术。本节研究不同频段不同视角的分布式雷达目标特性增强技术，以提升目标两维分辨率，进而增强目标识别的能力。

首先利用 CE 模型对每一部雷达回波数据建模；然后利用二维 GSSA 方法在频率域外推，将两部雷达数据填充至相同频段；最后利用二维 GSSA 的方法在方位域对两部雷达进行数据融合。图 8.16 示出了不同频段不同视角雷达回波数据融合成像流程。

图 8.16　不同频段不同视角雷达数据融合成像流程

利用弹头 POEEC 数据对不同频段不同视角回波融合算法进行仿真验证。雷达 1 频段为 10 ~ 11GHz，雷达 2 频段为 11 ~ 12GHz，全频段数据为 10 ~ 12GHz。步进频率为 50MHz，HH 极化。鼻锥向入射目标扫角参数为 0° ~ 180°。两雷达的角谱分别为 3° ~ 6° 和 9° ~ 12°，全角谱为 2° ~ 14°。步进角度为 0.25°。信噪比设为 20dB。图 8.17 示出了弹头的 ISAR 像。可以看出，仅利用一部雷达成像的两维分辨率有限，而将两雷达数据在频段和角度上融合后可提升目标的两维分辨率，进而增强了目标识别的能力。

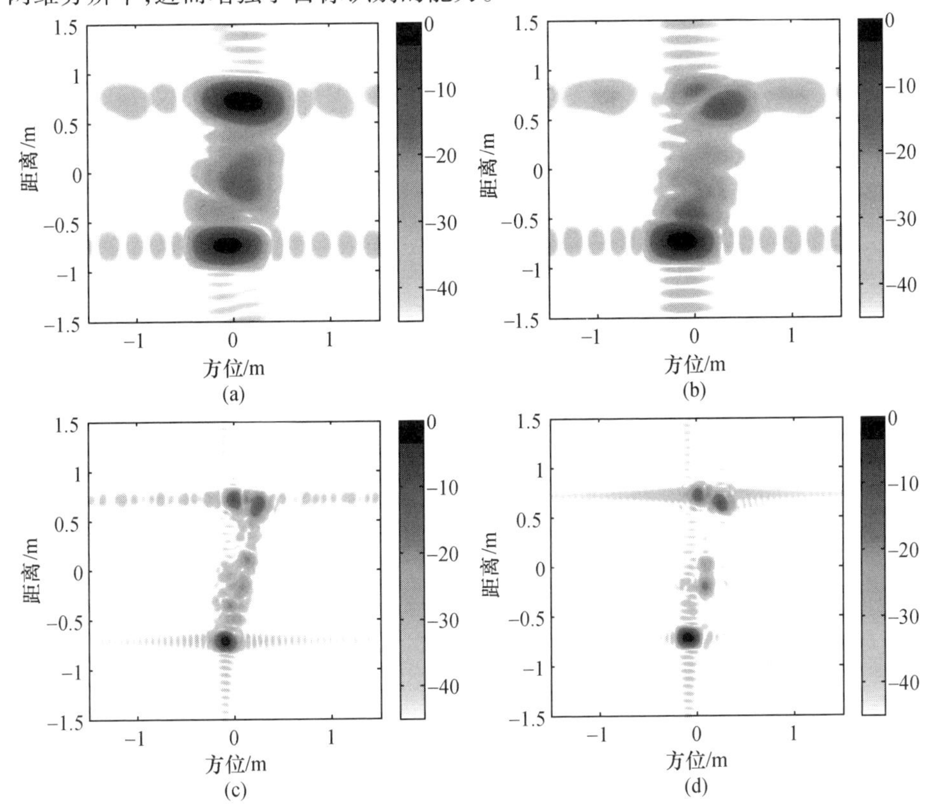

图 8.17　弹头不同频段不同视角的二维 ISAR 像

(a) 雷达 1 数据成像；(b) 雷达 2 数据成像；
(c) 全角谱全频段成像；(d) 多角谱多频段融合成像。

8.3 长基线分布孔径相参合成技术

8.3.1 概念

统计 MIMO 雷达阵元间距较大,利用目标 RCS 的空间分集增益可提高检测性能[31,32]。若利用信号处理方法对统计 MIMO 雷达做相参处理[33],可进一步提高目标回波 SNR 增益,从而提高系统性能。此时统计 MIMO 雷达变为长基线分布孔径雷达,长基线分布孔径雷达是将单元雷达根据需求分散部署、灵活应用,单元雷达间距不受相参基线选择准则限制。单元雷达可以是不同体制、不同频段、不同工作方式、不同极化方式的雷达,通过高速数据传输系统互连,在电子频谱管控和统一的时空基准下由中心站统一调配,对接收信号进行相参处理。单元雷达的信息(原始信号、点迹、航迹等)由中心站收集,通过数据级融合或信号级相参处理后形成综合情报信息,并根据合成结果自适应地调整各单元雷达的工作状态,发挥各单元雷达的优势,从而完成整个雷达网覆盖范围内的探测、定位和跟踪等任务。

8.3.2 国内外发展现状

最初的雷达组网计划是 DARPA 和陆军联合进行的一项研究工作,目的在于通过对分散的战场雷达进行自动化和自适应组网的方式,为陆军改进战场警戒、目标截获和作战指挥能力。1980 年 9 月至 1981 年 1 月,在美国的俄克拉荷马州锡尔堡(Fort Sill)地区对雷达网系统进行了试验表演,以显示雷达组网的优点。

现在较为典型的防空雷达网有俄罗斯的莫斯科防区雷达网和美国的“爱国者”制导雷达组网。莫斯科防区雷达组网是在以莫斯科为中心的 130 ~ 160km 半径范围内建立 4 层防空网(共 64 个防空导弹阵地和最外层的 6 个防空导弹阵地群),各层都有数据处理中心,并将数据送往市中心防空指挥部,实施全防区指挥作战。

美国的“爱国者”制导雷达组网是利用 6 部“爱国者”制导雷达组网作战,并将“霍克”“小榭树”制导雷达组进网中,采用测向交汇或时差定位方式对空中干扰源进行加权定位,提高了反低空、超低空入侵的能力,提高了武器系统生存能力。美国空军和陆军有关专家普遍认为,组网是最有希望的反隐身、抗干扰途径。美国陆军已集中力量优先安排组网工作,以改进其监视和作战能力,并研究将成熟的情报雷达网、制导雷达组网不断改进和完善。

现代战争中雷达组网在高科技中发挥了重要的作用,这一点可以从海湾战争中看出。据外刊报道,海湾战争中多国部队至少调集了37架预警机(其中,美国空军预警机E-3C 5架,美国海军预警飞机24架,沙特空军预警机5架,英国派驻阿曼的"猎迷"预警机3架)组成了史无前例的战区部署的最庞大、最严密的空基预警雷达网,不仅覆盖了伊拉克全境,而且覆盖了多国部队全部展开区域(包含波斯湾、阿拉伯海、红海和部分地中海水域),在争夺制空权的斗争中,经受了实战的考验,取得了明显优势,证明该雷达网性能良好。

俄罗斯的"橡皮套鞋"反弹道系统由三部分组成:7部"鸡笼"远程警戒雷达、6部"狗窝"远程目标精密跟踪/识别雷达和13部导弹阵地雷达。7部"鸡笼"远程警戒雷达分别与2~3部"狗窝"远程目标精密跟踪/识别雷达联网;6部"狗窝"远程目标精密跟踪/识别雷达又各与4部导弹阵地雷达联网。"鸡笼"远程警戒雷达在远距离探测目标,并且通过数传装置向"狗窝"雷达。一直保持静默的"狗窝"远程目标精密跟踪/识别雷达只有当目标进入导弹射击范围时才开机工作,而导弹阵地雷达只有在发射导弹时才开机工作。

国内也开展很多网络化雷达的研究,文献[38,39]对组网雷达作战能力进行了深入分析与评估,包括了对组网雷达"四抗性"的分析与评估,定位能力评估及组网雷达对抗系统评估建模与仿真;文献[40-42]研究了雷达部署优化模型,建立了环形、直线、扇形以及多道防线的雷达部署优化模型;文献[43]给出遗传算法在同种雷达组网优化问题中的求解过程和步骤;文献[44-46]给出长基线分布孔径雷达的定义,并对其性能进行分析,相参处理能使网内雷达整体作战能力得到极大的提高,包括探测、定位、跟踪、识别、威胁判断等在内的雷达整体性能得以大幅度改善,雷达组网技术发生了本质变化,其优势已得到广泛认可。

8.3.3 关键技术

8.3.3.1 时间同步技术

时间基准信号严格统一是长基线分布孔径雷达各节点间能够协同工作的前提条件。目前解决时间统一的途径有两个:一是利用卫星定位系统的高稳定时钟。可使用美国的全球定位系统(GPS)和我国的双星定位系统,精度满足要求,但战时易受干扰;二是在各站使用高稳定的原子钟作为同步信号,使用前进行统一时间校准。目前国内已经完成了基于原子钟的高精度时间同步技术研究,时间同步精度可达到纳秒量级。

8.3.3.2 高精度定位和标校技术

长基线分布孔径雷达对各站测得的数据要进行数据融合处理及相参信号级

处理,而各单元孔径雷达的精确定位和空间几何标校是对目标精确定位的基础,是雷达网内各站通过坐标变换共享数据的基础,其误差将直接进入数据处理系统,形成目标定位的系统误差,影响雷达的跟踪精度。

8.3.3.3 高速大容量数据传输技术

长基线分布孔径雷达常用的传输方式:①光纤,可靠、保密、容量大、抗干扰、损耗小、架设工程量大、机动性差,适用于固定点中、短距离通信。②无线电波通信,简单、机动灵活,误码率高、易受干扰,适用于超视距通信。③微波通信,段宽、容量大、可靠、保密、超过 50km 后需中继站,适用于近距离通信。④卫星通信,机动性好、容量大、有一定延时,用于大的网络化系统。从稳定、高速、保密、机动性、费用等因素考虑:对于站间距小于 30km,可以采用短波、超短波通信;对于站间距大约为 60km,通信网可以考虑用光缆通信,或者采用微波通信,使用中继站进行接力。

8.3.3.4 数据融合及信号级相参处理技术

数据融合是利用计算机技术处理探测、信息校准、相关、识别、估计,以及组织多源信息和数据的多层次、多方面过程,以便获得准确的状态和身份估计、完整和及时的战场态势。将多部单元雷达的探测数据进行融合处理,所得数据比任何一部单元雷达对目标测量的精度更高、评估更全面准确,从而实现对目标的精确定位、识别、态势和威胁估计,充分发挥网络化的优势。与数据融合相比,信号级融合将多站点的雷达回波信号进行矢量补偿后叠加,能够改善原始回波信号的信噪比,因此在提升雷达系统威力和测量精度方面具有绝对优势。

根据对雷达测量数据融合的使用情况,有分布式和集中式两种结构。分布式数据融合结构的特点是,每个雷达站都设有数据处理器,对本雷达的测量数据进行处理得到目标航迹,再将单雷达航迹传送到雷达网数据融合中心得到融合后的航迹。集中式数据融合只在雷达网数据融合中心设置一个数据处理器,对各雷达站送来的目标点迹直接处理。信号级融合需要将各雷达站点接收到的目标原始回波的 I/Q 数据传输到中心处理器。中心处理器对原始回波的 I/Q 数据进行相参处理。

8.4 分布孔径雷达支撑技术

在分布孔径雷达中,信号处理系统除了完成常规的雷达信号处理任务之外,还需要完成相参合成参数估计与信号相参合成的功能,整个信号处理算法数据量大、复杂度高、实时性要求高,必须采用大规模高速实时信号处理技术来实现。平面集成相控阵技术通过改进雷达组装工艺,采用平面集成形式,可以将雷达的相控阵天线做得很薄、很轻,有利于提升单元孔径天线性能,从而进一步提高分布孔径雷达的性能。

8.4.1 大规模高速实时信号处理技术

在分布孔径雷达中,信号处理系统除了完成常规的雷达信号处理任务之外,还需要完成相参合成参数估计与信号相参合成的功能,整个信号处理算法数据量大、复杂度高、实时性要求高,必须采用大规模高速实时信号处理技术来实现。高速的处理能力、大规模的数据吞吐能力是现代信号处理系统的主要特点,高速总线、新型高速数字信号处理器和大规模 FPGA 器件的推出,为构建大规模高速实时信号处理平台带来了可能性。

8.4.1.1 高速数字信号处理器

信号处理的功能由集成有数字信号处理器(DSP)的信号处理平台来实现,DSP 是信号处理平台的核心器件,其处理能力及互连能力很大程度上决定了整个信号处理平台的能力。

相对于中央处理器(CPU),DSP 在处理器结构、存储器结构、总线结构、指令系统、I/O 资源等方面都有很大的优势,更适宜进行实时信号处理。目前,典型的高速数字信号处理器有 ADI 公司的 TigerSHARC 系列数字信号处理器(ADSPTS101S、ADSPTS201S、ADSPTS202S 和 ADSPTS203S)、Freescale 的 Power PC 处理器 MPC8641D、TI 公司最新的八核处理器 TMS320C6678 等。

TMS320C6678 处理器采用 TI 最新 KeyStone 多核架构,集成有 8 个 C66x 处理器核心,具有浮点和定点双运算模块,可以运行在 1.25GHz 频率下,单核的每周期定点性能高达 32MAC,每周期浮点性能高达 16FLOP;TMS320C6678 处理器每个核集成有 32KB 的一级指令 cache 和 32KB 的一级数据 cache,512KB 的二级高速缓冲区,多核之间拥有高达 4MB 的高速共享内存,同时支持大容量的 DDR3 存储空间;高速接口方面提供 HyperLink 接口、PCI Express 接口、四个 Serial RapidIO 接口、两个 SGMII(以太网协议的一种)。TMS320C6678 处理器架构如图 8.18 所示。

TMS320C6678 处理器,与 ADSPTS201S 处理器以及 MPC8641D 处理器的对比见表 8.1。

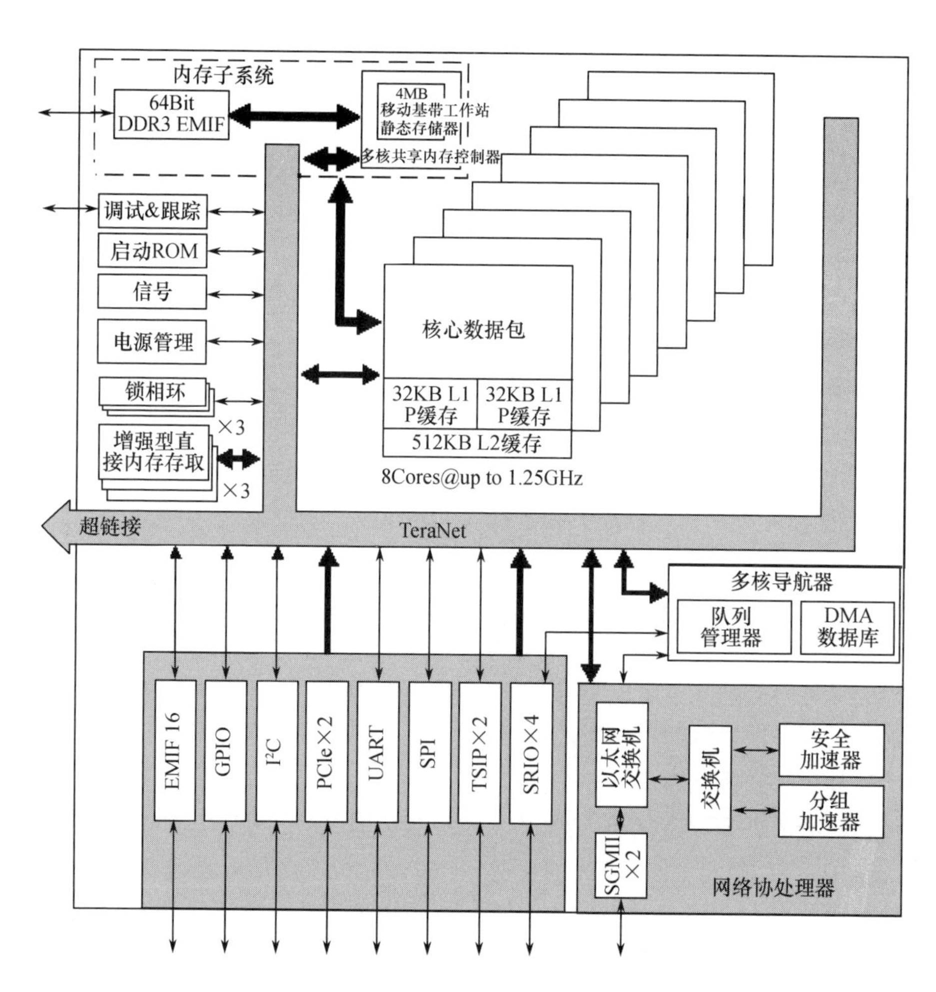

图 8.18　TMS320C6678 处理器架构

表 8.1　典型处理器性能对比

名称	ADI TS201	Freescale MPC8641D	TI TMS320C6678
发布日期	2003 年 6 月	2004 年 9 月	2010 年 11 月
工艺	130nm	90nm	40nm
内核数量	1	2	8
主频	600MHz	≈1.5GHz	1.25GHz

（续）

名称	ADI TS201	Freescale MPC8641D	TI TMS320C6678
功耗	3W（C600MHz）	15～25W（C1GHz） 32W（C1.5GHz）	<10W（C1GHz）
缓存容量	3MB SDRAM	1MB L2 * 2	64KB L1/Core 512KB L2/Core 4MB MCSM
高速 I/O 接口 （* 数量）		PCI－Express 1.0a Rapid IO GMAC * 4	5Gbps SRIO * 4 5Gbps PCI－E * 2 50Gbps HyperLink 1Gbps SGMII * 2

显然，TMS320C6678 处理器具有较高运行频率，且集成有 8 个处理器核，在处理能力上远领先于 MPC8641D 和 TS201 处理器，可以实现高速并行处理，满足实时信号处理的要求；TMS320C6678 处理器较大的内部存储空间可以满足信号处理存储空间的需求，丰富的高速 IO 接口可以实现大数据高速传输，从而更容易搭建高性能的信号处理平台。

8.4.1.2　基于 VPX 总线的高速信号处理平台

1）概述

传统的基于 VME 或 CPCI 总线的雷达信号处理系统，由于总线带宽的限制以及处理器之间互连的局限性，严重制约了处理器之间的数据传输，并且在系统的通用性、可重构性、可扩展性方面都存在明显的不足，很难满足大规模高速实时信号处理技术的需求。VPX 总线标准作为 VITA 协会推出的新一代信号处理平台总线标准，相比 CPCI 标准和 VME 标准而言，拥有变革性的性能优势，可以很好地解决目前信号处理领域面临的各种瓶颈。VPX 总线标准采用高速串行总线替代并行总线，全面支持 RapidIO、PCIe 等高速串行互连协议，具备强大的 I/O 能力，同时在系统通用性和可扩展性方面具有很大的优势，是新一代雷达信号处理平台系统的发展趋势。

2）平台架构

大规模高速实时信号处理平台具有如下特征：

（1）采用 VPX 总线标准；

（2）采用高性能多核处理器；

（3）使用通用的高性能串行互连协议；

（4）标准化、模块化、可扩展、可编程、可重构；

(5) 具有丰富的软件支持。

整个处理平台主要由接口及预处理板、信号处理板、数据录取板等插件构成。所有板卡符合 VITA 65 系统规范。接口及预处理板实现外部接口和数据预处理功能,主要完成控制信息和处理数据的接收、数据的预处理和处理结果的输出;信号处理板完成主要的信号处理功能;数据录取板完成控制信息、处理数据以及处理结果的录取。

平台基于 VPX 总线标准,支持三个层面上的互连协议,RapidIO 用于数据层面的互连,千兆以太网用于系统控制层面的互连,PCIe 协议用于系统扩展层面的互连。通过互连协议,接口及预处理板以及所有信号处理板之间可以实现任意节点的高速互连,系统拓扑结构可根据不同应用需求可灵活重构,具有很好的通用性与可扩展性。RapidIO 是一种高性能的互连技术,可以完成系统内部 DSP、FPGA 以及存储器之间的高速数据传输,它采用高性能 LVDS 技术,可以在 4 对差分线上实现 10Gb/s 的有效传输速率,同时提供错误校验机制,具有很高的可靠性,因此能够提供高性能可靠的数据传输,且支持任意方式的互连结构,也具有很高的灵活性,特别适合于高性能嵌入式系统的应用;PCIe 也是一种高速串行互连协议,目前广泛应用于计算机、工作站、服务器、高性能计算平台以及其他嵌入式系统,PCIe 仅支持树形拓扑,适合于模块内如 PC 的 CPU 与外设间的局部互连。千兆以太网是一种常见的网络互连协议,设计使用千兆网用于平台控制层面的互连。

3) 平台硬件板卡介绍

信号处理平台使用接口及预处理板和若干信号处理板完成信号处理任务。根据信号处理的复杂度,可灵活搭建不同规模的信号处理平台。

接口及预处理板集成有两片 Xilinx 公司 Virtex－7 FPGA 和一片 TMS320C6678 八核处理器,能够提供超强的预处理能力。板卡提供 FMC 接口,通过 FMC 子卡可以实现丰富的外部接口,FMC 标准描述了一个通用的模块,通过 FMC 可以将 I/O 接口和信号处理分离,进一步简化了 I/O 接口模块的设计,同时使板卡的重复利用率得到大大提高。FMC 系列子卡包括 ADC 子卡、DAC 子卡、LVDS 子卡、光纤子卡、时钟分配子卡等。两片 Virtex－7 FPGA 可以实现超强的并行处理能力,满足不同应用的要求,通过 RapidIO 两片 FPGA 可以和 TMS320C6678 处理器及系统内其他板卡的 RapidIO 节点进行通信。

信号处理板集成 8 片 TI 高性能 8 核信号处理器 TMS320C6678,单片 TMS320C6678 处理器单处理器核能够提供 32GMAC 或 16GFLOP 的峰值运算能力,整板具有超强的运算和处理能力;板上每片 DSP 提供 2GB DDR3 存储器,提供 10GB/s 的峰值存储带宽;板上 8 片处理器基于 sRIO Switch 进行数据交换,通过 4x sRIO 接口,任意两个处理节点间可实现高达 20Gb/s 的传输带宽;处理器节点间提供辅助数据通道 Hyperlink，提供 50Gb/s 的峰值传输带宽；板卡还包括一个 Ethernet Switch，板内或板间的处理节点之间通过 Ethernet 交换控制信息；板卡向背板提供 4 路 x4 sRIO 接口，支持 Gen2 sRIO 数据率，能够提供高达 80Gb/s 的板间带宽，向背板提供 4 路 1000BASE－BX 的千兆网接口。板卡能方便地与其他类型的 VPX 负载板或交换板互连，灵活应用于星形或全互连架构的 VPX 系统。

8.4.1.3 VPX 信号处理平台软件

1）概述

新型 VPX 信号处理平台集成有多片多核信号处理器，并且采用了高速串行互连协议，因此，软件设计的难度和复杂度相对传统信号处理平台而言也大大增加。如何发挥好硬件平台的最大性能对软件设计提出了更高的要求。软件设计需要着重考虑以下几方面：

（1）多处理器核之间的协同处理，处理器内部多核之间共享内部处理器总线、共享内存、核间通信带宽。用户软件的设计直接决定了多核之间处理的协调性，合理的软件设计能够避免共享资源并发访问的冲突，最大限度地提升单核以及处理器的处理能力。

（2）多处理器之间的通信问题。高速实时信号处理涉及到大数据量的数据传输，如何充分利用高速互连协议提供的通信带宽来实现高速大数据量的数据传输是软件设计中必须要仔细考虑的问题。

（3）多处理器的软件调试和软件监测问题。实时的调试和系统监测功能可帮助用户及时发现程序数据流的错误、程序执行的异常、数据竞争、死锁、内存泄漏等一系列问题。在多核多处理器环境下，如何同时实现对系统内每个处理器核上运行程序状态的实时调试和监测，是一项复杂的但很有必要的工作。

（4）信号处理功能的实现问题。信号处理功能越来越复杂，如何将复杂的信号处理算法合理的分配并影射到信号处理平台上是一个很关键的问题，必须考虑和协调好整个信号处理软件的运行效率与稳定性。

2）平台支撑软件设计

VPX 信号处理平台支撑软件总体架构如图 8.19 所示，整个软件架构可分为两大部分，一是增强型板级支持程序包，二是用户软件生态环境。

增强型板级支持程序包主要由板卡外设驱动程序和板级支持程序包组成。板卡外设驱动程序模块主要是向上层提供统一的操作外部硬件设备的应用程序接口（API），如 RapidIO 驱动、串口驱动、Flash 驱动、以太网驱动、EMDA 驱动等。驱动程序直接和硬件打交道，用户和上层中间件可以通过驱动去间接操作硬件，从而实现特定硬件功能；板级支持程序由硬件诊断程序模块、程序启动引导模块

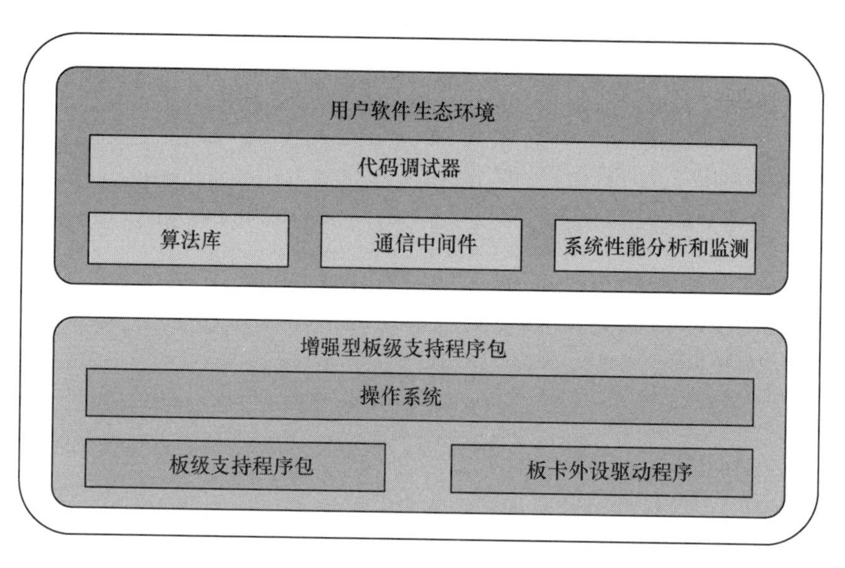

图 8.19　VPX 信号处理平台支撑软件总体架构

两部分组成。增强型板级支持程序包是确保板卡硬件正常工作必不可少的一部分,用户软件环境通常建立在增强型板级支持程序包之上。

用户软件生态环境向用户提供完备的软件开发、通信、调试、诊断、监测等一系列功能。该部分主要由算法库、通信中间件、系统性能分析和监测三个模块组成。算法库由常用数学库、信号处理算法库和针对雷达专用的信号处理算法库组成。算法库通过定义良好的用户调用接口,一方面减少用户的工作量,另一方面增强程序的可移植性和通用性;通信中间件模块通过和各种互连协议驱动程序配合屏蔽底层硬件、操作系统以及互联协议的异构性,向上层应用程序提供统一的标准通信接口,极大地方便用户通信编程;系统性能分析和监测模块由一系列的事件记录和分析工具组成,主要功能是对板卡上运行的软件进行性能分析和监测,及时帮助用户找出程序的瓶颈和缺陷。

3）多核软件设计

多核处理器的出现极大地提高了单 DSP 的处理能力,如何将应用影射到多处理器核上是面临的一个很重要的问题。两种最主要的多核软件开发模型是主从开发模型和数据流开发模型。

主从开发模型的显著特点是集中式的控制和分布式的执行。处理器内部有一个核是主处理器核,主核负责所有任务的调度和控制,完成数据的管理和分配;其余核是从核,从核完成主要的处理工作。一个或者多个执行任务(Task)被映射到每个核上,主核的任务负责调度所有的任务,将从核上需要的数据传到该从核。主核和从核之间可以使用消息传递的方式进行通信,消息提供了对核上执行程序的控制和需要数据的传输。主从开发模型如图 8.20 所示。

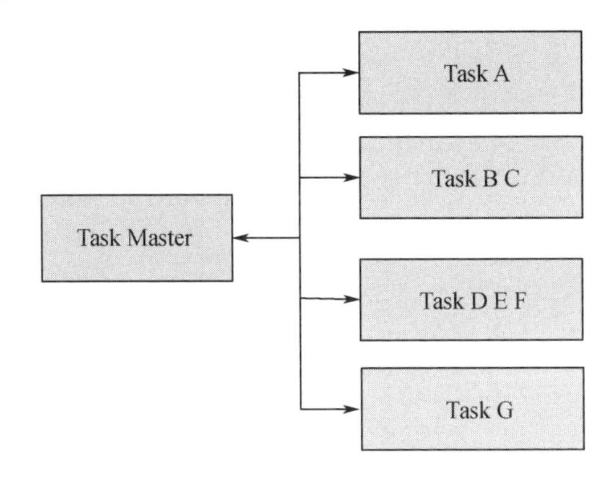

图 8.20　主从开发模型

数据流开发模型的显著特点是分布式的控制和分布式的执行。类似于流水处理方式,每一个处理器核使用不同的算法处理一个数据块并将结果传递给其他核进一步处理。任务的调度依靠数据流触发。数据流模型的通常适应于包含大的、复杂的处理部分,这些部分之间相互依赖,并且不适合于在单核上处理。使用这种模型需要考虑复杂的处理任务在各个核之间的分割以及对系统中高速的数据交换的需求。算法通常需要被分割和映射到多个核上从而实现流水线的处理。采用数据流开发模型的优点是每个核执行的任务功能相对比较单一,调度相对容易;缺点是需要在多核之间传输大量数据,高速的数据交换需要核之间大的内存访问带宽。该模型任务执行的同步依靠核之间的消息传递来实现,核之间数据的传递通常使用共享内存或者 DMA 传输来实现。数据流开发模型如图 8.21 所示。

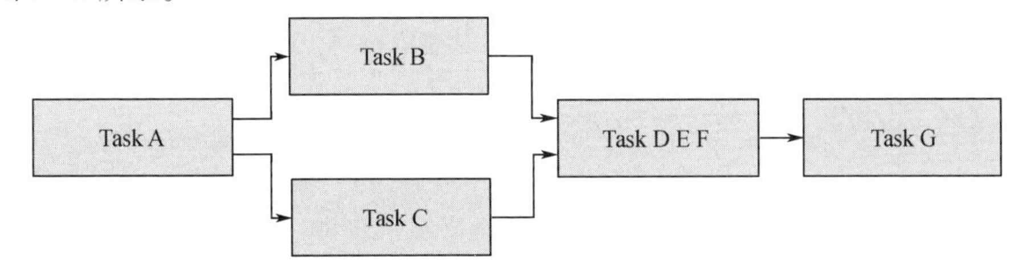

图 8.21　数据流开发模型

如何实现一个应用中任务的合理划分和高效分配是一个难题,也是一项很有挑战性的工作。即使划分出并行化的任务,如何将这些任务在多核之间进行映射和调度也是需要处理的问题,需要仔细规划。多核开发一般需要以下几步流程。

(1) 应用分割。应用分割通过定义一系列的小任务实现对一个复杂的问题的合理分解。将一个应用分割为多个任务需要,深入分析各软件功能单元的计算量和各单元之间的耦合性和依赖性。要注意减少各任务之间的耦合和依赖,同时每个任务的运算来量不能过大而在一个核上处理不过来。

(2) 任务通信。任务分割的目的是实现任务并发的执行,但并不是各任务之间独立的执行。一个任务进行计算的结果往往需要传递给另一个任务,这种信息的传递即需要通信来实现。通常使用控制流图标识独立的控制路径,进而确定系统中可并发执行的任务。使用数据流向图确定任务之间的同步需求和通信需求。

(3) 任务合并。任务分割和任务通信的目的都是为了在一个多核上执行一个高效率的应用。任务合并的主要工作是将一些小任务合并成一个大任务。一些低运算量的相互依赖的任务模块和一些高度耦合的模块应该合并成一个大任务。相反,一些计算量大和通信量大的任务模块需要分解为一些小的独立的任务模块。

(4) 任务映射。决定哪些任务在哪个核上执行。一旦任务映射完成,每个处理器核上任务的运算量和处理器核之间的通信量就确定了。用户可以根据这些数据找出应用的瓶颈并重新进行任务的分割、合并及映射,以达到最佳的优化方案。

8.4.2 平面集成数字阵列天线技术

8.4.2.1 概念

分布式孔径相参雷达由多部单元雷达构成,采用平面集成技术可以提升单元雷达的性能,从而进一步提高分布式孔径相参雷达的性能。平面集成数字阵列天线将天线辐射单元、射频收发通道、波束形成网络、上/下变频模块、控制及供电综合网络,通过垂直互连方式一体集成,省去了传统地面雷达固态相控阵天线各部分之间单独的结构封装、连接电缆及接插件,因而极大地减小了天线系统的质量。天线后端通过子阵级 DBF 实现和差方向图,整个阵面采用全光控网络,电磁兼容性良好,布线简洁,能够实现单元孔径性能提升。平面集成相控阵主要涉及收发前端、数字阵列模块和集成工艺三大核心要素。

8.4.2.2 国内外发展现状

平面集成相控阵采用瓦片状封装方式(图 8.22),将有源电子器件与孔径平行放置。瓦片状封装的例子包括铱星系统、F/A-18 战斗机和更新的 F-15 战斗机有源天线。由砖块状封装到瓦片状的过渡能够使固态有源相控阵应用在更多有严格质量和体积限制的平台之上,例如具有机动性要求的战车、高性能的飞机、空间系统和无人飞行器等。

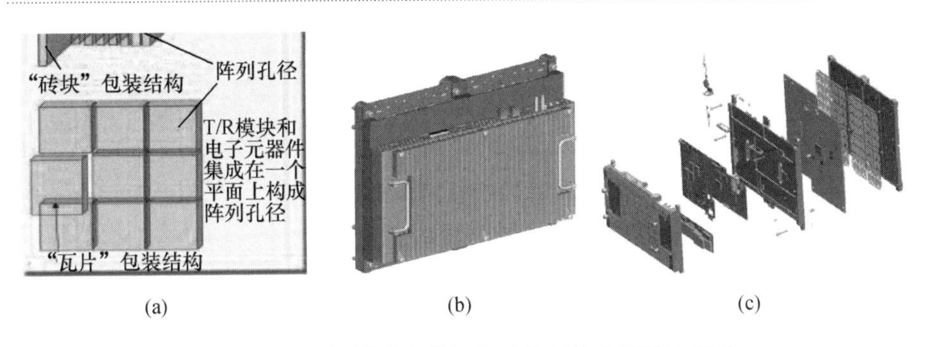

图8.22　平面集成相控阵雷达的瓦片式天线示意图
(a)瓦片式概念；(b)瓦片式示例；(c)平面集成有源子阵。

美国导弹防御局发展了SPEAR(Scalable Panels for Efficient Affordable Radar)计划，研发用于反导的X频段平面集成数字相控阵，其中T/R模块基于SiGe材料，子阵规模为256元，如图8.23所示。

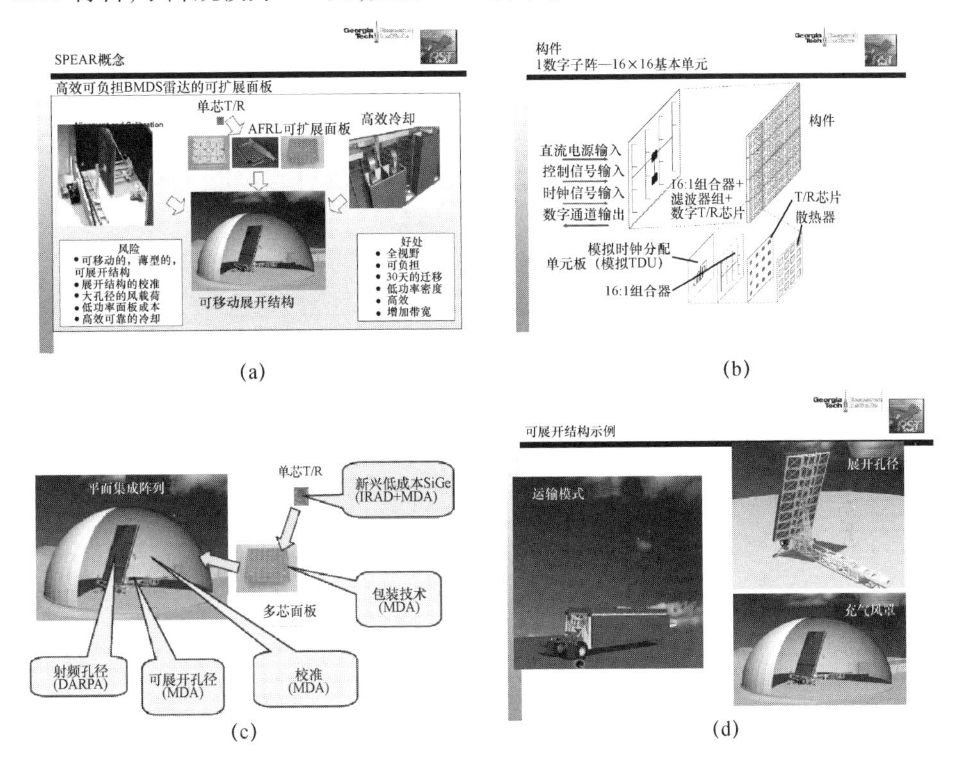

图8.23　美国X频段平面集成数字相控阵
(a)美国反导雷达SPEAR计划概念；(b)256元平面集成数字子阵概念；
(c)平面集成大阵组成示意；(d)机动式折叠平面集成相控阵。

2009年，Cobham防务系统公司发表了基于上述概念的产品研究计划。集成化阵面板为256单元,也采用瓦片式结构集成,阵面形式如图8.24所示。该公司提出了数字阵列模块的发展规划,提出了在L、S、C、X和Ku频段有高集成度的定制单片微波集成电路(MMIC),建立开放式的体系结构,集成化的FPGA和电源模块,同时为了实现低成本,提出了采用表贴技术、风冷机构、不断改进的MMIC面积、多通道集成、体系结构的优化等途径。

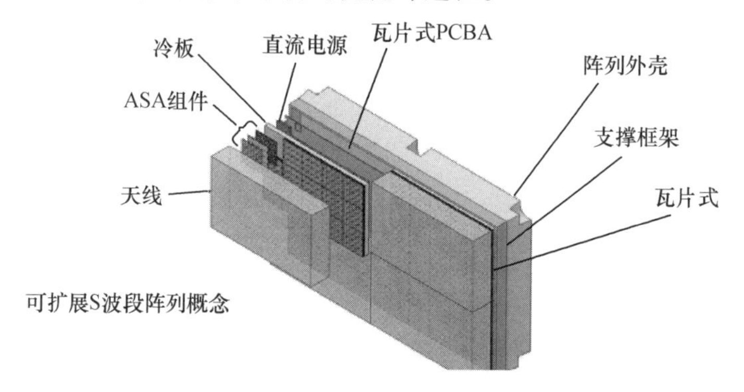

图8.24 Cobham公司S频段集成化天线

2011年,美国林肯实验室发表了关于多功能相控阵的研究报告,描述其研制的最新型平面集成相控阵。阵面板包括:辐射口径PCB面板,T/R模块、导热板、波束控制PCB以及阵面支撑板,各部分均采用瓦片式结构组装集成起来。将多个标准化的64单元阵面板组装起来形成最终的大阵,如图8.25所示。

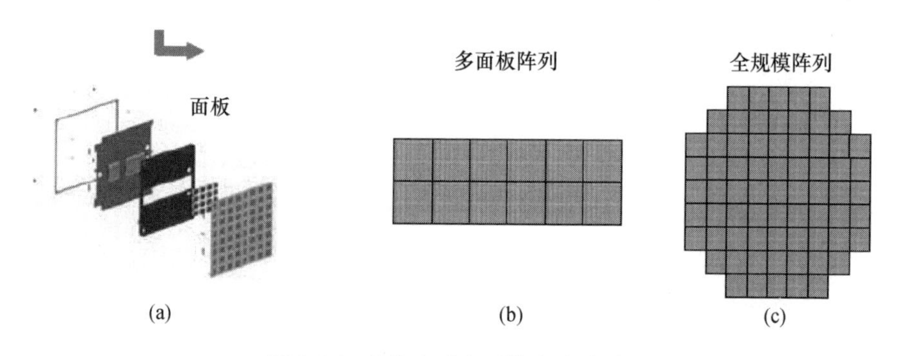

图8.25 林肯实验室可扩充式阵列

国内方面,北京无线电测量研究所提出了天线单元与T/R一体化平面集成的概念(图8.26),并率先研制了原理样机。

8.4.2.3 关键技术

平面集成数字相控阵基于“多功能芯片+分层结构设计+垂直互连工艺”,将天线单元、T/R模块、上/下变频、波形产生、接收机和A/D变换等要素完整集

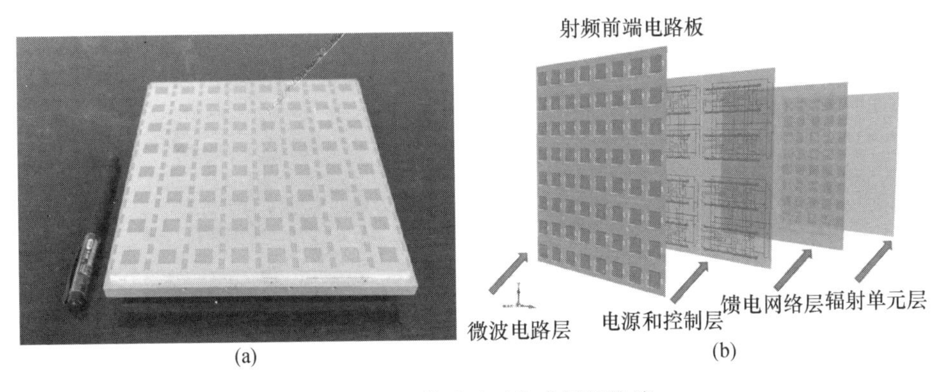

(a)　　(b)

图 8.26　64 单元平面集成射频前端

成，实现射频到数字的多通道一体化设计，并采用单元化子阵拼接方式实现相控阵雷达大阵的集成，实现高度的可维修性和可扩充性，从而对固态阵的成本、质量、体积、威力、大电扫和机动性等方面将产生重大影响，显著提升雷达的探测性能与使用性能。

1）宽频带宽角扫描辐射单元设计

天线单元的性能决定了相控阵天线的性能。天线单元的形式很多，常用的有半波振子、印制振子、微带贴片、槽线天线、圆波导、矩形波导、介质填充圆波导、介质填充矩形波导、加脊波导、介质棒、短背射天线、螺旋天线等，振子天线单元一般适应频率较低的雷达工作频段，微带贴片单元与槽线天线单元一般适应于与 PIN 移相器或固态收发模块一起使用，便于集成。考虑平面集成化需求，一般采用微带单元。

2）瓦片式 T/R 模块设计

T/R 模块是天线的关键部件之一，T/R 模块的功能是实现固态阵天线微波信号的功率放大、低噪声放大、微波信号的移相、衰减等。它由发射通道、接收通道、公共通道及控制电路等部分组成。T/R 模块包括功率放大器、低噪声放大器、移相器、衰减器、环行器、控制电路等。为了便于阵面集成，T/R 模块应为瓦片式，可直接贴合于辐射单元。T/R 模块为微波多层电路，接收支路、发射支路、公共支路以及控制电路可分层设计。同时可以根据选用天线功率密度的不同采用不同的散热形式，如采用中低功率密度模块时，用风冷散热。

3）辐射面板集成一体化设计

为了满足集成化、小型化需求，辐射单元、子阵级馈电网络、分布式电源走线、分布式逻辑控制走线等应集成到辐射面板上，进行一体化设计（图 8.27）。该面板为平面集成相控阵的关键，直接影响了天线的电气性能以及阵面的可靠性。标准化的辐射面板可采用多层微波电路板工艺进行加工，各部分分层设计，保证集成化需求,并有利于不同功能电路间的隔离。有源器件可采用砷化镓工艺设计,通过多芯片组模块设计,将发射模块、接收模块、控制模块集成。

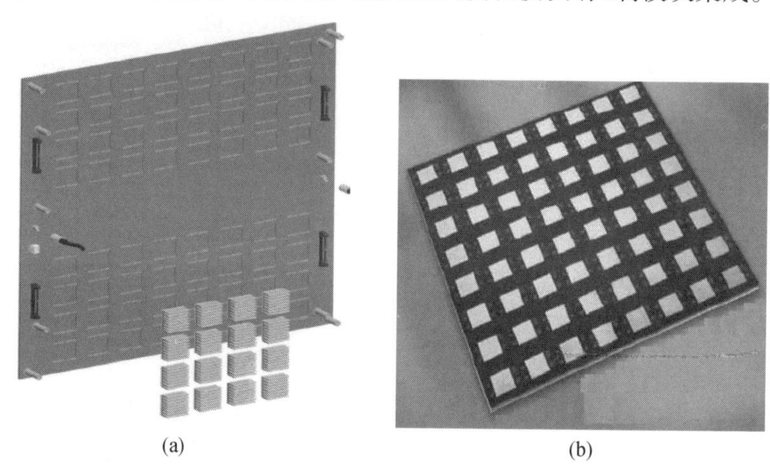

(a) (b)

图 8.27 集成化辐射面板

为了实现固态阵天线平面集成化,综合布线是一项非常关键的工作,在辐射面板上还应包括:对 T/R 模块的移相器控制及检测的数据线、地址线、控制线, T/R 模块控制线及电源线等。辐射面板采用综合布线,将电源线、数据线和地址线、控制线集成后综合布置于辐射面板后,并预留出与瓦片式 T/R 模块相连接的接口,T/R 模块与辐射面板通过焊接连接在一起。

4)子阵级电源设计

子阵级电源为模块提供各种所需的直流电压,是固态阵能量的源泉,需要精心设计,保证输出电压的稳定性。由于是子阵级集中供电,一旦电源失效,将严重影响天线性能,因此需对电源的可靠性提出较高的要求,要具备完整的故障监测功能,当出现故障时,能及时报告至检测系统上。同时,要尽可能提高电源的转换效率,在保证所需输出功率的前提下,减小散热量,以减小阵面的散热压力。

5)子阵级数字 T/R 模块设计

子阵级数字 T/R 模块的功能是实现固态阵天线的子阵级推动微波信号的功率放大、子阵级低噪声放大等。在接收状态,接收子阵送来的微波信号,经过低噪声放大器放大后通过射频连接器与馈电网络相接。在发射状态,发射馈电网络送来的微波信号由子阵模块功率放大器放大后再送给子阵馈电网络。

6)阵面散热设计

为了使固态阵具有较高的可靠性和较长的寿命,需要对阵面散热进行精细化设计,进以实现阵面高度集成化、轻型化需求。在选用中低功率模块设计时,可以采用强迫风冷进行散热，天线系统各部分间应有导热设计，同时优化风道设计，保证良好的散热效率，在天线集成后能够进一步实现可折叠运输需求。

参考文献

[1] Baratault P, Gautier F, Albarel G. Evolution des antennas pour radars aéroportés de la parabole aus peaux actives[J]. Revue Technique, Thomson - CSF, 1993: 749 - 793.

[2] Josefsson L. Smart skins for the future[C]. IEEE Proceedings of Adaptive Antennas in Spatial TDMA Multihop Packet Radio Networks, Karlskrona, Sweden, 1999: 682 - 685.

[3] 龙伟军, 贲德, 潘明海, 等. 机会数字阵雷达概念与应用技术分析[J]. 南京航天航空大学学报,2009, 41(6):727 - 733.

[4] 龙伟军, 潘金波, 潘明海. 机会数字阵列雷达系统初探[J]. 中国雷达, 2009(2):5 - 9.

[5] 龙伟军, 贲德, 张弓,等. 三维机会阵雷达波束综合优化[J]. 电波科学学报, 2010, 25(1):93 - 98.

[6] 何庆强,王秉中,何海丹. 智能蒙皮天线的体系构架与关键技术[J]. 电讯技术, 2014, 54(8): 1039 - 1045.

[7] 王智,周建军. 智能蒙皮技术的发展现状及其军事运用[J]. 国防技术基础, 2006(5): 24 - 27.

[8] 何庆强, 王秉中, 何海丹. 新兴智能蒙皮天线技术[J]. 微波学报, 2014(6):287 - 290.

[9] 许小剑, 贺飞扬. 多频段雷达合成超分辨成像技术研究[R]. 北京航空航天大学, 2013(9).

[10] 许小剑, 贺飞扬. 多视角宽带雷达 ISAR 成像技术研究[R]. 北京航空航天大学, 2013(9).

[11] Cuomo K M, Piou J E, Mayhan J T. Ultrawide - band coherent processing[J]. IEEE Transactions on Antennas and Propagation, 1999, 47 (6): 1094 - 1107.

[12] Cuomo K M. A bandwidth extrapolation technique for improved range resolution of coherent radar data[R]. MIT Lexington Lincoln Lab, 1992.

[13] Cuomo K M, Piou J E, Mayhan J T. Ultrawide - band coherent processing[J]. IEEE Transactions on Antennas and Propagation, 1999, 47(6): 1094 - 1107.

[14] Tian J H, Sun J P, Wang G H, et al. Multiband radar signal coherent fusion processing with IAA and apFFT[J]. IEEE Signal Processing Letters, 2013, 20 (5): 463 - 466.

[15] 梁福来, 黄晓涛, 雷鹏正. 一种新的多频段雷达信号相干算法[J]. 信号处理, 2010, 26(6): 863 - 868.

[16] 刘承兰, 贺峰. 基于数据相关的多雷达融合成像相干配准研究[J]. 系统工程与电子技术, 2010, 32(6): 1266 - 1271.

[17] Li H J, Farhat N H, Shen Y. A New Iterative Algorithm for Extrapolation of Data Available in Multiple Restricted Regions with Application to Radar Imaging[J]. IEEE Transactions on Antennas and Propagation, 1987, 35(5): 581 - 588.

[18] Cabrera S D, Parks T W. Extrapolation and spectral estimation with iterative weighted norm

modification[J]. IEEE Transactions on Signal Processing, 1991, 39 (4): 842 - 851.

[19] Wang Q, Wu R B, Xing M D, et al. A new algorithm for sparse aperture interpolation[J]. IEEE Geoscience and Remote Sensing Letters, 2007, 4 (3): 480 - 484.

[20] Larsson E G, Liu G Q, Stoica P, et al. High - resolution SAR imaging with angular diversity [J]. IEEE Transactions on Aerospace and Electronic Systems, 2001, 37(4): 1359 - 1372.

[21] Larsson E G, Stoica P, Li J. Amplitude spectrum estimation for two - dimensional gapped data[J]. IEEE Transactions on Signal Processing, 2002, 50 (6): 1343 - 1353.

[22] Piou J E. A state - space technique for ultrawide - bandwidth coherent processing[R]. MIT Lincoln Laboratory, Technical Report TR 1054, 1999.

[23] Piou J E. A State identification method for 1 - D measurements with gaps[C]. AIAA Guidance Navigation and Control Conference: San Francisco,California, 2005 - 5943: 1 - 11.

[24] Piou J E. Balanced realization for 2 - D data fusion[C]. AIAA Guidance Navigation and Control Conference: San Francisco, California, 2005 - 6258: 1 - 16.

[25] Cetin M, Karl W C. Feature - enhanced synthetic aperture radar image formation based on nonquadratic regularization[J]. IEEE Transactions on Image Processing, 2001, 10 (4): 623 - 631.

[26] Larsson E G, Li J. Spectral analysis of gapped data[J]. IEEE Transactions on Aerospace and Electronic Systems, 2003, 39 (3): 1089 - 1097.

[27] Cetin M, Moses R L. SAR imaging from partial - aperture data with frequency - band omissions[C]. Proceedings of the SPIE Defense and Security Symposium: Orlando, FL, 2005, 5808.

[28] Li H J, Farhat N H, Shen Y, et al. Image Understanding and Interpretation in Microwave Diversity Imaging[J]. IEEE Transactions on Antennas and Propagation, 1989, 37(8): 1048 - 1057.

[29] 黄培康，殷红成，许小剑．雷达目标特性[M]. 北京：电子工业出版社，2005.

[30] Naishadham K, Piou J E. A robust state space model for the characterization of extended returns in radar target signatures[J]. IEEE Transactions on Antennas and Propagation, 2008, 56(6): 1742 - 1751.

[31] 夏威．MIMO 雷达模型与信号处理研究[D]. 成都:电子科技大学，2008.

[32] 廖宇羽．统计 MIMO 雷达检测理论研究[D]. 成都:电子科技大学，2012.

[33] 刘炳奇，肖文书．一种多基雷达接收信号相参处理的方法[J]. 现代雷达，2009，31 (5):30 - 34,74.

[34] He F, Xu X. A comparative study of two scattering center models. IEEE 11th International Conference on Signal Processing: Beijing, 2012: 1931 - 1935.

[35] He F, Xu X. High - resolution imaging based on coherent processing for distributed multi - band radar data[J]. Progress In Electromagnetics Research, 2013, 141: 383 - 401.

[36] Vann L D, Cuomo K M, Piou J E, et al. Multisensor fusion processing for enhanced radar imaging[J]. MIT Lexington Lincoln Lab, 2000.

[37] Kung S Y, Arun K S, BhaskarRao D V. State - space and singular - value decomposition - based approximation methods for the harmonic retrieval problem[J]. J Opt Soc Am, 1983, 73 (12): 1799 - 1811.

[38] 洪艳, 沈利华. 基于 VPX 高速综合信息处理平台设计[J]. 导弹与航天运载技术, 2011 (3):58 - 61.

[39] 于文震. 雷达信号数据处理平台发展趋势探讨[J]. 现代雷达, 2009, 31(7):1 - 7.

[40] Texas Instrument. TMS320C6678 Multicore Fixed and Floating - Point Digital Signal Processor[R]. SPRS691C, 2012.

[41] Texas Instruments. Multicore Programming Guide[R]. SPRAB 27A, 2009.

[42] Texas Instrument. TI SYS/BIOS v6.33 Real - time Operating System User's Guide[R]. SPRUEX3K, 2011.

[43] 牛金海. TMS320C66x KeyStone 架构多核 DSP 入门与实例精解[M]. 上海:上海交通大学出版社, 2014.

[44] 吴顺君, 梅晓春, 等. 雷达信号处理和数据处理技术[M]. 北京:电子工业出版社, 2008.

[45] 郑东卫, 陈矛, 罗丁利. VPX 总线的技术规范及应用[J]. 火控雷达技术, 2009, 38 (4):73 - 77.

[46] 彭益智,霍家道,徐伟. 一种基于 TMS320C6678 的 JPEG 编码算法并行实现方法[J]. 指挥控制与仿真, 2012, 34(1):119 - 122.

第9章 分布孔径雷达典型应用

9.1 弹道导弹防御中的应用

9.1.1 发展现状

现代战争条件下,弹道导弹以射程远、精度高、速度快、威力大等优点,成为战争中克敌制胜的重要武器,为各国所重视。随着弹道导弹及其制造技术在全世界的扩散,拥有或者能够制造弹道导弹的国家越来越多。目前,有 30 多个国家和地区拥有或者能够研制射程 3000km 以内的弹道导弹。弹道导弹威胁的加速扩散及其在地区冲突中的实战应用,已引起多国的极大重视,也促使了各种弹道导弹防御系统(BMDS)的研制与部署,同时,新时期的战场环境也为弹道导弹防御领域发展提出了更高的需求。

以美国反导系统为例,回顾其 20 年来反导雷达装备技术的发展历程,可以看出反导雷达从固定式到移动式,再到机动式的发展方向:

(1) 克林顿政府时期:美国中段反导的初始阶段——固定式雷达。

克林顿政府提出了雄心勃勃的"3 +3"计划,在 C1 ~ C3 方案中计划在美国本土部署 9 部陆基反导大型 X 频段雷达 XBR(图 9.1),并投资建造了 XBR 样机 GBR - P,部署在夸贾林靶场,天线口径 12.5m,天线质量达 135.5t,伺服天线座质量达 406t,成功参加了两次反导拦截试验。该雷达只能固定阵地工作。

(2) 小布什政府时期:美国中段反导的中期阶段——移动式雷达。

小布什政府放弃了在美国本土部署 9 部 XBR 的计划及 GBR - P 雷达,而研制了一部海基 X 频段雷达(SBX)如图 9.2 所示,通过海上移动实现灵活部署和提高使用效费比,不但可兼顾美国反导全部 18 条试验弹道,而且可以按需监视敏感区域,从而取代了固定部署在夸贾林靶场的 GBR - P 雷达。

然而,由于 SBX 雷达规模庞大(120m × 70m × 80m,总质量 5 万 t,雷达天线口径 22.1m,质量 2400t)、成本昂贵(雷达经费 8.15 亿美元,平台改造费 7.47 亿美元,每年维护费 1 亿多美元)、机动不足(速度仅为 13km/h)和技术制约(仅有

(a)

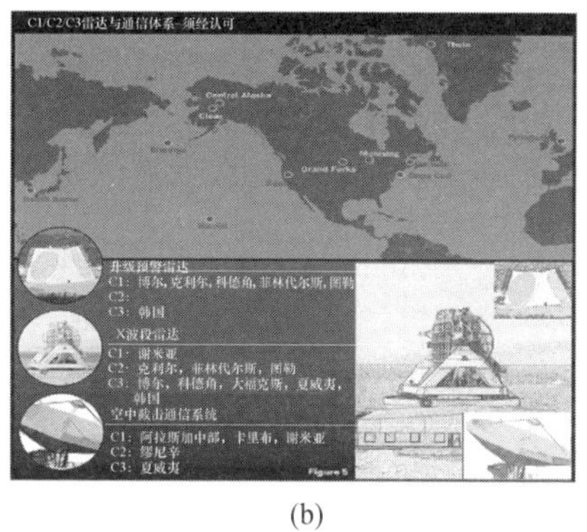

(b)

图9.1　美国GBR－P雷达及其早期规划

(a)GBR－P雷达；(b)XBR早期规划图。

(a)

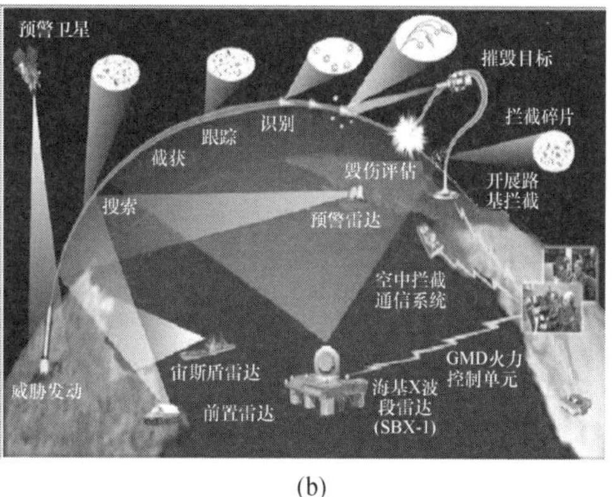

(b)

图9.2　美国SBX雷达及其作战使用

(a)SBX雷达；(b)SBX雷达的作用。

±12.50°电扫视场)等固有的缺点，在SBX雷达立项不久，MDA就发起了美国NGR研究计划(图9.3)，新雷达核心要素之一是可快速移动和高效费比。林肯实验室提出将分布式孔径相参雷达作为美国下一代反导雷达发展方向[1,2]，并相继报道了其技术成果，表明已完成预研攻关；同时美国大力发展具有NGR技术特征的机动式X波段前置雷达(FBX－T)和“宙斯盾”反导系统(Aegis BMDs)，前置雷达规划了18部并已部署4部，而“宙斯盾”舰群全面开展反导改造，已完成21艘改造，并计划逐步完成剩下80余艘宙斯盾舰的反导改造。

(3) 奥巴马政府时期：美国中段反导发展阶段——机动式雷达。

奥巴马政府“弃用”SBX雷达。在MDA 2012年公布的2013年至2017年的未来5个财年预算中，大幅削减SBX雷达费用(在2012财年投资1.768亿美元，到2017财年被锐减为每年970万美元)，需要时将其唤醒，进入作业状态，仅

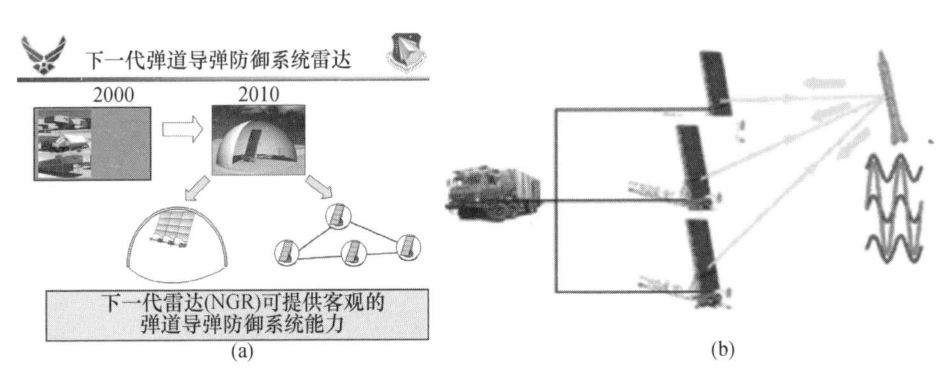

(a)　　　　(b)

图 9.3　美国反导下一代雷达及分布式孔径相参雷达
(a)美国反导下一代雷达；(b)分布式孔径相参雷达概念。

提供“有限的测试支撑”能力，主要改用前置雷达和“宙斯盾”反导系统等机动性和灵活性强的技术装备(图 9.4)，支撑此类测试和形成初期的作战能力。

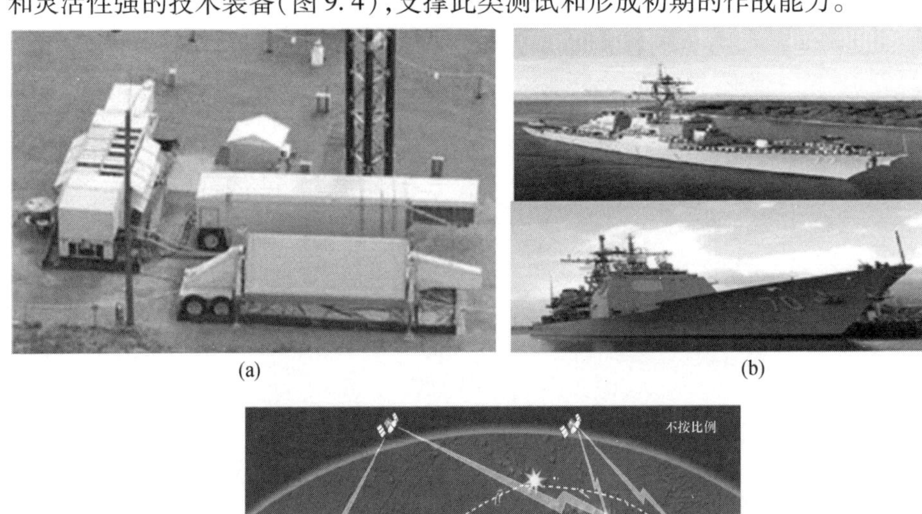

(a)　　　　(b)

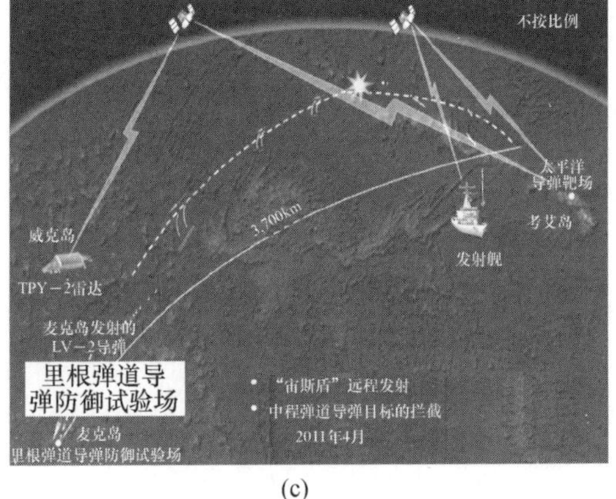

(c)

图 9.4　美国前置雷达与“宙斯盾”反导系统
(a)机动式前置雷达；(b)“宙斯盾”反导系统；(c) 前置雷达与“宙斯盾”联合完成反导拦截试验。

综上分析，随着美国反导体系建设和反导实践的发展，反导雷达明显地体现出从固定式到移动式再到机动式的发展方向，如图 9.5 所示。

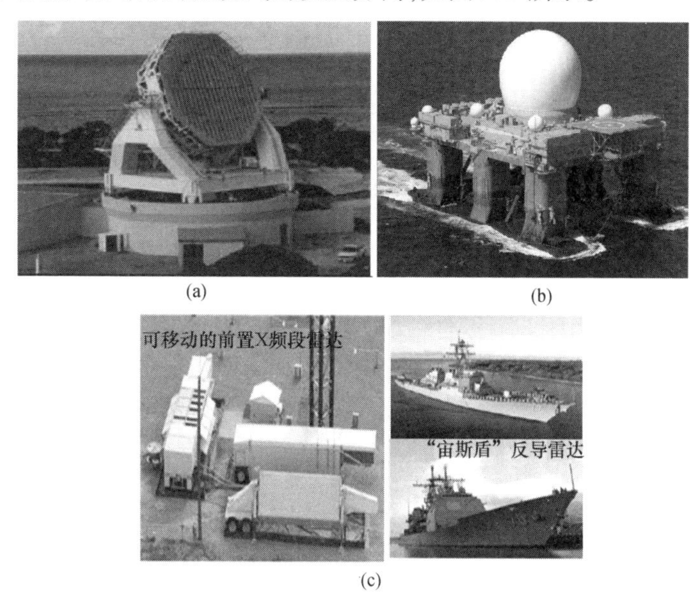

图 9.5 美国中段反导雷达的发展趋势
(a)固定式；(b)移动式；(c)机动式。

同时，美国已经意识到要实现中段反导雷达机动式大威力探测，采用常规提高单孔径雷达功率孔径积的方法已经行不通了(图 9.6)。GBX 雷达概念的提出，恰能反映出美国雷达的发展方向，即采用分布孔径雷达技术。

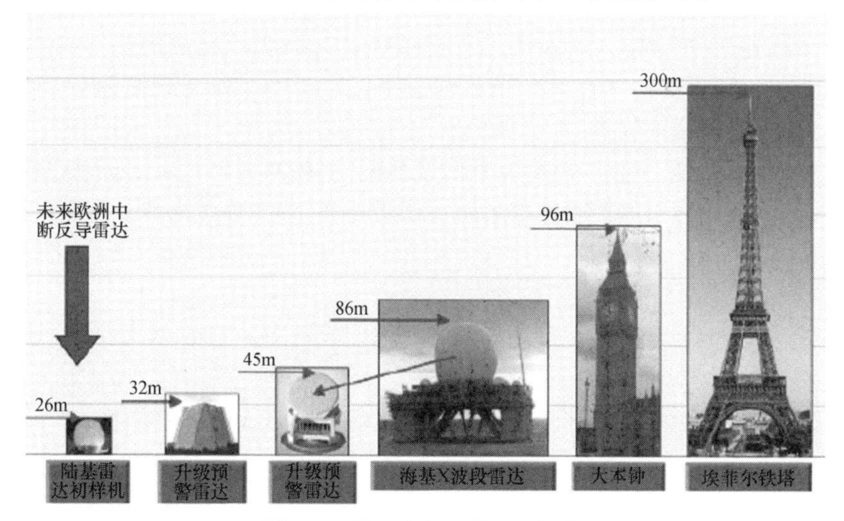

图 9.6 美国中段反导雷达规模

9.1.2 未来需求

从前面弹道导弹的发展现状可以看出，要满足防空反导对雷达大威力与高精度探测的需求，仅仅通过常规的提高单孔径雷达的发射功率和增大阵面的电气口径来提高单孔径雷达的功率孔径积是行不通的，而且大雷达将带来部署相对固定、阵地面积大、辐射功率大、自防护能力弱等缺陷。所以，通过分布孔径雷达“化整为零”的朴素思想，实现多孔径辐射电磁波在目标处的相参合成，使雷达威力等效为一部面积相同的大雷达，能够最大程度地提高雷达的探测威力，同时带来机动性强、测量精度高和抗干扰能力强等好处。该雷达技术将成为解决未来防空反导难题的新思路与新途径。

分布孔径雷达在弹道导弹防御领域的主要优势如下：

（1）探测威力大。分布孔径雷达一个显著特点是具有将各单元孔径发射信号进行空间功率合成的能力，该功能使得雷达系统具有更大的发射功率，相对于单元孔径发射功率增加了 N 倍（其中 N 为单元孔径数目）。此外，多个单元孔径同时接收回波信号，接收孔径增加了 N 倍。因此，分布孔径雷达能够有效提高系统的功率孔径积。经计算，分布孔径雷达可实现单元孔径探测威力 $N^{3/4}$ 倍的拓展，实现远距离目标探测。

（2）角分辨率高。分布孔径雷达通过阵列稀布形成虚拟孔径，等效孔径大于各个单元孔径之和，合成波束变窄，从而提高了雷达的角度分辨率。

（3）识别能力强。分布孔径雷达具有识别能力强的优势，主要体现在：多个小孔径单元雷达比单个大口径雷达更易实现宽带宽角扫描，有利于多批弹道导弹目标的成像识别；基于稀疏孔径的高精度测角有利于实现高精度测轨，从而提升目标运动特征识别能力；分布式多孔径联合探测可以获取更加丰富的目标RCS 识别特征。此外，综合多孔径目标探测信息或识别结果进行融合识别，有利于目标识别概率的提升。

（4）生存力强。可快速移动，及时变换阵地，相对固定大雷达生存力较强。

（5）灵活性强。既能要地部署也可前沿部署，能实现试战结合与应急作战。

（6）效费比高。可以实现作战力量的动态重组与快速集结，最大化提高使用效费比。

（7）扩展性强。容易实现功能扩展（防空反导一体化）和威力扩展（增加单元孔径数目）。

（8）实现性好。单个机动式单元孔径雷达规模小，技术成熟，工程实现性好。

（9）一体化发展。可以实现防空反导一体化与末段中段反导一体化。

9.1.3 应用趋势

目前,从国际雷达研制动态可以发现,分布孔径雷达的研制与部署也已经悄然展开。

9.1.3.1 下一代雷达

2003 年 MDA 发起了一项开发下一代雷达的研究,该新体制雷达的关键能力包括具有较高的灵敏度,用于远距离搜索、跟踪和识别,同时要保持机动运输能力;林肯实验室提出将分布孔径雷达作为美国下一代或新一代弹道导弹防御雷达。随后,林肯实验室的研究人员发表论文对分布孔径雷达进行了进一步描述[1],其由多个独立的单元雷达天线孔径组成,通过信号的相参合成,等效为一个单独的大孔径雷达。同时指出,要实现等效为一部传统大雷达的威力,所有子孔径的位置与方位必须精确的测量,以作为相参参数控制的参考。针对分布孔径雷达技术,林肯实验室提出了主从和合作两种雷达系统架构(图 9.7),分析了接收相参(MIMO 模式)与收发相参两种工作模式,并分别进行了信噪比改善分析,给出两种模式下信噪比增益改善的克拉美 - 罗下界(CRLB)(图 9.9(a)),同时针对三单元孔径相参合成情况开展仿真(图 9.8),给出了校准前后的信噪比改善对比结果(图 9.9(b))。此外,林肯试验室首先研制了演示试验系统对多类目标进行了相参合成试验,之后又利用 Kwajalein 靶场的两部 AN/MPS - 36 雷达进行空间相参合成的外场试验,以上试验均实现了 N^3 的最大增益,从而验证了该原理的可靠性。

9.1.3.2 堆叠型 AN/TPY - 2 雷达

AN/TPY - 2 雷达为战区高空区域防御(THAAD)系统雷达与 FBX - T 雷达的统称(图 9.10),由美国雷声公司制造,其作为 THAAD 系统末端模式(TM)雷达为 THAAD 系统提供火控功能,包括目标监视、捕获、跟踪与识别,拦截弹交战支援和杀伤效果评价;作为前置模式(FBM)雷达在 BMDS 中扮演“眼睛”的角色,能够在弹道导弹飞行段早期检测到目标,并直接向 BMDS 或者 THAAD 系统提供弹道参数估计、精确跟踪、目标识别信息,有利于反导系统目标识别能力的提升,尽早实施拦截等。该雷达于 1992 年开始立项研制,2006 年参加飞行试验成功。

由于现有路基中段拦截(GMD)系统中前置雷达只负责目标探测与跟踪,大威力的 SBX 雷达虽然具备目标识别能力,但其实际效果受限于其扫描范围,以及数量只有一个且机动性差。在上述背景下,为了提升 GMD 系统的目标识别能力,2012 年 9 月,美国国家科学院发表一篇报告《认清弹道导弹防御:美国助

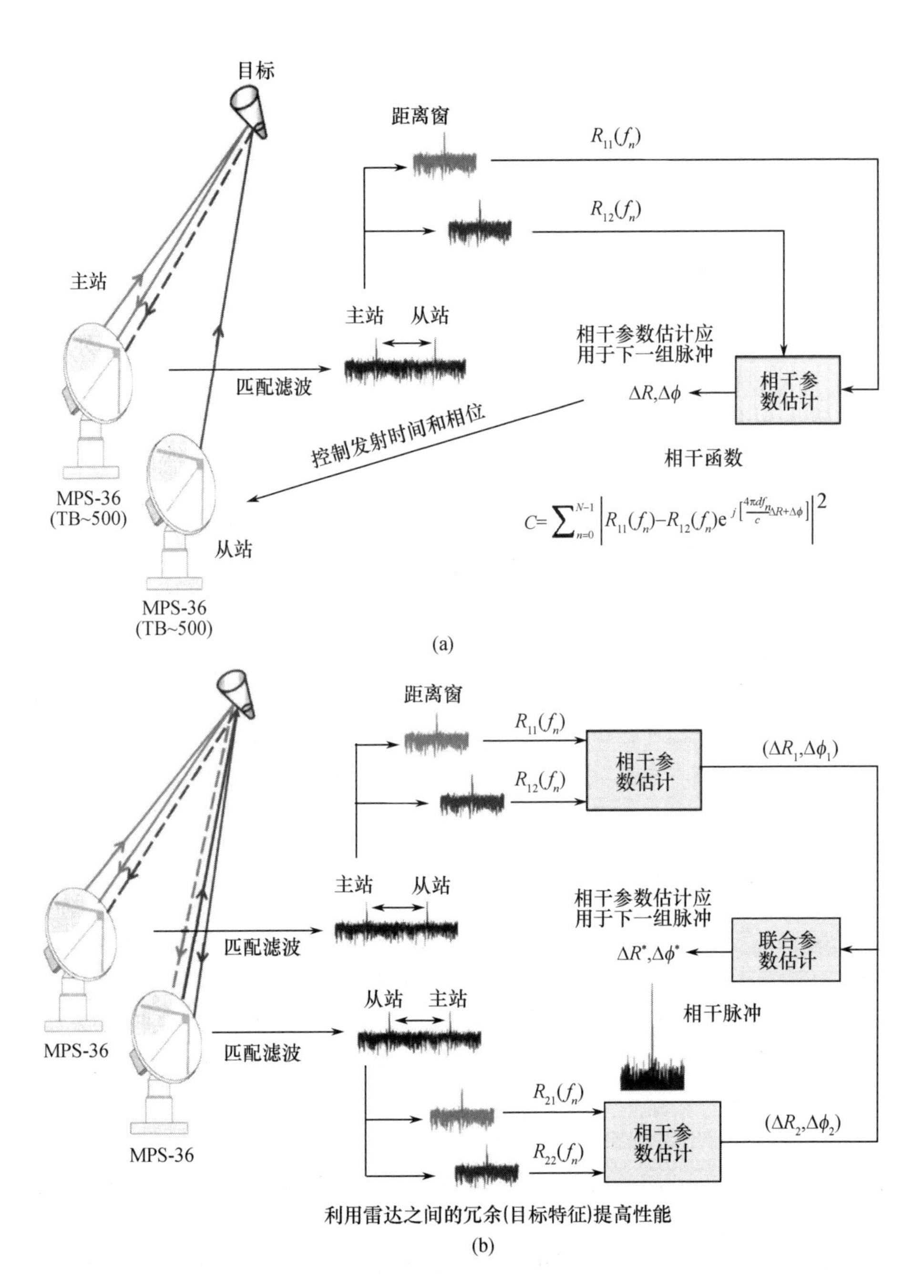

图 9.7 雷达系统架构(见彩图)

(a)主从架构；(b)合作架构。

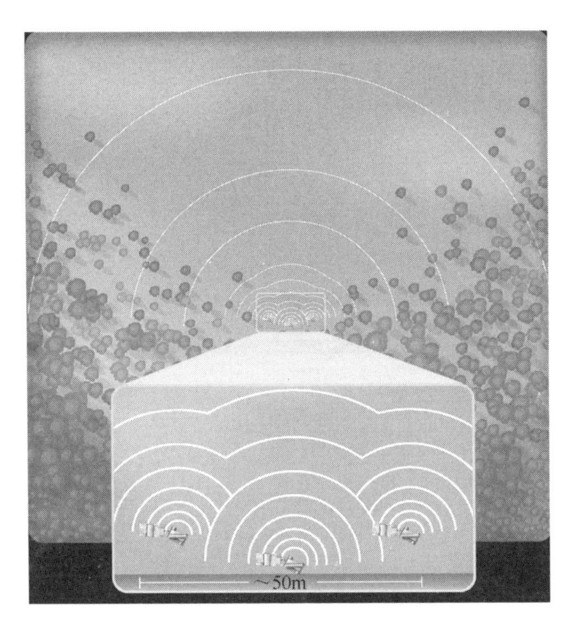

图 9.8　三单元孔径发射相参合成示意图

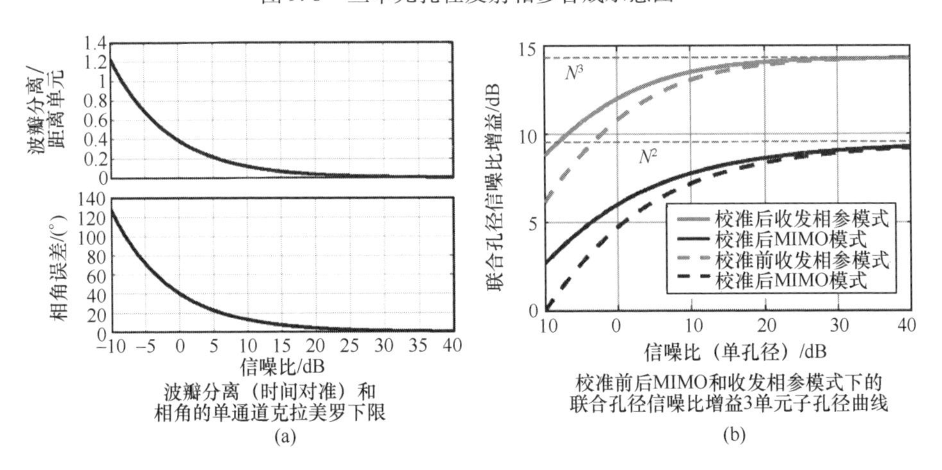

图 9.9　三单元分布式多孔径相参合成雷达仿真结果(见彩图)

(a)波瓣分离和相位误差的 CRLB；(b)校准前后 SNR 改善对比。

推段导弹防御与其他备选方案比较的概念和系统评估》，提出 GBX 雷达的概念，由 AN/TPY－2 雷达堆叠，通过相参合成，提高探测威力，增强反导识别能力(图 9.11)。并称改进后的 AN/TPY－2 雷达的 T/R 模块数量与 SBX 雷达相当，同时增大的天线阵规模使其探测距离与 SBX 相近，可达 3000km。这份报告说明，美国已针对 X 频段雷达开始分布孔径雷达的工程化应用。

图 9.10　美国 AN/TPY－2 雷达

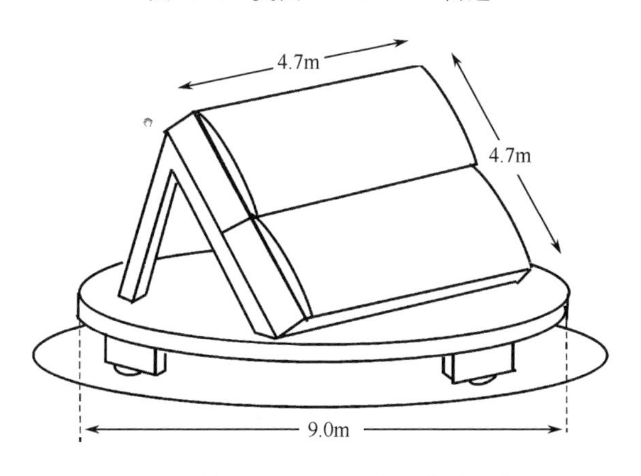

图 9.11　堆叠型 TPY－2 雷达阵列示意图

9.1.3.3　FPS－7 雷达

FPS－XX 雷达是日本自主研发的弹道导弹远程预警雷达，雷达的关键技术是利用电子扫描方式控制雷达波束，能够探测飞行速度快、雷达反射截面小的来袭弹道导弹；FPS－XX 雷达将建成三面阵雷达，实现全方位探测。1999 年开始设计，2003 年完成一部试验样机，2006 年底成功跟踪了俄罗斯在鄂霍茨克海进行的一次战略导弹发射过程，并进行了长时间的跟踪。俄罗斯试射的导弹自鄂霍茨克海射向巴伦支海，千叶朝日市距离鄂霍茨克海约 2000km，且在跟踪过程中需要的雷达探测距离逐渐增大，估计其对弹道导弹的探测距离达 2000～3000km。

据日本共同社 2009 年报道，日本航空自卫队在鹿儿岛向媒体公开展示了 3 月底完成的用于监测弹道导弹的最尖端雷达 FPS－5 一号机（图 9.12）。报道称，该雷达可捕捉弹道导弹并进行追踪，且 FPS－5 的监测范围更广。由于其外形好像龟壳，故也称为龟甲雷达，每个龟甲上面共有 4000 个天线元件。

图9.12 FPS－5预警雷达系统

据报道,日本在2014年开始研发FPS－7雷达。报道称,以往日本军工企业为了增强雷达对目标的探测能力,仅加大天线的尺寸和功率。这不仅使防空雷达的生产成本越来越高,也使防空系统的规模越来越庞大,从而容易成为敌方火力攻击的目标。为解决这个问题,日本防卫省技术本部与NEC合作,设立了“未来警戒管制雷达”项目,该项目旨在开发分散布设天线的新型雷达,以实现比单一的大功率雷达更好的机动性能和探测效果。据披露,FPS－7雷达由许多小型天线和信号发射器组成,该雷达工作在S频段,它们可被分散部署到不同的位置,以利于捕捉隐身飞机向各个方向反射的微弱雷达波,同时实现比单一的大功率雷达更好的机动性能和探测效果,并称FPS－7雷达将是首款采用该技术的雷达系统。因此,根据FPS－7雷达的天线规模以及威力性能,可以推测日本也在其最新雷达的研制中采用了分布孔径雷达技术。

9.2 空间目标监视中的应用

对高轨卫星和小RCS空间碎片的监视要求雷达具有极大的功率孔径积,这给单部雷达实现造成困难,多部单元雷达发射功率空间相参合成有利于提高探测距离、实现大的发射孔径,解决大功率孔径积雷达成本高、机动性差的难题,是空间目标监视雷达未来的发展方向。

9.2.1 发展现状

随着人类活动领域的扩大,越来越多的国家开始进入太空,基于太空的商业应用收益不断增长,空间军事应用不断增多,空间环境的战略地位不断提升。而所有的空间商业、军事应用,都需要以空间目标监视系统作为支撑。空间目标监视系统利用地基或天基探测设备,探测和跟踪航天器的空间运行过程,观测轨道碎片和自然天体的运行情况,以掌握空间态势,向民用和军事活动提供空间目标信息[3]。

空间目标监视的对象[4,5]包括卫星、空间站、自然天体和空间碎片(太空垃圾)。

9.2.1.1 卫星类目标

卫星和空间站是人类探索太空的主要航天器,它们都有固定轨道(图9.13),环绕地球运行。按轨道高度分类,人造卫星的轨道分为低地球轨道(LEO)、中地球轨道(MEO)和高椭圆轨道(HEO)。

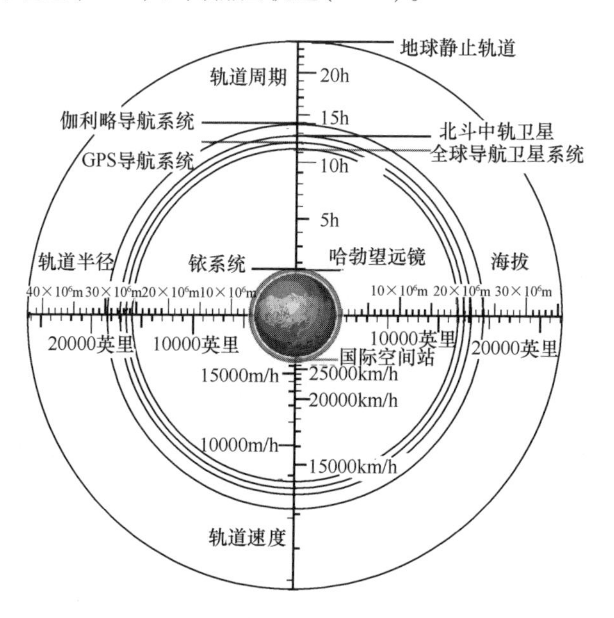

图 9.13　卫星轨道(1 英里 = 1.609km)

低地球轨道是指环绕地球高度在 200 ~ 2000km 的轨道,在此轨道运行的物体速度大约为 7.8km/s,随高度增加此速度可以减小。地球观测卫星与间谍卫星大多在此轨道上工作,以便观测更清晰。国际空间站一般工作于地表以上 400km 的高度。

中地球轨道是指环绕地球高度在 2000 ~ 35786km 的轨道,绝大多数通信、导航、地理/空间环境探测卫星工作在中地球轨道,典型应用有 20200km 轨道上的 GPS 系统,和覆盖南极、北极地区的洛娜及伽利略星座通信系统。

高椭圆轨道是指环绕地球高度在 35786km 之上的轨道,此轨道上的目标轨道周期大于24h,速度小于地球自转速度,相对地球表面向西运动。

轨道周期为地球旋转周期的轨道称为同步地球轨道(GEO),其中与地球赤道夹角为0°的同步轨道称为地球静止轨道,它的高度约为35786km,通信、气象、早期预警、广播导航等许多卫星利用此轨道以减少天线角度的改变,但此轨道容量有限,按2°间隔一颗星排列,只能容纳180颗卫星。

2007年,美国国防高级研究计划局、国家侦察局和空军一起提出了用于支援陆军作战的立方体纳卫星发展计划。纳卫星是指质量为1~10kg的卫星,结构尺寸为几十厘米。与微卫星相比,纳卫星对遥感系统的质量、体积、功耗等方面的要求更加苛刻。还有起源于业余无线电卫星的皮卫星,是目前航天领域研究的热点之一,其质量与结构尺寸同纳卫星相近。

9.2.1.2 空间碎片类目标[6]

太空垃圾包括因寿命已尽而报废或因事故和故障而失控的人造卫星、发射各类航天器时使用过的火箭本身及其一部分零件,多级火箭分离时产生的碎片,大块碎片相互碰撞后产生的小碎片等物品(图9.14)。它们与天然岩石、矿物质和金属等构成的宇宙尘埃、流星体等是不同的概念。

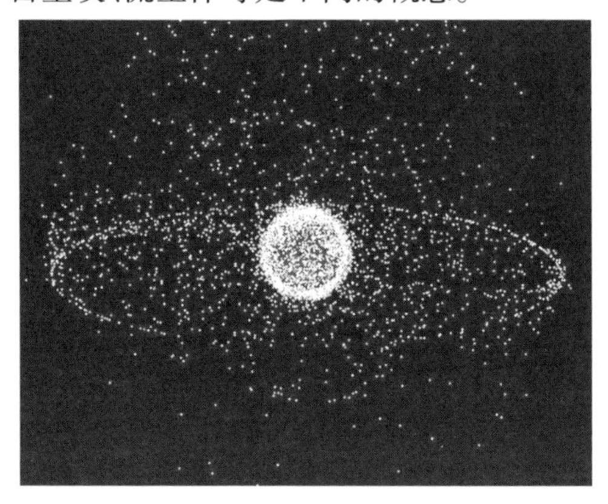

图9.14 环绕地球的空间碎片

太空垃圾一般在高300~450km的近地轨道上以7~8km/s的速度高速运动,而在36000km高度的地球静止轨道上则以3km/s的速度运动,根据轨道倾角碰撞时的相对速度甚至可以达到10km/s以上,因此具有巨大的破坏力。太空垃圾若与运作中的人造卫星、载人飞船或国际空间站相撞,会危及设备甚至航天员的生命。据计算,一块直径10cm的太空垃圾就可以将航天器完全摧毁,数毫米大小的太空垃圾就有可能使它们无法继续工作,太空垃圾也因此成为国际问题。凯斯勒现象理论假设认为,当太空垃圾的密度达到一定程度时,会造成太空垃圾布满近地轨道,令人类在数百年内无法进行太空探索甚至使用人造卫星。

为了防止碰撞而对地球附近的太空垃圾等物体进行观测称为空间警戒。美国空间监视网络(SSN)、俄罗斯空间监视系统(SSS)等机构对10cm以上的较大太空垃圾进行编录并实时监视,日本也在美星空间警戒中心、上斋原空间警戒中心进行太空垃圾的观测工作。已被编录的大于10cm太空垃圾现已超过9000个,而1mm以下的微小太空垃圾可能有几百万个甚至几千万个,由于其RCS很小,监视难度大。

9.2.1.3 各国空间监视系统

目前,国际上的空间目标监视雷达一般具有大孔径、高功率等特点,借助多部监视雷达组成空间监视网络对空间目标进行编目。典型的空间目标监视雷达有美国的“电子篱笆”、俄罗斯的“天窗”系统等。

1) 美国空间监视系统[6,7]

海军空间监视(NAVSPASUR,俗称“电子篱笆”)系统由沿着美国南部北纬33°线部署的3个连续波雷达发射站和6个接收站组成,也称为多普勒效应无线电干涉仪。站点的工作频率约为216.98MHz,海军空间监视系统的3个发射站分别设在亚利桑那州的基拉河、得克萨斯州的皮科珀湖和亚拉巴马州的约旦湖。6个接收站分别设在佐治亚州的斯图尔特堡和霍克茵斯威尔、密西西比州的银湖、阿肯色州的雷德里弗、新墨西哥州的象山和加利福尼亚州的圣迭戈。海军空间监视系统的总部在弗吉尼亚州的达荷格润。

每个发射站的辐射模型为南北向很窄、东西方向扩展的扇形,3个发射站能量辐射形成的扇形联合在一起,在东西方向上基本横跨整个美国大陆,像篱笆一样对物体进行拦截(图9.15),通过相干法推导出的三角关系可以确定出该物体的位置。一旦确定这个物体的位置和大致方向,海军空间监视系统的操作人员将其通报给空间监视中心,然后空间监视中心通知跟踪雷达更精确地确定这个物体的特性。

2) 俄罗斯空间监视系统[9]

为了监视与跟踪宇宙空间环境,俄罗斯在其武装力量中也建立了宇宙空间监视系统,不间断地搜索宇宙空间,发现和跟踪各种军用航天器,测定卫星的轨道参数,并通过宇宙空间监视中心向俄罗斯武装力量各军种、军区发送原始信息通报(包括卫星类型、编号与国籍,通报卫星第1圈的轨道参数以及由于摄动引起的每圈轨道的参数变化等),供实施空间攻防对抗使用。“天窗”系统是俄罗斯航天部队典型的有源地面光电空间监视跟踪系统(图9.16),位于塔吉克斯坦境内的山区中,这种地基预警系统跟天基预警系统相比虽然小型、廉价,但能有效填补深空监视网的空白。该系统装备10台光学望远镜,每台质量达36t,望远镜根据所观察目标的高度来校正“目力”,短距望远镜跟踪200~1000km高度的

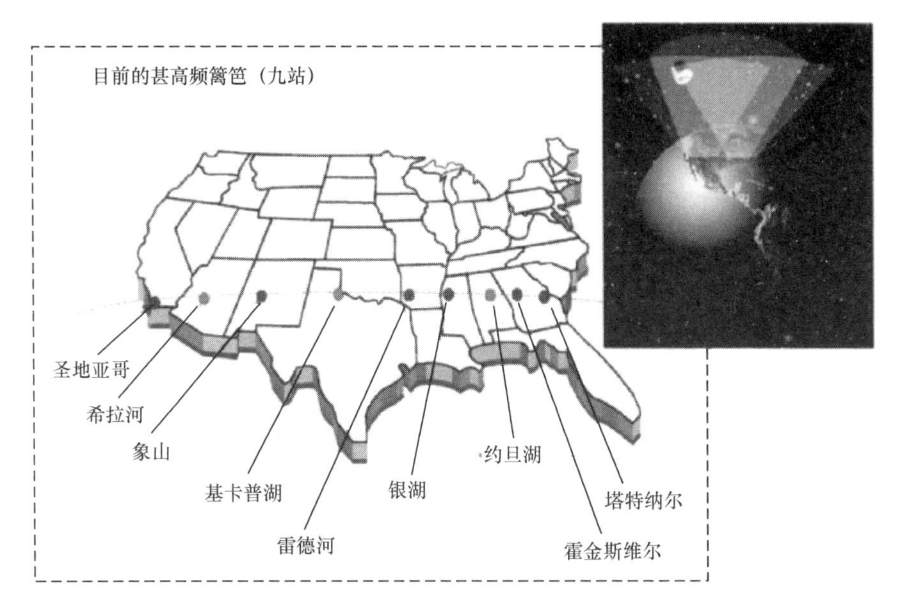

图 9.15　美国海军空间监视系统布站

军事目标，普通光学望远镜可以观察到地球上空 2×10^4km 的卫星，远距望远镜能使 $3.6\times10^4\sim4\times10^4$km 地球同步卫星轨道上的“间谍”原形毕露。“天窗”系统同时也监视太空垃圾，如空间试验站、火箭推进器的残骸，以及从火箭外壳剥落的一些油漆碎片。

图 9.16　俄罗斯“天窗”系统

9.2.2　未来需求

空间目标监视的对象具有飞行速度快、轨道高度高、识别难度大等特点[11,12]，随着现代微小卫星的发展和应用，空间目标尺寸越来越小，对雷达的空间目标探测能力和成像分辨率的要求越来越高。今后一个时期,空间目标监视识别雷达必将围绕超远距离探测和高清晰成像测量两大技术快速发展。对于超远距离探测,要求增大地基雷达(GBR)系统发射功率;对于高清晰成像,一是发展更大带宽的雷达,二是增大雷达孔径提高角度分辨率,而角度分辨率高也使波束能量集中,有利于提高探测距离。

空间目标监视雷达的基本需求如下:

(1) 作用距离远。早期空间目标监视雷达的作用距离一般为 1000 ~ 5000km,以便提供长的预警时间及足够的观测弧度,而这只覆盖了在轨卫星高度的一小部分。现代空间目标监视雷达经改造升级并采取长时间积累技术,可监测同步轨道上的小目标。对于纳卫星、皮卫星、微小空间碎片,由于其 RCS 更小,雷达作用距离还要相应变小。例如,边长 10cm 的“皮星”1 号(ID:26080)按 $\sigma=\pi\rho^2$ 估算其雷达截面积约为 $0.03m^2$,雷达实测 RCS 为 $0.01m^2$,要对这样小的目标在同步轨道距离上监视,对现有地基空间目标监视雷达提出很大挑战。FPS-85 雷达一直是空间目标 RCS 的主要来源,它是 SSN 中最灵敏的设备之一,能跟踪 $-30dBm^2$($0.001m^2$)目标,但该雷达是一个发射孔径达到 30m、接收阵列孔径达 60m 的庞然大物。如果观测更小的 $-40dBm^2$($0.0001m^2$)空间碎片目标,其功率孔径积需要增大 10 倍,其造价则相当高。Haystack 雷达对 $1m^2$ 目标的作用距离可达 27000km,而当目标 RCS 缩减为 $0.01m^2$ 时,其作用距离缩减为 9000km。

针对远距离探测、小 RCS 目标等空间目标监视需求,地基雷达需提高其发射功率,而单部雷达发射功率做得极大并不现实,因此由多部雷达相参合成实现远距离探测,是未来地基雷达的发展方向。

(2) 覆盖范围大。监视目标的特点要求空间目标监视雷达要具有大范围覆盖能力,对某一固定站而言,一般可以选择 120° ~ 360°方位扫描能力,仰角可选择 0° ~ 90°范围扫描能力。

(3) 多目标识别能力。为了在高目标密度空间环境下分辨出单个目标,空间监视系统应具有高的距离和角度分辨率。高分辨率可提高测量精度,有利于精确确定卫星轨道和弹道的落点和发点并分辨目标属性。高分辨率也可提供目标形状特征及主要散射体的长度测量和成像,有利于对目标进行识别。

(4) 轨道预报能力。精确预报空间目标的轨道能力,可有助于对空间目标的跟踪、回收和控制。

(5) 极高的系统可靠性。空间目标监视系统必须全天候、全天时的执行任务,这对其系统可靠性提出很高要求。

(6) 大的天线孔径。天线孔径越大,波束宽度越窄,窄波束有利于多目标的分辨,同时波束越窄能量相对集中,探测距离会相应增大。

生产一个大孔径天线与生产总面积相同的若干小孔径天线相比，其加工精度和生产成本都有很大增加。此外，地基大孔径天线丧失了机动性，而由若干小孔径雷达形成的分布式相参雷达可解决此矛盾。因此，分布孔径雷达在实现大的功率孔径积空间目标监视方面有很大优势。

（7）较低的方向图副瓣。低副瓣同样有利于多目标的分辨，实际可用的雷达天线方向图，其副瓣至少比主瓣要低20dB。

9.2.3 应用趋势

9.2.3.1 分布式天线布阵优化

远程雷达探测任务对雷达威力要求越来越大，分布式相参孔径雷达（图9.17）可解决大功率孔径积与机动性的矛盾，因而成为研究热点，但实用上必须解决栅瓣问题。以往解决栅瓣问题的方法有稀布阵、虚拟孔径和等效相位中心法等，基本限于平面阵列的优化。在实际应用中，分布式相参孔径雷达阵列布置在一个平面上，单元孔径天线竖起一定角度，阵面法线指向监视空域，具有三维阵列特点，在密集布置时需兼顾遮挡问题，给栅瓣抑制带来困难。

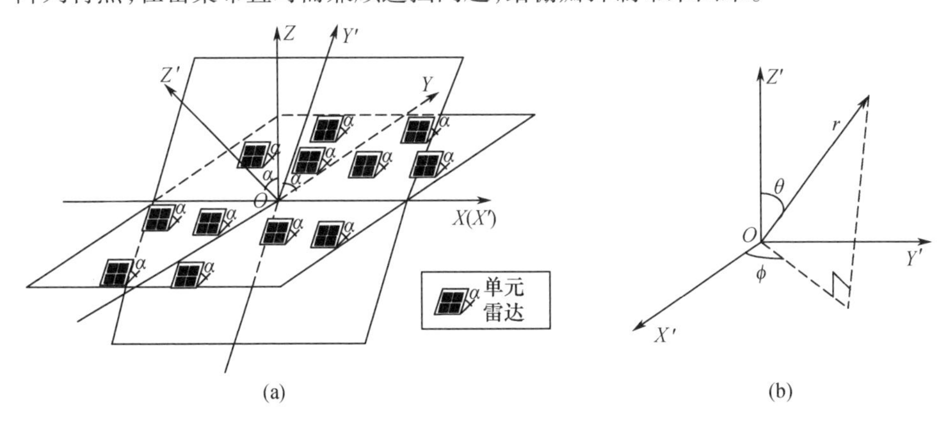

图9.17 分布式相参孔径雷达模型

（a）阵列模型；（b）阵面坐标系。

在单元孔径数目一定的情况下，阵列构形可以选择六边形阵列和环形阵列等形式（图9.18）。在这些形式基础上，对单元孔径位置加以扰动，又可以得到方向图副瓣更低的阵列形式。

以X频段（$f_c=10\text{GHz}$）分布孔径雷达为例，设定单元孔径阵面倾角45°，扫描范围±30°。选择19个单元孔径，每个单元孔径天线阵面孔径为2m×2m。仿真结果可得，扰动圆环阵可以得到更低的峰值旁瓣电平（PSL）。环形阵列的孔径在任一方向上的投影，可近似为一间距参差的线阵，空间参差可以将栅瓣推

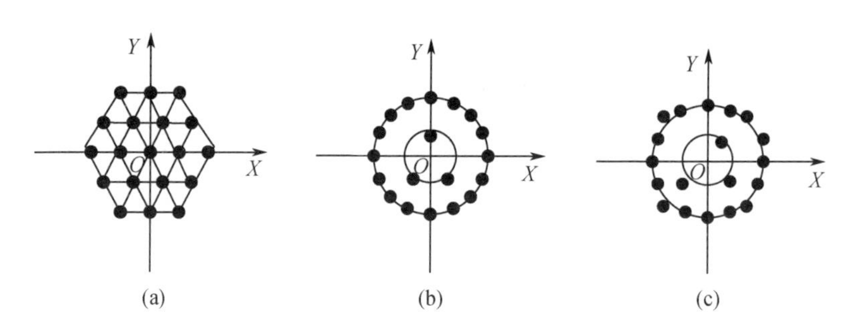

图 9.18 分布式孔径阵列布局
(a)六边形阵列；(b)环形阵列；(c)扰动圆环形阵列。

远，故环形阵列是适合分布孔径雷达的一种形式，为了获得更低的副瓣，可以对单元孔径位置再加以扰动。分布孔径雷达方向图如图 9.19 所示。

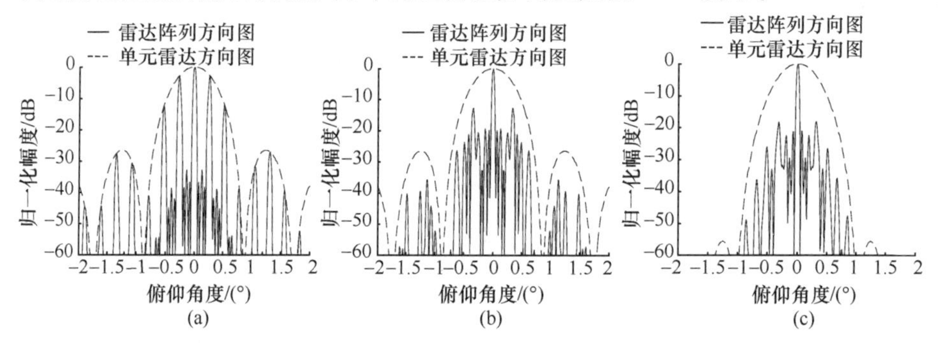

图 9.19 分布孔径雷达方向图
(a)六边形阵列；(b)环形阵列；(c)扰动圆环形阵列。

9.2.3.2 目标的捕获与跟踪

空间目标是典型“高、快、小”目标，即目标飞行高度高、速度快、雷达散射面积小，高速目标容易穿越窄波束，对捕获与跟踪带来困难。

分布孔径雷达的工作方式可选择发射正交波形或相参波形，当发射正交波形时，各单元孔径发射信号在空间不做相参合成，因而发射方向图为单元孔径方向图，此时波束较宽，这对捕获目标是有利的。由截获转为跟踪之后，待目标参数估计稳定再转为发射相参波形，发射方向图变为窄波束，提高跟踪精度。

9.3 深空探测中的应用

9.3.1 发展现状

深空探测可以进一步解答地球如何起源与演变、行星和太阳系如何形成和演化、人类是不是宇宙中唯一的生命和地球未来的发展趋势等一系列问题,同时有利于人类积极开发和利用空间资源,意义重大。美国、俄罗斯/苏联、欧洲和中国等先后发射了100多个深空探测器,如美国的“勇气”号、“机遇”号和“凤凰”号火星探测器,“信使”号和“新视野”号水星探测器,“伽利略”号木星探测器,“卡西尼-惠更斯”号土星探测器和“旅行者”系列探测器(图9.20);苏联的“火星”1号和“火星”5号火星探测器;印度的“曼加里安”火星探测器和“月球初航”-1月球探测器;中国的“嫦娥”一号、“嫦娥”二号和“嫦娥”三号月球探测器等。

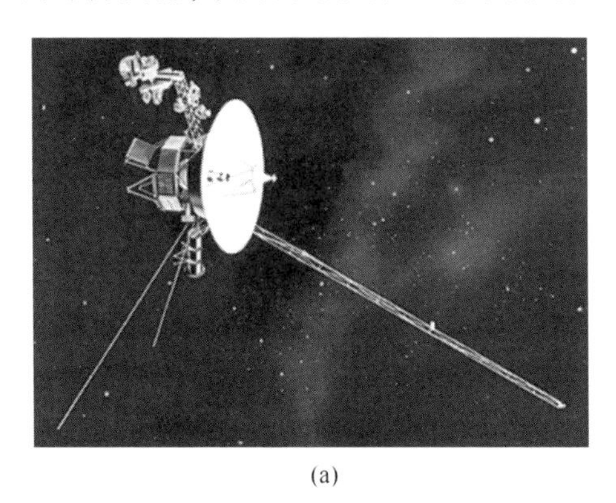

(a)

(b)

图9.20 深空探测器
(a)“旅行者”探测器;(b)“曼加里安”探测器。

深空探测系统主要实现对深空探测器的跟踪、遥测、指令控制和数据传输等功能,是深空探测的唯一信息线,至关重要,比其他探测系统重要性更加突出。航天大国均建立了自己的深空探测系统,分别介绍如下:

9.3.1.1 美国深空探测系统[12]

美国深空探测系统由位于美国加州戈尔德斯敦、澳大利亚堪培拉、西班牙马德里的三个地面终端设施组成(图9.21),相互之间经度相隔约120°,这样可以为深空探测器跟踪测量提供连续观测和适当的重叠弧段。三个地面站均具有1个70m天线、数个34m天线、1个26m天线、1个11m天线。34m、70m天线用于支持深空任务,小孔径天线则用于地球轨道任务。深空网络覆盖了几乎所有的NASA地外天体调查项目,如火星上的各类探测器平台、斯皮策空间望远镜、土星轨道上的卡西尼探测器,尤其是两个“旅行者”系列探测器,据NASA发布的消息称,“旅行者”1号已确认飞出太阳系,正式进行星际空间,距离地球大约190亿km,均依靠深空探测网与地球保持联系。此外,深空网络也有自己的科学调查任务,口径接近70m的巨型碟形天线可以对小行星等目标进行精确定位,跟踪一些危险级的近地小行星,如果小行星足够近,还可以观测到小行星的外貌、大小以及自转等。

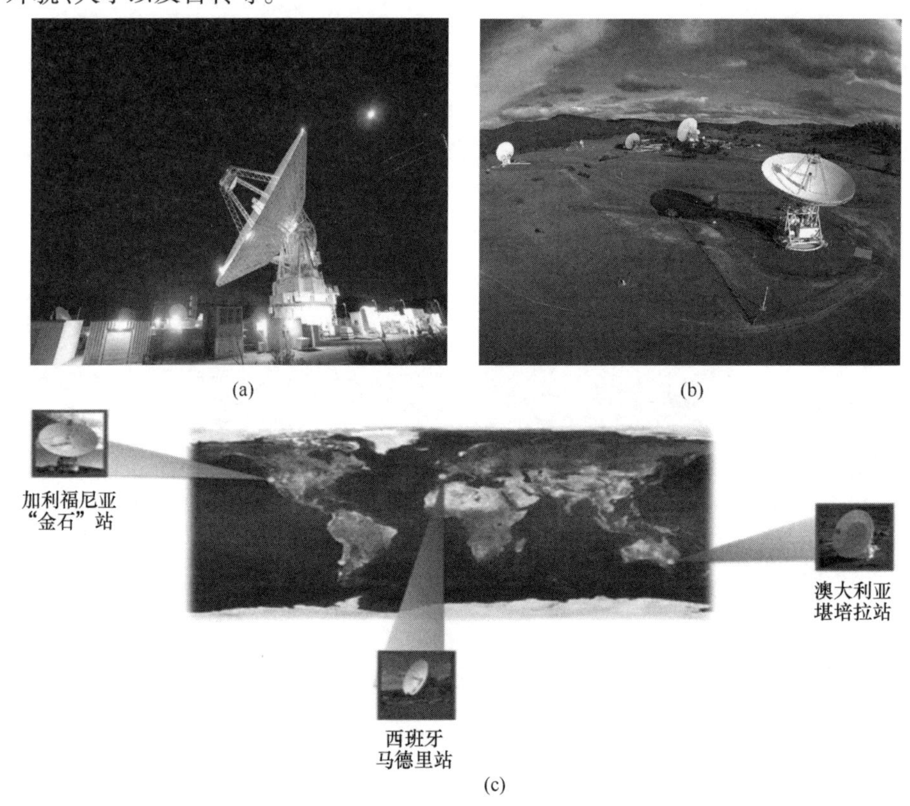

图 9.21 美国深空探测系统

(a)70m 巨型天线；(b)堪培拉站全景；(c)美国深空探测系统分布图。

9.3.1.2 俄罗斯深空探测系统[13]

俄罗斯深空探测系统由 3 个地面站、2 个指控中心(MCC)和 2 个弹道中心(BC)组成。3 个地面站分别是乌苏里斯克、叶夫帕托里亚、熊湖。乌苏里斯克配置的是 25m(发)、32m(收)和 70 m(收/发)站,叶夫帕托里亚拥有 32m(发)、70m(收/发)站,熊湖则是 32m(收)、64m(收)站。东、西两站经度相隔 100°左右,提供了从苏联本土最长的接力观测时间,并可构成尽可能长的基线。深空任务的主控中心位于加里宁格勒,备用和本地指控中心与叶夫帕托里亚站在一起。2 个弹道中心分别设在莫斯科附近的飞行控制中心(FCC)和俄罗斯科学院的应用数学所。

9.3.1.3 欧洲深空探测系统[14]

欧洲航天局(ESA)早期的深空任务,如“乔托”号和“尤利西斯”号是由

NASA 深空网的地面站提供支持的。为了确保独立地进行下一代深空行星的探测任务（“火星快车”“罗塞塔”“金星快车”和“贝皮克伦木”水星探测），ESA 于 20 世纪 90 年代后期通过欧洲航天操作中心（ESOC）和科学理事会在西澳大利亚建立了新诺舍深空站，于 21 世纪初在西班牙建立了塞布莱罗斯深空站。

9.3.1.4 中国深空探测系统

中国已经建成了喀什 35m 深空站、佳木斯 64m 深空站和上海 65m 深空站（图 9.22(a)），大大提升了对所带燃料已经不多的“嫦娥”二号深空探测器（图 9.22(b)）的测控水平，可以准确知道“嫦娥”二号探测器远航到达了哪里，距离地球多远。反过来，通过“嫦娥”二号对新建成的深空站进行的标校试验，也实际检验了中国深空站对深空探测器的测控能力，大大提高了天文观测的水平和能力，为未来的深空探测，尤其是对小行星探测奠定了坚实基础。

(a)

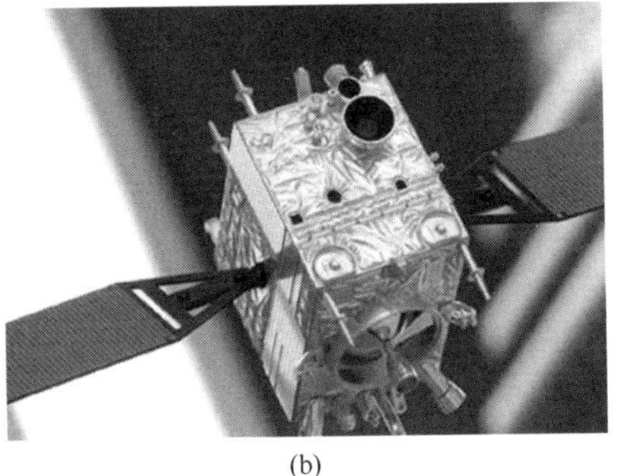

(b)

图 9.22 上海 65m 深空站

(a)65m 天线；(b)“嫦娥”二号探测器。

此外，中国在建的 500m 单口径射电望远镜（FAST）主体工程已完工（图 9.23），FAST 建成后，将大大提高我国的射电天文观测水平。

图 9.23 500m 单口径射电望远镜

9.3.2 未来需求

深空探测系统往往要接收上百亿千米处目标发射的信号，距离衰减使得接收到信号变得十分微弱。以火星探测为例，火星距地球最近距离 $R_n = 59.6 \times 10^9$ m，最远距离 $R_f = 401.3 \times 10^9$ m，对应的距离衰减为 215.5049dB 和 232.0694dB。增大天线接收面积是提高接收信号能量的一个有效手段，然而天线口径不能无限制的增加，当天线口径加大至 70m 时，天线转动部分质量达 3000t，带来一系列的技术问题，如天线重力下垂、风负荷大、热变形、天线面加工精度高、天线测试方法等。此外，大天线存在维护和运行成本高、鲁棒性差等缺点。

天线组阵技术是利用多个天线组成的天线阵列，接收同一探测器发射的信号，将各个天线接收的信号进行相参合成，获得所需的高信噪比接收信号。天线组阵具有如下优势：

(1) 等效口径大。通过增加天线个数，等效接收口径能够超过现有的最大口径天线。

(2) 测角精度高。合成后等效波束宽度变窄，有利于提高测角精度。

(3) 指向误差指标降低。相对于大口径天线，小口径天线波束指向精度要求低。

(4) 可靠性强。一个天线出现故障，只会使系统性能下降，但不会导致整个系统瘫痪。

(5) 维护灵活。单个天线的维护不会影响到其他天线阵的工作。

(6) 操作灵活。根据探测目标性质不同，可以选择性将几个天线组成阵列对目标进行探测，提高资源使用效率。此外，易实现对不同目标的同时探测。

(7) 成本低。小天线的加工更容易实现，制作过程可实现批产化，能够有效降低成本。

基于天线组阵技术的诸多优点，多个国家开展了深空网天线组阵系统的研究和构建工作，典型的有射电综合孔径望远镜天线阵、“阿塔卡玛”大型毫米波天线阵和平方公里阵列等。

9.3.2.1 射电综合孔径天线阵

射电综合孔径天线阵(图 9.24)由剑桥大学于 1971 年建成，代表了当时最先进的设计水平。它由 8 面口径为 13m 的抛物面天线组成，排列在 5km 长的东西基线上，4 面天线固定，4 面可沿铁轨移动。每观测 12h 后，把可移动天线放到预先计算好的位置上再观测 12h，然后移动位置，直到获得所需要的各种不同的天线间距的测量值。综合孔径天线阵将观测范围从大约 10 亿 l. y. 扩大到

100~200 亿 l. y. ,几乎达到宇宙的边界,或追溯到宇宙的初始时期。研究宇宙的演化就好像对宇宙进行考古,这对宇宙学的研究至关重要。

图 9.24　射电综合孔径天线阵

9.3.2.2　毫米波天线阵

"阿塔卡玛"大型毫米波/亚毫米波天线阵列由 66 个天线组成(图 9.25),最大的天线口径为 12m,其探测到的图像数据可媲美一具 14km 口径的射电天线效果,观测精度足以辨别 15km 外的高尔夫球。通过该平台,科学家可以观测到宇宙中最遥远、最古老的星系,并探索年轻恒星周围的行星形成之谜。

图 9.25　"阿塔卡玛"大型毫米波/亚毫米波天线阵列

9.3.2.3 “平方公里”天线阵列

“平方公里”天线阵列由数千个较小的碟形天线构成，如图 9.26 所示，“平方公里”天线阵列并不是一个口径达到 1km 的射电碟形天线，“平方公里”天线阵列是为了突出其所覆盖面积大。国际“平方公里”天线阵列项目负责人理查德·斯基利齐表示：碟形天线将采用椭圆形设计，口径大约在 15m，由于造价必须低廉加之所需数量多达 3000 个，它们的构造较为简单。“平方公里”天线阵列的灵敏度将达到目前地球上任何射电望远镜阵列的 50 倍，解析度则将是后者的 100 倍。

(a)

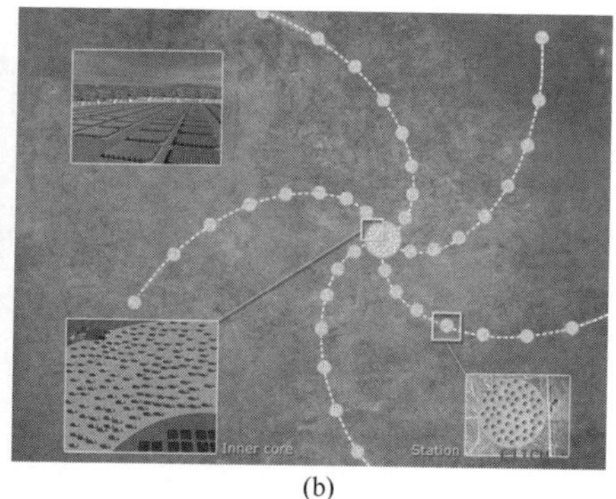

(b)

图 9.26 “平方公里”天线阵列

综上分析，多天线组阵合成技术是未来深空测控和宇宙观测的主要发展方向。目前，我国正在按计划开展探月工程，未来还将开展火星探测，对深空测控的需求也越来越迫切，将多天线组阵合成技术应用于深空测控系统既可以满足对深空测控的需求，也可以加深对多天线组阵合成技术的认识，为我国后期开展更广泛的星际和宇宙探测提供强有力的支撑。

9.3.3 应用趋势

9.3.3.1 系统组成

深空网天线阵系统组成如图 9.27 所示，系统主要由接收单元系统、中心控制处理系统、时频同步系统、数据收发系统四部分组成。

1）接收单元系统

接收单元系统在中心处理系统的统一控制下，调转伺服使天线对准探测目标，接收探测器发射的信号，对信号进行下变频和采样等操作，通过数据传输系统送给中心处理系统。接收单元系统由伺服、频综、接收机、单元主控和数据收发系统组成。

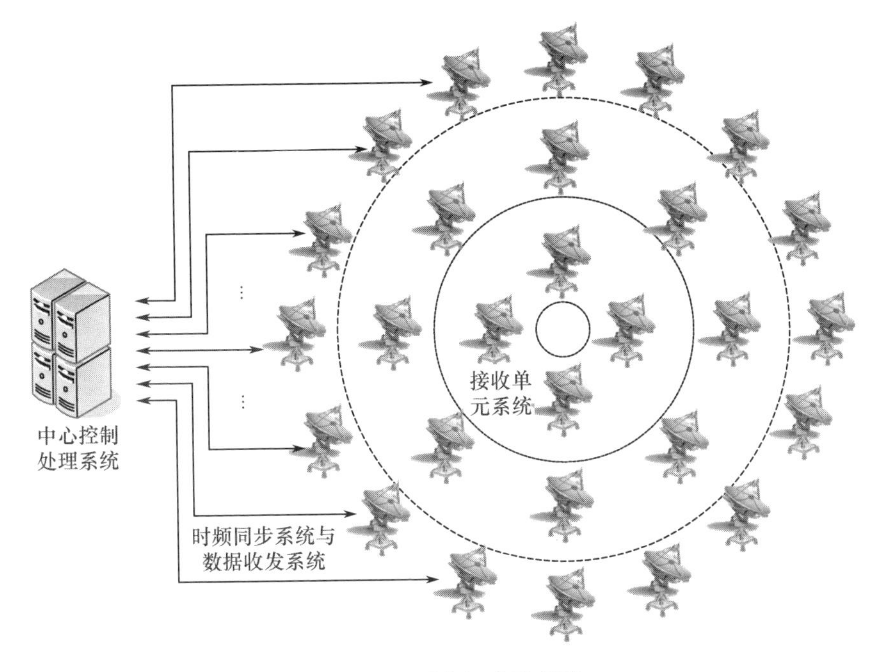

图 9.27　系统组成示意图

2）中心控制处理系统

中心控制处理系统是整个系统的核心，负责实现对每个接收单元系统的控制和调度工作，完成接收单元回波信号的相参合成和数据存储。中心控制处理系统由中心频综、中心信号处理、中心主控和数据存储设备组成。

3）时频同步系统

时频同步系统实现所有接收单元工作在同一时间基准和频率。

4）数据收发系统

数据收发系统实现对回波数据快速及时的发送给中心处理系统，并将中心处理系统的指令发送给各个接收单元。

9.3.3.2　系统方案

深空探测系统主要由中心控制处理系统、接收单元、时频同步系统和数据收发系统组成。系统总体方案示意图如图 9.28 所示。

1）中心控制处理系统方案

中心控制处理系统主要完成对各路回波信号的接收、存储和相参合成处理等工作。中心系统方案组成如图 9.29 所示，数据收发系统完成对接收单元回波数据的接收工作，同时将数据送存储设备和信号处理系统，存储设备实现对所有回波数据的存储，信号处理系统对回波数据进行延时、相位和幅度加权值的估计，最终实现回波信号最大增益改善合成，将合成后的数据送专门的数据解调系统。

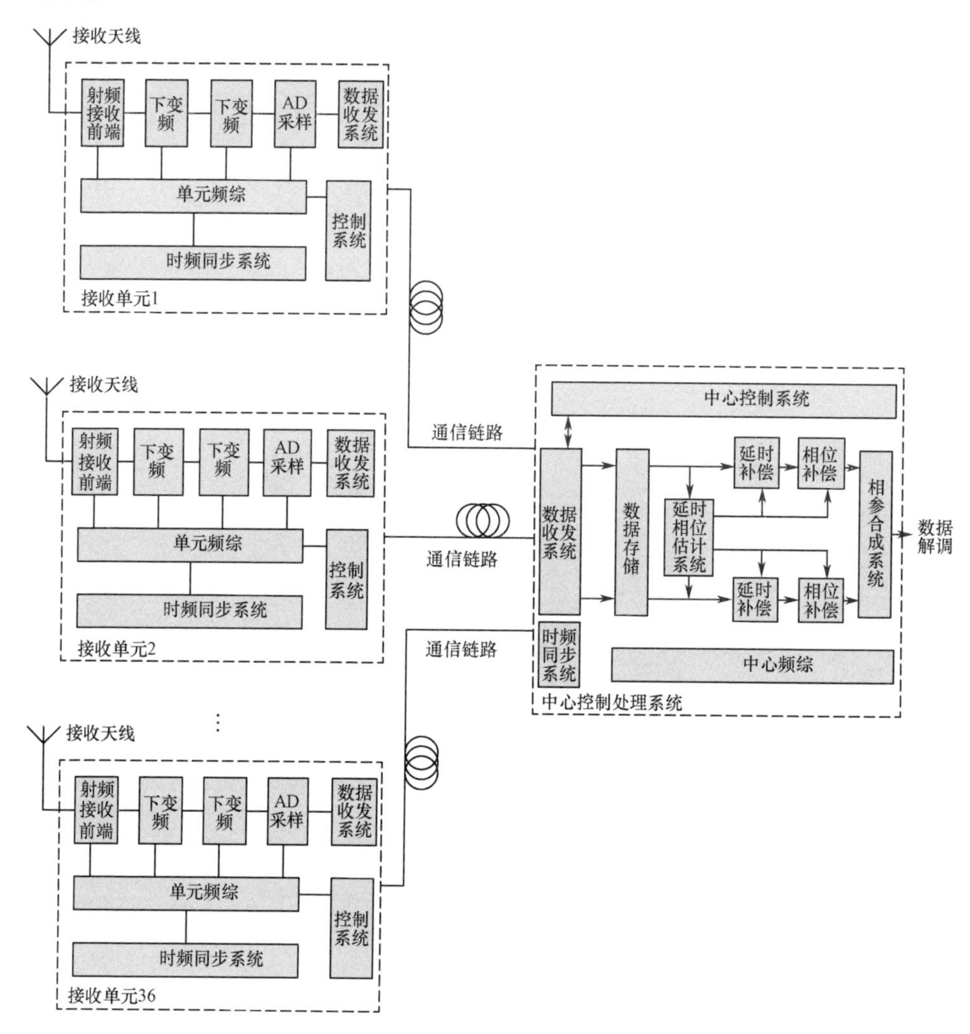

图 9.28　系统总体方案示意图

中心控制处理系统是深空网天线组阵系统的核心，系统需完成大量数据的交互、存储和计算等工作，对设备性能提出了很高的要求。

实现各路回波信号相参合成是中心控制处理系统一个非常重要的工作，特别是实现低信噪比条件下的相参合成，即“单个接收单元看不见，相参合成后看得见”的情况，图 9.30 为回波信号相参合成处理流程图。

2）接收单元方案

接收单元主要实现对深空探测器发射信号的接收、放大、下变频、数据采集

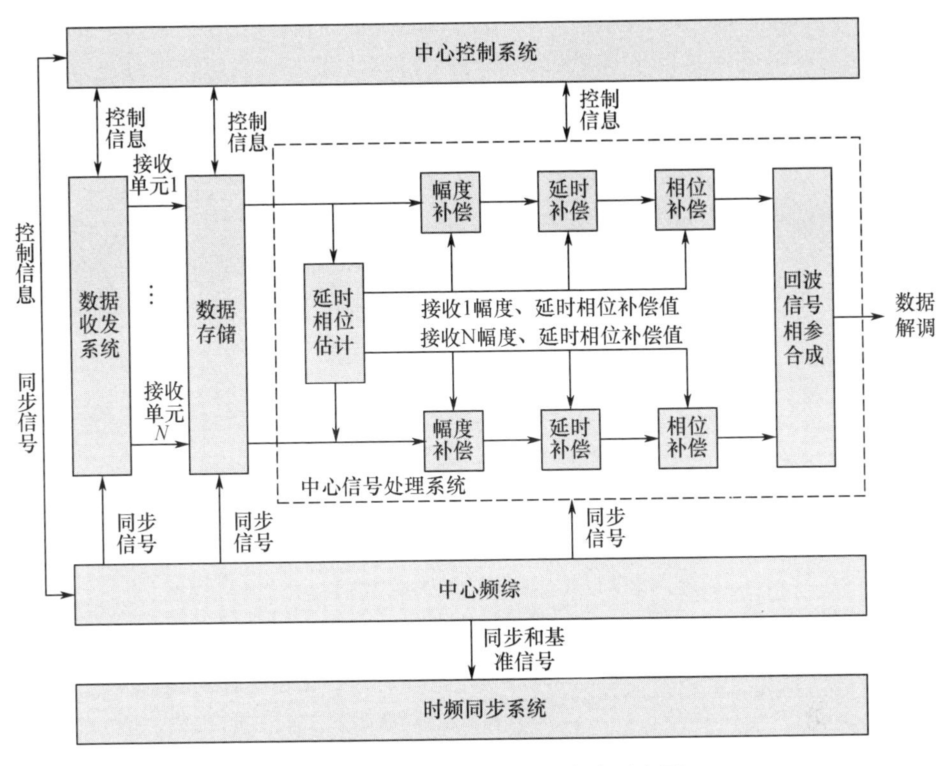

图 9.29　中心控制处理系统方案示意图

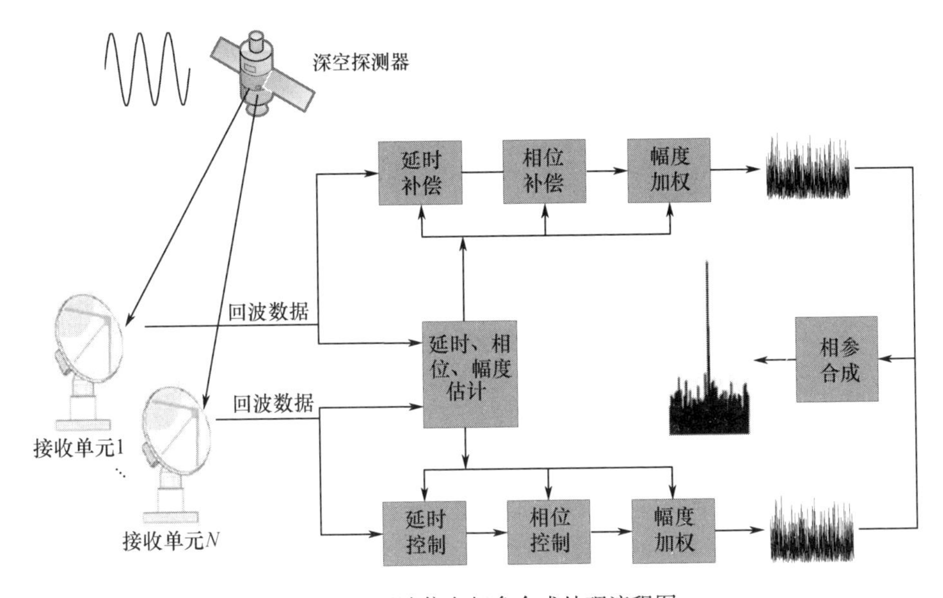

图 9.30　回波信息相参合成处理流程图

和发送等功能。接收单元方案如图 9.31 所示,回波信号经天线进入射频接收前端,射频接收前端实现对信号超低噪声放大,经两次下变频后送数据采集板完成 AD 采样和数字正交解调,最后通过数据收发系统传送给中心处理系统。接收单元所需的一本振、二本振、采样时钟和同步信号由单元频综统一提供,单元频综接收中心频综提供的基准和同步信号,通过相应的技术保证各接收单元频综产生的信号是相参的。控制系统实现对接收单元各系统工作状态和指标参数的控制,并接收各系统的回馈信息,同时,单元控制系统受中心控制系统控制。

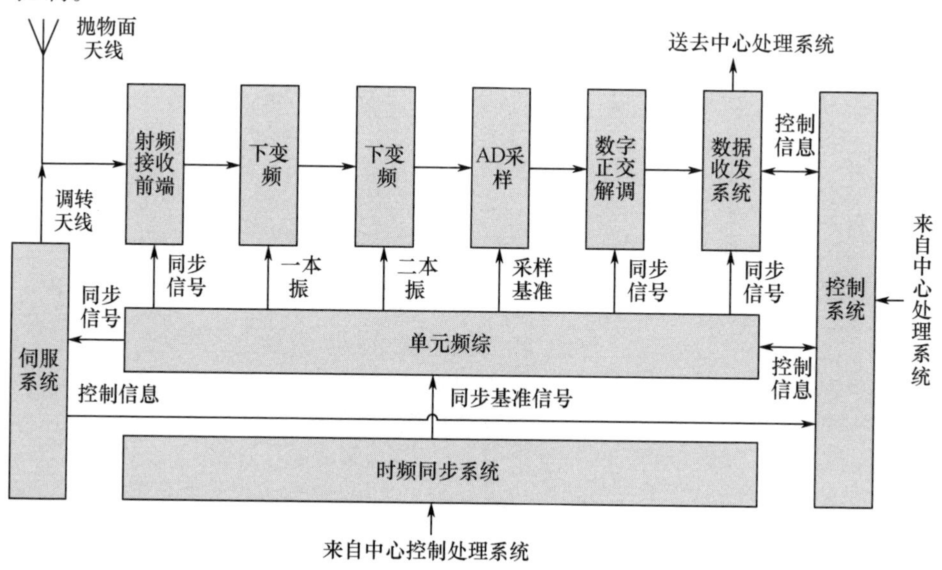

图 9.31　接收单元方案示意图

为保证相参合成效果,各接收单元之间系统指标尽量保持一致,降低后端对回波信号幅度、相位和延时的补偿难度。

3）时频同步方案

目前,国内外远距离高精度时频同步技术的研究热点均集中在基于光纤的时间频率同步系统,其原因是光纤具有传输损耗低、传输频带宽、抗干扰能力强、线径细、质量小及不怕电磁干扰等优点,在整个雷达频率上光纤传输损耗几乎比同轴电缆和波导低 3 个数量级,并且在整个频段内其损耗对于任何调制信号都相同。为满足深空探测系统对高精度时间频率传输的要求,拟采用基于光纤的时间频率相位同步传输系统。

基于光纤的时间频率相位同步传输系统存在的主要问题是光纤的传输延时会受到温度等环境因素的影响。光纤传输延时的基本表达式为 $\tau = L \cdot n_g / c$,其中,L 为光纤长度,n_g为群折射率,c 为真空中的光速。温度变化会引起群折射率

n_g变化,同时会引起光纤的热扩张导致传输延时变化。由温度变化引起的光纤延时变化为

$$\Delta\tau = \frac{L}{c}\frac{\partial n_g}{\partial T}\Delta T + L\frac{n_g}{c}\alpha\Delta T = \left(\frac{1}{c}\frac{\partial n_g}{\partial T} + \frac{n_g}{c}\alpha\right)L\cdot\Delta T \tag{9.1}$$

式中:T 为光纤的温度;α 为光纤的热扩张系数。

定义

$$\Delta\tau' = \frac{\Delta\tau}{L\cdot\Delta T} = \frac{1}{c}\frac{\partial n_g}{\partial T} + \alpha\frac{n_g}{c} \tag{9.2}$$

$\Delta\tau'$实验结果为40ps/(K·km)。当传输距离为5km,光纤温度变化50℃时,温度引起的延时变化为10ns,因此必须对光纤引入的延时变化进行补偿。

中心处理单元和接收单元站之间的时间频率同步系统框图如图9.32所示。中心处理单元包含定时组件、基准组件和发送电路。接收单元站的每个站包含一个接收电路。发送电路由频率同步组件、时间同步组件、光电收发Ⅰ组件、光电收发Ⅱ组件组成。发送电路完成对100MHz频率信号和时间同步信号的发送、延时检测以及补偿。接收电路由光电接收Ⅱ组件、光电接收Ⅱ组件、时间频率接收组件组成。接收电路完成对100MHz频率信号和时间同步信号的接收以及相噪优化处理。中心处理单元和每个接收单元之间通过两根单模光纤进行连接。

中心处理单元的100MHz频率信号发送到接收单元,同时接收单元将一部分光信号从单元站环回到中心处理单元,通过频率和相位补偿技术,实现频率和相位的同步。

4)数据收发系统方案

深空网天线阵系统数据传输具有远距离、高稳定性和可靠性要求,主要实现将回波数据发送给中心处理系统,并将中心处理系统的指令发送给各个接收单元系统。数据收发系统主要由光纤、网线和数据传输板卡(包括PCI接口芯片、传输协议处理模块、光纤收发模块或以太网物理层芯片)等组成,中心处理系统内部指令等近距离数据传输采用网络作为传输媒介,接收单元系统回波数据及指令等远距离数据传输采用光纤作为传输媒介,可通过中继站进行接力传输。具体实现功能如下:

(1)通过光纤实现中心处理系统与接收单元系统之间的数据传输和指令控制。

(2)通过网络或光纤完成中心处理系统对时频同步系统的指令控制。

(3)通过光纤完成中心处理系统内部的指令控制和数据传输。

(4)搭建网络传输平台或光纤局域网。

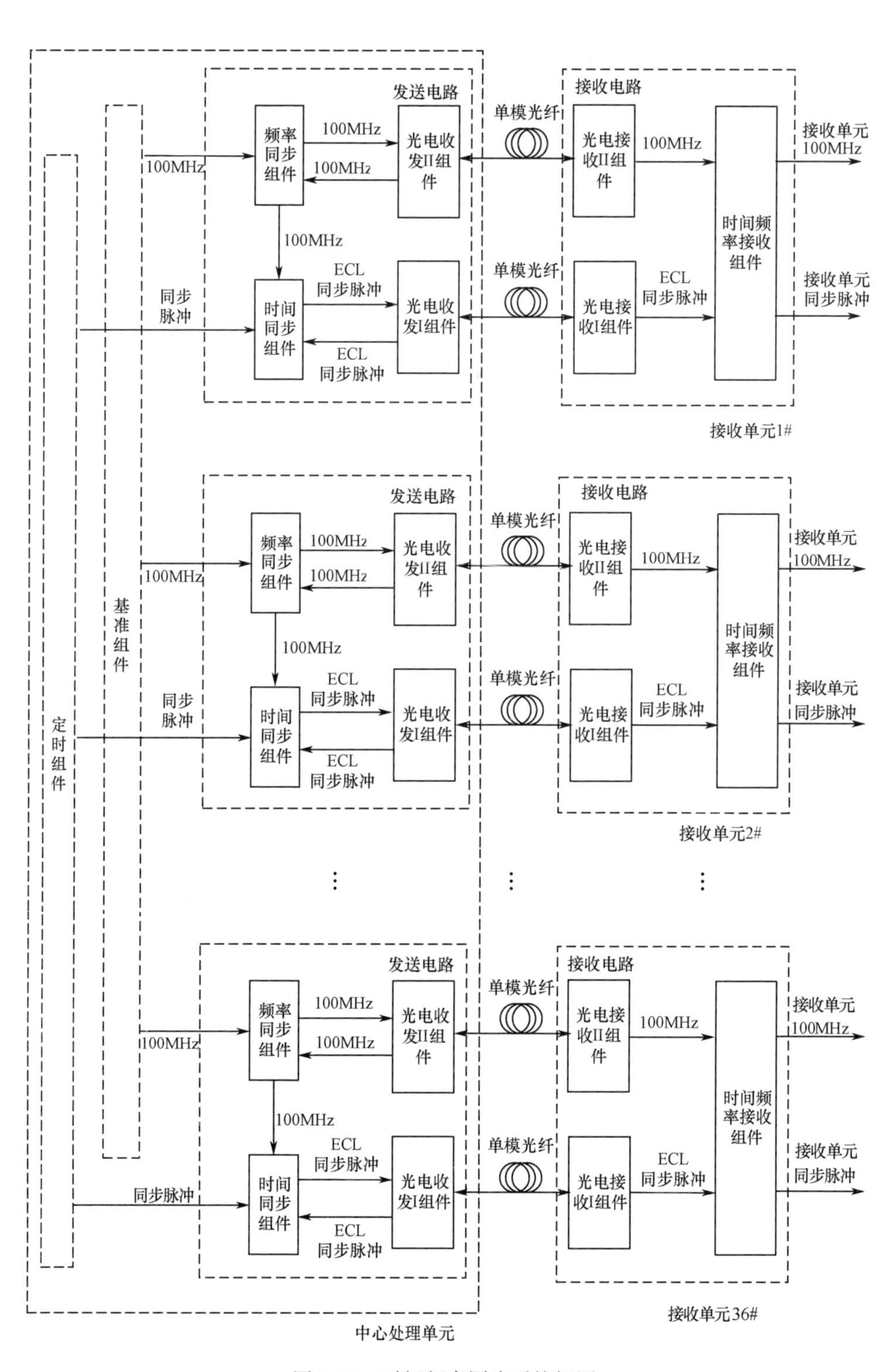

图 9.32　时间频率同步系统框图

参考文献

[1] Cuomo K M, Coutts S D, McHarg J C, et al. Wideband aperture coherence processing for next generation radar(NexGen)[R]. Tehnical Report ESC-TR200087, MIT Lincoln Laboratory, Jul., 2004.

[2] Brookner E. Phased-array and radar breakthroughs[C]. Proceedings of the IEEE Radar Conference, Boston: IEEE Press, 2007:37 - 42.

[3] 张海成, 杨江平. 空间目标监视装备技术的发展现状及其启示[J]. 现代雷达, 2011, 33(12):11 - 14.

[4] 直心义. 庞大的美国空间目标监视系统[J]. 现代军事, 2001, 6:18 - 20.

[5] 魏晨曦. 俄罗斯的空间目标监视、识别、探测与跟踪系统[J]. 中国航天, 2006, 9:39 - 41.

[6] 李怡勇, 沈怀荣. 空间碎片环境危害及其对策[J]. 导弹与航天运载技术, 2008, 6:31 - 35.

[7] 郝世锋, 宋小全. 美式电子篱笆对空间目标检测概率的计算[J]. 飞行器测控学报, 2009, 28(3):89 - 94.

[8] 骆文辉, 杨建军. 国外空间监视系统的现状与发展[J]. 情报交流, 2008,4:25 - 31.

[9] 李颖, 张占月, 方秀花. 空间目标监视系统发展现状及展望[J]. 国际太空, 2004, 6(29):28 - 32.

[10] 柳仲贵. 近地空间目标监视网设计[J]. 飞行器测控学报, 2000, 19(4):9 - 17.

[11] 李玉书. 空间目标监视雷达技术探讨[J]. 飞行器测控学报, 2003, 22(4):62 - 66.

缩略语

AGC	Automatic Gain Control	自动增益控制
AOM	Acousto Optical Modulators	声光调制器
API	Application Programming Interface	应用程序编程接口
AR	AutoRegression	自回归
ASP	Auto-correlation Sidelobe Peak	自相关旁瓣峰值
BMDS	Ballistic Missile Defense System	弹道导弹防御系统
CE	Complex Exponential	复指数
CRLB	Cramer-Rao Low Bound	克拉美－罗下界
CP	Cross-correlation Peak	互相关峰值
CPCI	Compact Peripheral Component Interconnect	紧凑型外设部件互连标准
CPU	Central Processing Unit	中央处理器
DACR	Distributed Aperture Coherent-synthetic Radar	分布式孔径(或阵列)相参合成雷达
DARPA	Defense Advanced Research Projects Agency	美国国防高级研究计划局
DBF	Digital Beam Forming	数字波束形成
DDS	Direct Digital Synthesizer	数字频率合成器
DEM	Digital Elevation Model	数字高程模型
DLR	Deutschen Zentrums für Luft-und Raumfahrt	德国宇航中心
DNCC	De-noising Cross Correlation	降噪互相关

DOA	Direction Of Arrival	波达方向
DSN	Deep Space Network	深空网络
DSP	Digital Signal Processor	数字信号处理器
ESA	European Space Agency	欧洲航天局
ESPRIT	Estimation Signal Parameters via Rotational Invariance Technique	旋转子空间不变法
FAST	Five hundred meters Aperture Spherical Telescope	500m 单口径射电望远镜
FBM	Forward-Based Mode	前置模式
FBX - T	Forward-Based X-Band Radar-Transportable	机动式 X 波段前置雷达
FIR	Finite Impulse Response	有限脉冲响应
FLOPS	Floating-point Operation per Second	每秒浮点运算次数
FSK	Frequency Shift Keying	频率编码
FFT	Fast Fourier Transform	快速傅里叶变换
FDLFM	Frequency Divided Linear Frequency Modulated	频分线性调频信号
GAPES	Gapped-data Amplitude and Phase Estimation	凹口数据幅度相位联合估计
GBR	Ground Based Radar	地基雷达
GEO	Geostationary Earth Orbit	同步地球轨道
GMD	Ground-based Midcourse Defense	路基中段拦截
GPS	Global Positioning System	全球定位系统
GSSA	Gapped-data State Space Approach	凹口数据状态空间方法
GTD	Geometical Theory of Diffraction	几何绕射
HEO	Highly Elliptical Orbit	高椭圆轨道
IAA	Iterative Adaptive Approach	迭代自适应方法

ISAR	Inverse Synthetic Aperture Radar	逆合成孔径雷达
JPL	Jet Propulsion Laboratory	喷气推进实验室
LEO	Low Earth Orbit	低地球轨道
LFM	Linear Frequency Modulated	线性调频
LPI	Low Probability of Intercept	低截获概率
LPL	Laboratoire de Physique des Lasers	激光物理实验室
LS	Least Square	最小二乘
MACS	Multiply Accumlate per Second	每秒乘累加次数
MDA	Missile Defense Agency	导弹防御局
MEO	Middle Earth Orbit	中地球轨道
MF	Matched Filter	匹配滤波器
MIMO	Multiple-Input Multiple-Output	多输入－多输出
MMIC	Monolithic Microwave Integrated Circuit	单片微波集成电路
MUSIC	Multiple Signal Classification	多重信号分类
MWN	Minimum Weighted Normal	最小加权范数
NASA	National Aeronautics and Space Administration	美国国家航空航天局
NAVSPASUR	Naval Space Surveillance	海军空间监视
NCO	Numberically Controlled Oscillator	数控振荡器
NGR	Next Generation Radar	下一代雷达
NICT	National Institute of Communication Technology	（日本）国家信息通信技术研究所
NIST	National Institute of Standards and Technology	（美国）国家标准与技术研究院
NTSC	National Time Service Center	国家授时中心
NPS	Naval Postgraduate School	海军研究生院
OCXO	Oven Controlled Crystal Oscillator	恒温晶体振荡器

ODAR	Opportunistic Digital Phased Array Radar	机会数字阵雷达
ONERA	Office National d' Etudes et de Recherches Aerospatiales	(法国)国家航空航天研究院
OTTD	Optical True Time Delay	光实时延迟线
PBSWR	Passive Bistatic Surface Wave Radar	无源双基地地波雷达
PD	Photoelectric Detector	光电检测器
POEEC	Physical Optics Equivalent Edge Current	物理光学等效棱边流
PSL	Peak Sidelobe Level	峰值旁瓣电平
RCS	Radar Cross Section	雷达散射截面
RDBF	Recive Digital Beam Forming	接收数字波束形成
SAR	Synthetic Aperture Radar	合成孔径雷达
SBX	Sea Based X-band Radar	海基X波段雷达
SDH	Synchronous Digital Hierarchy	同步数字系列
SIAR	Synthetic Impulse and Aperture Radar	综合脉冲孔径雷达
SKA	Square-Kilometre Array	“平方公里”阵列
SLL	Sidelobe Level	副瓣电平
SNR	Signal to Noise Ratio	信噪比
SPEAR	Scalable Panels for Efficient Affordable Radar	高效可负担雷达的可扩展面板
SSA	State Space Approach	状态空间法
SSN	Space Surveillance Network	空间监视网络
SSS	Space Surveillance System	空间监视系统
SVD	Singular Value Decomposition	奇异值分解
TAI	International Atomic Time	国际原子时

TDBF	Transmit Digital Beam Forming	发射数字波束形成
TDU	Time Delay Unit	时间延迟单元
THAAD	Terminal High Altitude Area Defense	战区高空区域防御
TM	Terminal Mode	末端模式
TTD	True Time Delay	实时延迟器
TWSTFT	Two-way Satellite Time and Frequency Transfer	卫星双向时间频率传递
ULA	Uniform Linear Array	均匀线阵
UTC	Coordinated Universal Time	协调世界时
VCO	Voltage Control Oscillator	压控振荡器
VCXO	Voltage Control X-tal Oscillator	压控晶体振荡器
VME	Versa Module Eurocard	Versa 与 Eurocard 标准结合的机械状态因子
VPX	VME PCI X	VME 与 PCI 标准结合的机械状态因子
WDM	Wavelength Division Multiplexing	波分复用器

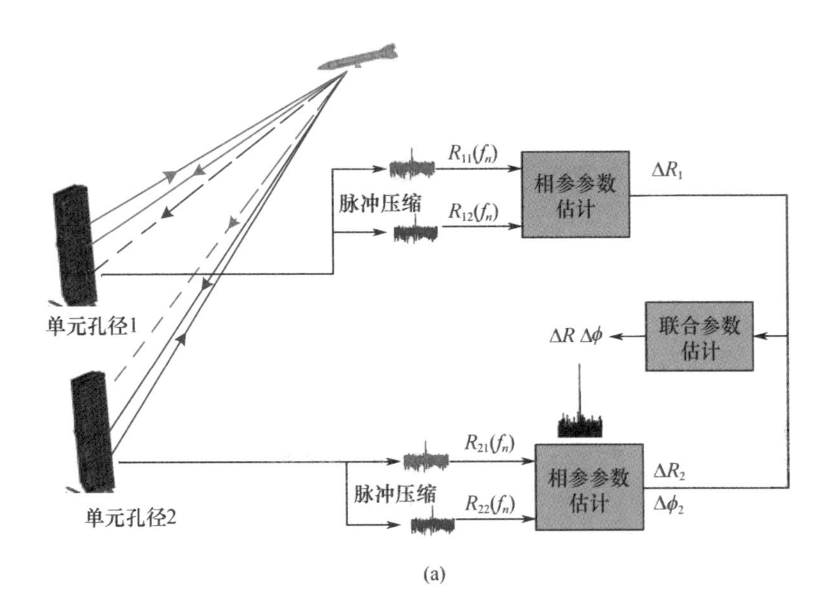

(a)

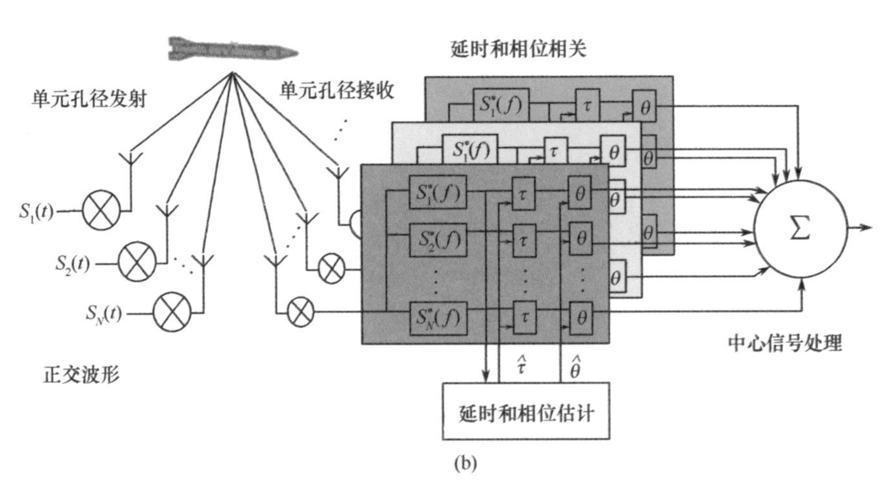

(b)

图 1.5　接收相参模式原理示意图
(a)正交波形收发；(b)接收相参处理。

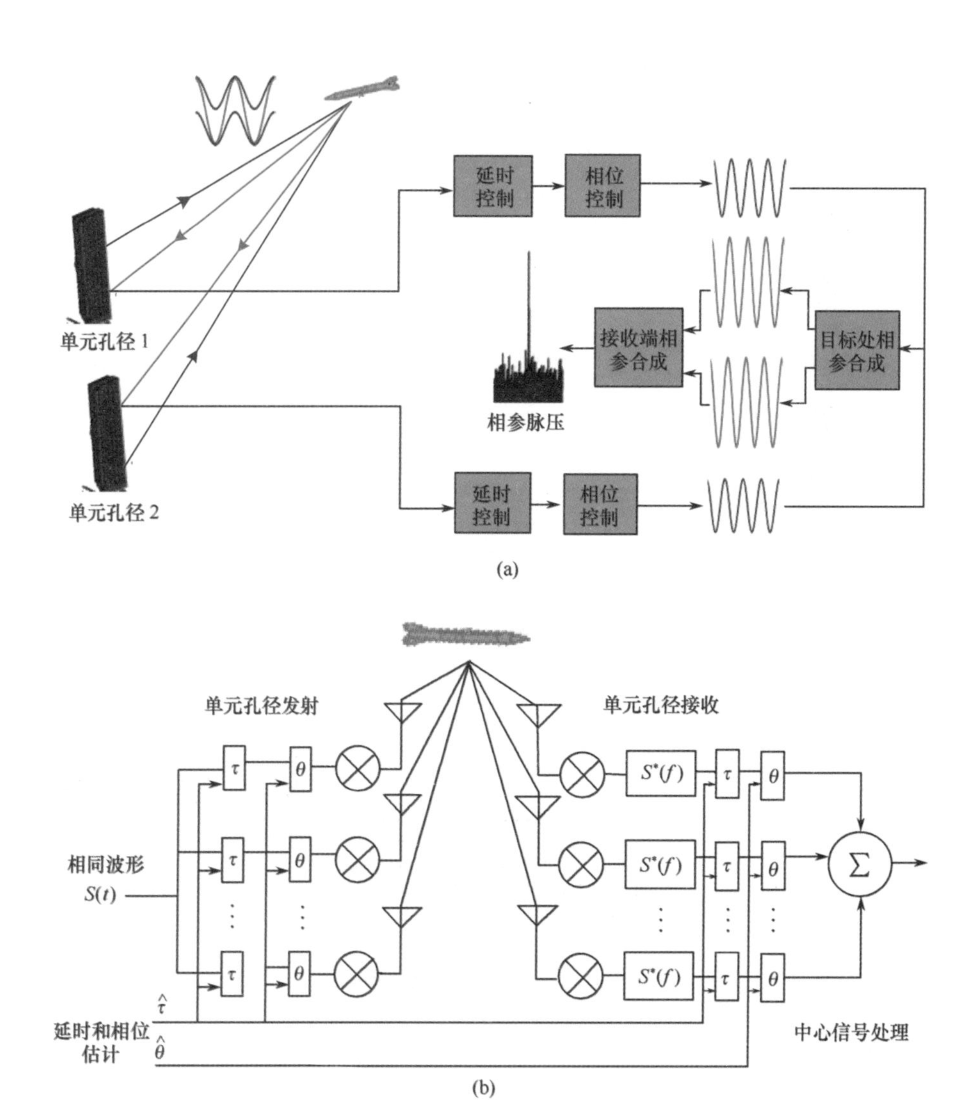

图 1.6　收发全相参模式原理示意图

(a)相同波形收发；(b)收发相参处理。

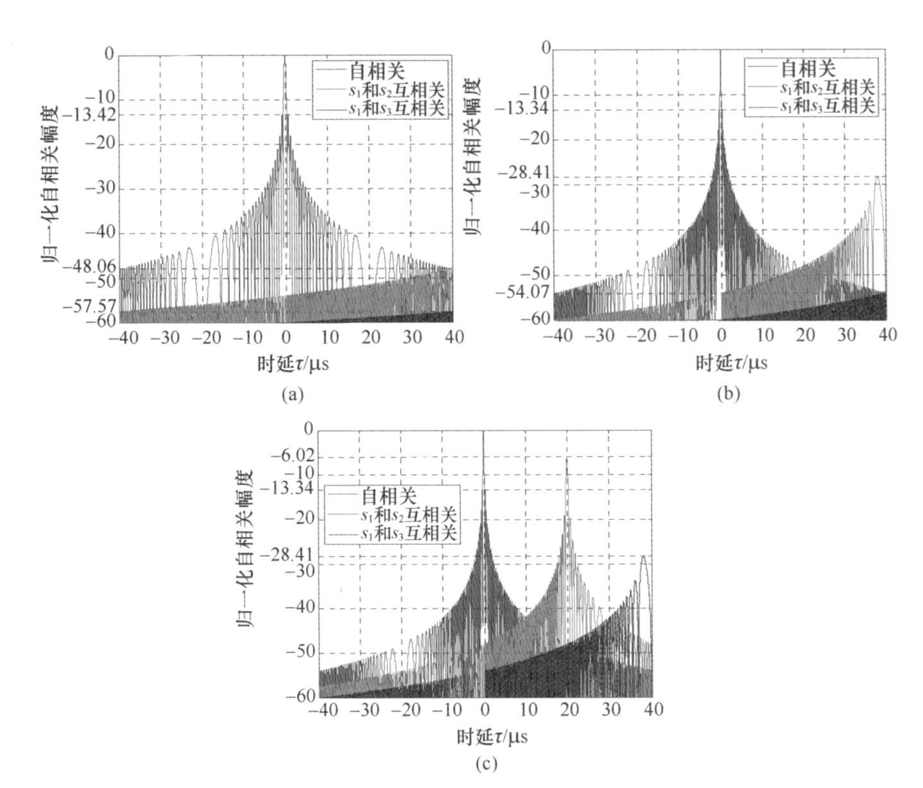

图 3.1 步进频率线性调频信号自相关和互相关函数

(a) B = 2MHz, Δf = 4MHz; (b) B = 4MHz, Δf = 4MHz; (c) B = 4MHz, Δf = 2MHz。

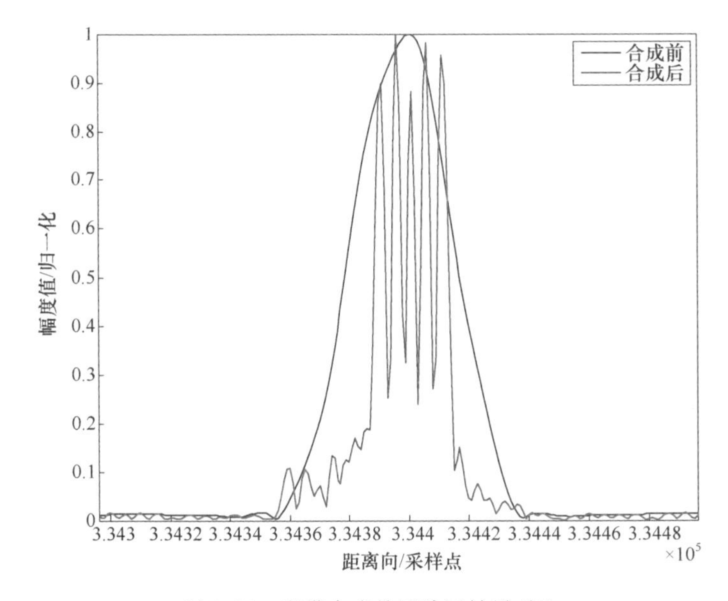

图 3.16 宽带合成前后脉压结果对比

彩 / 3

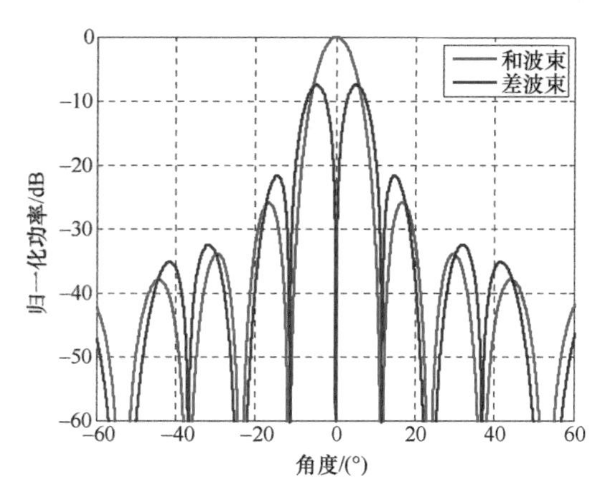

图 5.10　和差方向图

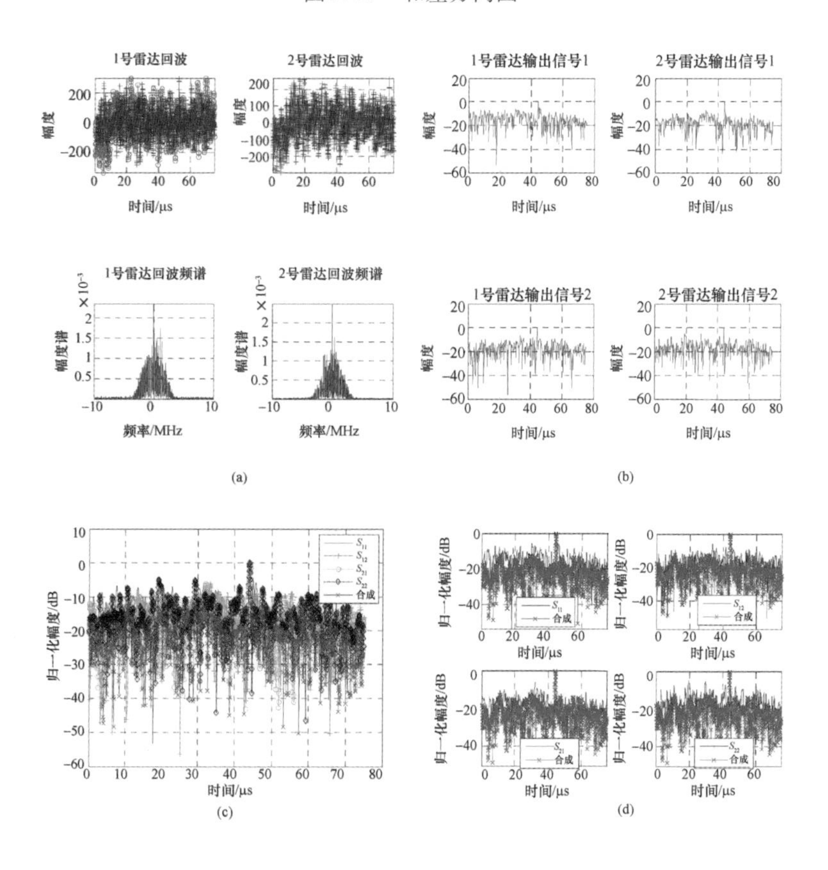

图 7.12　高信噪比下的分布式相参合成线馈试验结果

(a)两接收通道信号的时域信号及其频谱；(b)合成前各条回波的脉压输出；(c)合成效果比对(整体)；(d)合成效果比对(单独)。

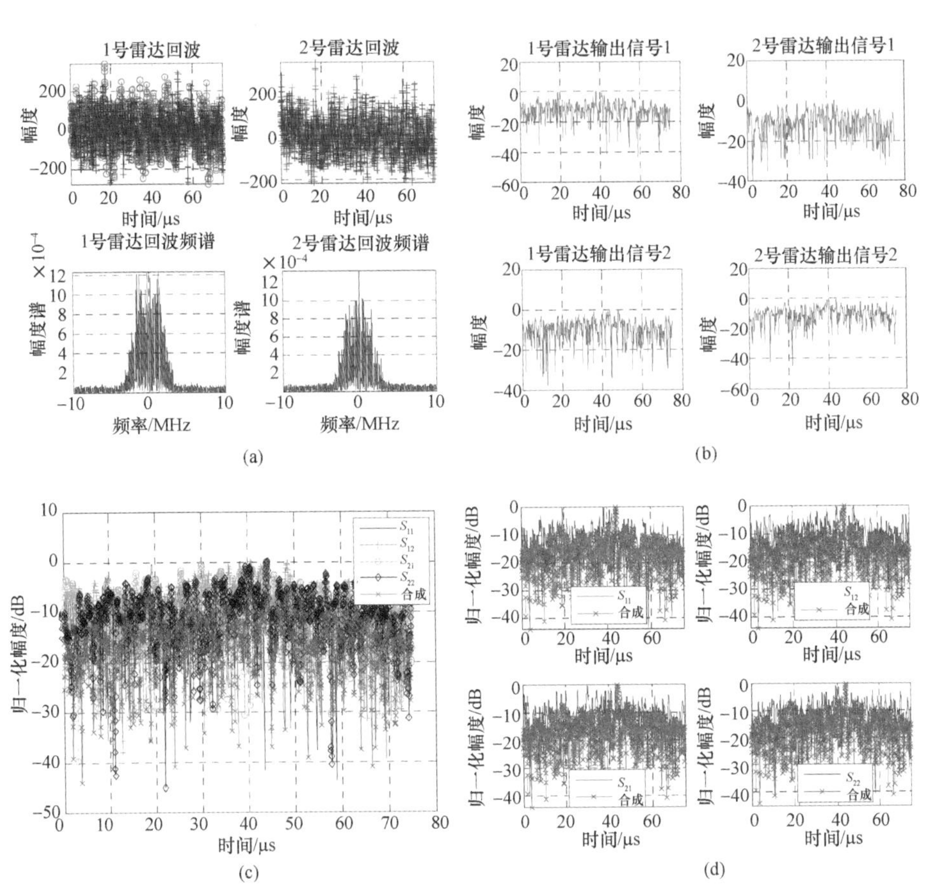

图 7.13　低信噪比下的分布式相参合成线馈试验结果

(a)两接收通道信号的时域信号及其频谱；(b)合成前各条回波的脉压输出；
(c)合成效果比对（整体）；(d)合成效果比对(单独)。

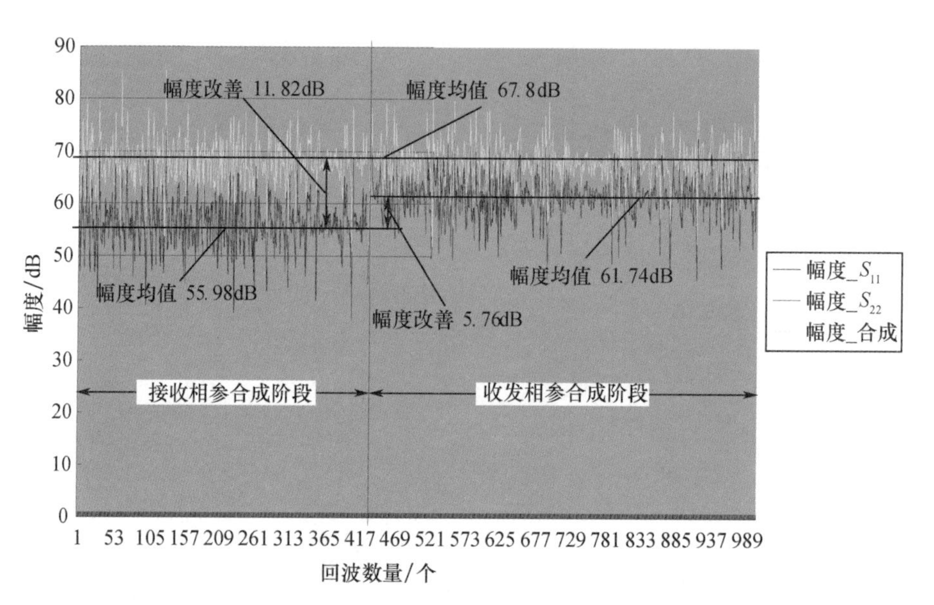

图 7.21　接收相参和收发相参阶段信号幅度变化情况

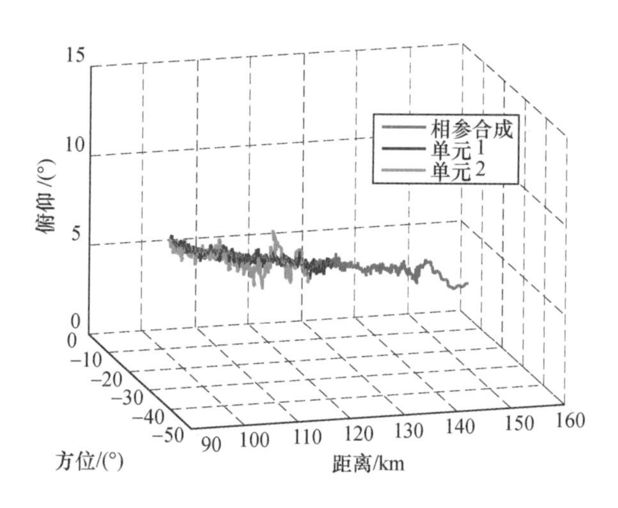

图 7.23　相参合成运动目标跟踪航迹图

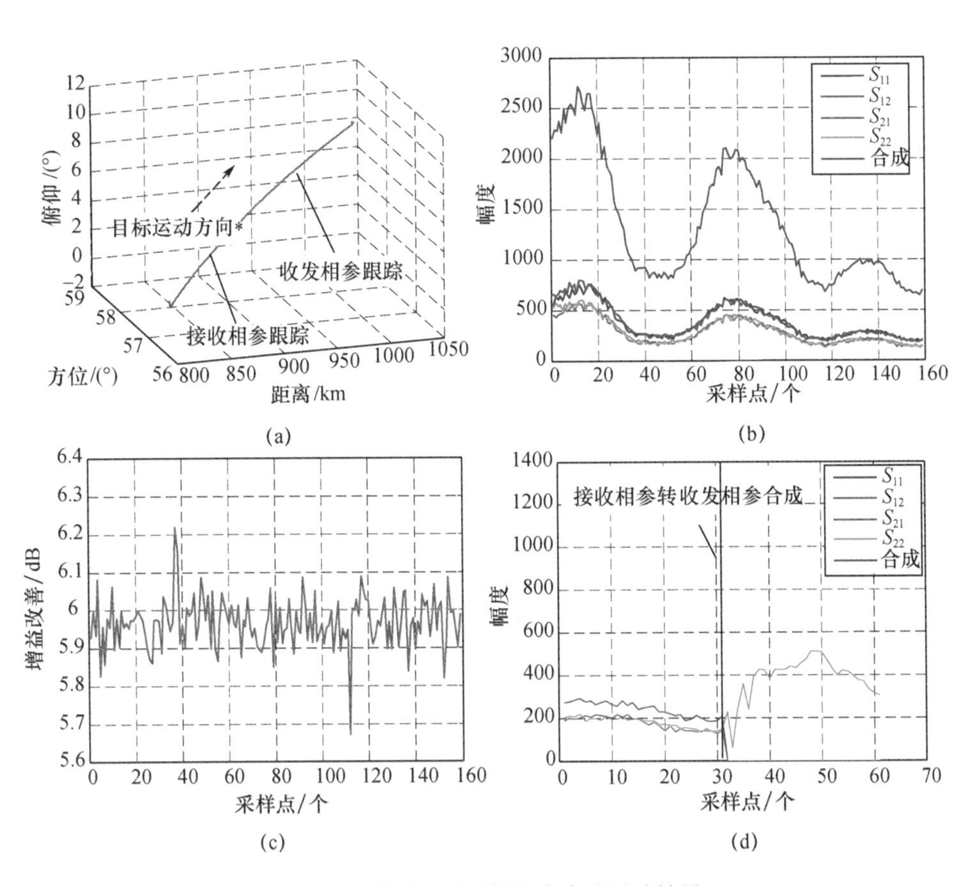

图 7.25　高速运动目标相参合成试验结果

(a)相参合成航迹图；(b)接收相参幅度改善；

(c)接收相参合成信噪比增益改善；(d)收发相参合成幅度改善。

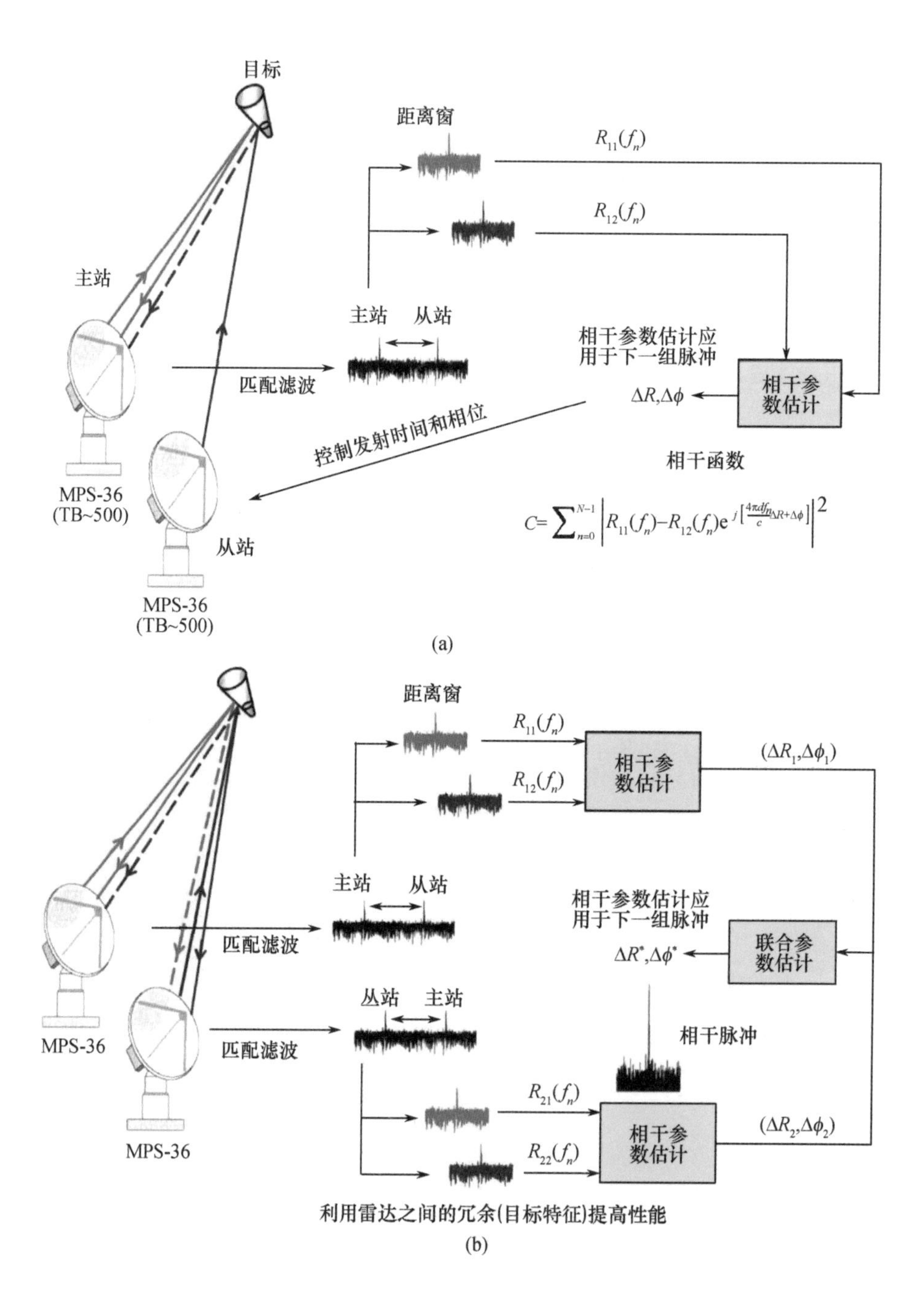

图 9.7 雷达系统架构

(a)主从架构；(b)合作架构。

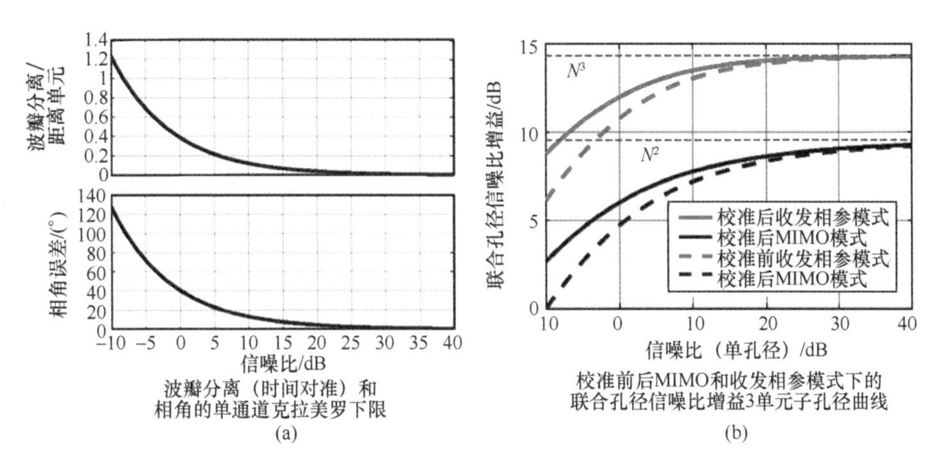

图 9.9　三单元分布式多孔径相参合成雷达仿真结果

(a)波瓣分离和相位误差的 CRLB；(b)校准前后 SNR 改善对比。

彩/9